Charles Foster
Der Geschmack von Laub und Erde

PIPER

Zu diesem Buch

Exzentrisches Experiment, hingebungsvolle Mission und literarischer Schamanismus – fünf Tiere hat Charles Foster für seinen radikalen Selbstversuch ausgewählt: den Dachs, der ihn zu einer Schärfung seiner Sinne anregt; den Otter, der ihn zu der Erkenntnis führt, dass sich das wahre Leben nachts abspielt; den Fuchs, mit dem er sich speziell verbunden fühlt; den Rothirsch, der ihn dazu bringt, vom Jäger zum Gejagten zu werden; und den Mauersegler, der ihn mit seiner außergewöhnlichen Eleganz fasziniert.

Was von außen wie ein aussichtsloses Unterfangen erscheint, wird zu einer spannenden Expedition in die Lebenswelt der Tiere, die nicht nur unsere Wahrnehmung verändert, sondern auch Themen anschneidet, mit denen wir uns dringend auseinandersetzen sollten. Brillant führt Charles Foster durch seine extremen Erfahrungen; eine außergewöhnliche Mischung aus Neurowissenschaft, Psychologie, Naturgeschichte und Memoir. Er trägt dazu bei, dass wir die Tiere besser verstehen, uns unseres gemeinsamen Ursprungs bewusst werden, und verweist auf die Notwendigkeit, mehr Empathie zu entwickeln. Letztendlich geht es ihm immer auch um die eine Frage: was es bedeutet, Mensch zu sein.

»A true walk on the wild side« *The Guardian*

Charles Foster ist ausgebildeter Tierarzt und Anwalt, unterrichtet Ethik und Rechtsmedizin in Oxford. Er ist Fellow der Royal Geographical Society sowie der Linnean Society, ist auf Skiern zum Nordpol vorgestoßen und hat am Marathon de Sable teilgenommen. Charles Foster hat Bücher zu diversen Reise-, Philosophie- und Wissenschaftsthemen publiziert; dies ist das erste, das auch auf Deutsch erscheint. Er lebt mit seiner Frau und seinen sechs Kindern in Oxford und in einem Cottage im Exmoor.

www.charlesfoster.co.uk

Charles Foster

DER GESCHMACK VON LAUB UND ERDE

WIE ICH VERSUCHTE, ALS TIER ZU LEBEN

Aus dem Englischen
von Gerlinde Schermer-Rauwolf
und Robert A. Weiß,
Kollektiv Druck-Reif

PIPER

Mehr über unsere Autoren und Bücher:
www.piper.de

Die englische Originalausgabe erschien 2016 unter dem Titel »Being a Beast«
bei Profile Books Ltd, London.

MIX
Papier aus verantwor-
tungsvollen Quellen
FSC® C083411

Ungekürzte Taschenbuchausgabe
ISBN 978-3-492-31356-8
August 2018
© Charles Foster, 2016
© Profile Books, 2016. All rights reserved.
© der deutschsprachigen Ausgabe:
Piper Verlag GmbH, München 2017
Redaktion: Regina Carstensen, München
Der Verlag dankt für die freundliche Genehmigung zum Abdruck des Zitates auf S. 6
aus: »Tiere essen« von Jonathan Safran Foer; aus dem amerikanischen Englisch
von Isabel Bogdan, Ingo Herzke und Brigitte Jakobeit; © 2010,
Verlag Kiepenheuer & Witsch GmbH & Co. KG, Köln/Germany;
Titel der Originalausgabe: »Eating Animals«; © Jonathan Safran Foer, 2009
Umschlaggestaltung: Petra Dorkenwald nach einem Entwurf Peter Dyer,
Images © iStock
Satz: Kösel Media GmbH, Krugzell
Gesetzt aus der Adobe Garamond Pro
Druck und Bindung: CPI books GmbH, Leck
Printed in the EU

Für meinen Vater,
der nie ohne ein totgefahrenes Tier in der Plastiktüte
nach Hause kam,
der mir das Formalin und die Glasaugen bezahlte
und den ich liebe und ehre

Zu fragen: »Was ist ein Tier?« – man könnte hinzufügen: einem Kind eine Geschichte über einen Hund vorzulesen oder Tierrechte zu unterstützen –, rührt unweigerlich daran, woher wir das Verständnis beziehen, dass wir Menschen sind und keine Tiere. Es führt zu der Frage: »Was ist ein Mensch?«

Jonathan Safran Foer, Tiere essen

INHALT

VORBEMERKUNG
DES AUTORS

Ich wollte wissen, wie es ist, ein Wildtier zu sein.

Möglicherweise kann man das erfahren. Die Neurowissenschaften helfen uns dabei, und ein bisschen Philosophie und eine Menge Lyrik von John Clare tun das Ihre dazu. Aber vor allem muss man den Stammbaum der Evolution gefährlich weit hinunterklettern, bis in ein Loch in einem walisischen Hügel und unter die Steine eines Flusses in Devon, man muss etwas über Schwerelosigkeit lernen, über die Gestalt des Windes, über Langeweile, Mulch in der Nase und das Zittern und Knacken sterbender Wesen.

Im Allgemeinen hieß Schreiben über die Natur, dass Menschen, die wie Kolonialherren durch die Welt stolzierten, schilderten, was sie aus 1,80 Meter Höhe sahen, oder dass Menschen so taten, als würden Tiere Kleider tragen. Dieses Buch ist ein Versuch, die Welt aus dem Blickwinkel unbekleideter walisischer Dachse, Londoner Füchse, Otter im Exmoor, von Mauerseglern aus Oxford und Rothirschen in Schottland und Südwestengland wahrzunehmen; zu lernen, wie es sich anfühlt, sich schlurfend oder gleitend durch Landschaften zu bewegen, die vor allem von Gerüchen und Geräuschen und weniger von visuellen Eindrücken geprägt sind. Es war der Versuch eines literarischen Schamanismus, und es hat sagenhaften Spaß gemacht.

Wenn wir einen Wald betreten, teilen wir die sensorischen Reize, die er bietet (Licht, Farbe, Geruch, Klang etc.), mit allen anderen Geschöpfen, die sich dort aufhalten. Aber würde auch nur eines von ihnen diesen Wald anhand unserer Beschreibungen wiedererkennen? Jedes Lebewesen erschafft in seinem Gehirn eine andere Welt. Es lebt in dieser Welt. Wir sind von Millionen unterschiedlicher Welten umgeben. Sie zu erforschen ist eine aufregende neurowissenschaftliche und literarische Herausforderung.

In den Neurowissenschaften hat es in letzter Zeit beträchtliche Fortschritte gegeben. Wir wissen oder können aufgrund der Arbeiten über ähnliche Spezies intelligent schlussfolgern, was in der Nase und den für den Geruchssinn zuständigen Gehirnregionen eines Dachses vorgeht, wenn er durch den Wald streift. Aber das literarische Abenteuer steckt noch in den Anfängen. Es ist eine Sache zu beschreiben, welche Hirnregionen eines Dachses in einem Kernspintomografen aufleuchten, wenn er eine Nacktschnecke riecht. Eine völlig andere ist es jedoch, das Bild eines ganzen Waldes zu malen, wie er sich dem Dachs darstellt.

Traditionelle Naturschilderungen kranken an zwei Fehlern: Anthropozentrismus und Anthropomorphismus. Die Anthropozentristen beschreiben die Natur, wie Menschen sie wahrnehmen. Da sie Bücher für Menschen schreiben, mag das in kommerzieller Hinsicht recht clever sein. Aber es ist ziemlich langweilig. Für die Anthropomorphisten sind Tiere einfach Menschen in anderer Gestalt: Sie stecken sie in echte (etwa Beatrix Potter) oder metaphorische Kleider (so Henry Williamson) und statten sie mit menschlichen Sinnesorganen aus.

Ich habe versucht, beide Fehler zu vermeiden, und natürlich ist es mir misslungen.

Wenn ich eine Landschaft beschreibe, wie ein Dachs, ein Fuchs, ein Otter, ein Rothirsch oder ein Mauersegler sie wahrnimmt, bediene ich mich zweier Methoden. Erstens vertiefe ich mich in die relevante physiologische Literatur und finde heraus, was man aus dem Labor über die Funktionsweise dieser Tiere weiß. Zweitens tauche ich in ihre Welt ein. Wenn ich ein Dachs bin, hause ich unter der Erde und esse Regenwürmer. Wenn ich ein Otter bin, versuche ich, im Wasser mit den Zähnen Fische zu fangen.

Bei der Beschreibung der physiologischen Erkenntnisse muss man die Aufgabe meistern, nicht langweilig zu sein oder in einen unverständlichen Fachjargon zu verfallen. Bei der Beschreibung, wie es ist, Regenwürmer zu essen, gilt es zu vermeiden, dass man als schrullig und lächerlich abgetan wird.

Die den Tieren zur Verfügung stehenden Sinnesorgane geben ihnen eine viel, viel größere Farbpalette an die Hand, mit der sie das Bild des Landes malen, als sie irgendein menschlicher Künstler je besaß. Dass die Tiere so eng mit dem Land verbunden sind, verleiht ihnen eine weitaus größere Autorität, als selbst ein Farmer sie beanspruchen kann, dessen Vorfahren hier schon seit dem Neolithikum die Scholle bestellen.

Das Buch ist anhand der vier klassischen Elemente aufgebaut, jedes wird durch ein, die Erde durch zwei Tiere repräsentiert: Für die Erde buddeln sich Dachse durch den Untergrund, und der Rothirsch galoppiert darüber hinweg; der Stadtfuchs, der helles Licht kennt, steht für das Feuer; der Otter für das Wasser; und für die Luft der Mauersegler, dieser ultimative Himmelsbewohner, der auf seinen Schwingen schläft, sich nachts von thermischen Strömungen in die Höhe schrauben lässt und kaum je landet. Hinter dieser Aufteilung steht die Vorstellung, dass etwas Alchemistisches passiert, wenn man die vier Elemente im richtigen Verhältnis mischt.

Kapitel 1 gibt einen Einblick in die Probleme meines Herangehens. Es versucht, einige davon durch Vorwegnahme aus der Welt zu schaffen. Wenn Sie keine Probleme sehen, überblättern Sie das Kapitel, und begeben Sie sich ohne Umweg in den Dachsbau von Kapitel 2.

Kapitel 2 handelt von Dachsen. Es spielt in den Black Mountains von Wales, wo ich viele Wochen zu verschiedenen Jahreszeiten verbracht habe. Ich habe etwa anderthalb Monate unter dem Erdboden gehaust, teils in Wales und teils anderswo, allerdings über mehrere Jahre verteilt. Das Kapitel verdichtet diese Aufenthalte auf wenige Wochen und eine Rückkehr und bildet eine Collage aus all diesen Zeitabschnitten.

Es ist ein langes Kapitel, denn es führt in viele Themen und wissenschaftliche Fragen ein, die für die folgenden Kapitel relevant sind – zum Beispiel geht es um die Vorstellung, dass eine Landschaft eher durch Geruchseindrücke als durch visuelle Wahrnehmung konstruiert sein kann. Wegen dieser Ausführungen sind andere Kapitel kürzer, als sie es sonst wären.

Kapitel 3 befasst sich mit Fischottern. Sie sind Wanderer, die weite Strecken zurücklegen, und so sind sie in einem weit größeren Gebiet »daheim« als die anderen Säugetiere in diesem Buch. Sie schlängeln sich die Furchen des Landes entlang; wer ihre Wege kennt, der weiß, wie sich die Erde aufgefaltet hat. Und sie leben in verdünnten Lösungen dieser Erde. Wie auch wir, obwohl wir es normalerweise nicht so sehen. Ihre und unsere Vorfahren kamen aus dem Wasser, und die Otter kehrten später wieder dorthin zurück. Allerdings nicht ganz. Was mir den Zugang zu ihnen leichter macht als zu Fischen.

Dieses Kapitel spielt im Exmoor, wo ich einen großen Teil des Jahres verbringe. Es erstreckt sich über ein weites Gebiet, wie es Ottern entspricht, aber die Ausgangspunkte bilden East Lyn River und Badgworthy Water sowie deren Zuflüsse aus dem Hochmoor und die Nordküste von Devon, in die sich der East Lyn River ergießt.

Kapitel 4 betrachtet den Stadtmenschen mit Nase, Ohren und Augen eines Fuchses.

Es ist im Londoner East End angesiedelt, wo ich viele Jahre gelebt habe. In dieser Zeit streunte ich nachts durch die Straßen und hielt Ausschau nach Fuchsfamilien.

In Kapitel 5 bin ich wieder im Exmoor und in den westlichen Highlands von Schottland, diesmal bei den Rothirschen.

Wir sehen sie vom Auto aus und glauben, wir würden sie besser kennen als die krabbelnden, wühlenden Wesen. Unsere Mythologie unterstützt diese anmaßende Vorstellung und widerspricht ihr zugleich. Gehörnte Götter wandeln anmutig durch unser Unbewusstes. Sie sind groß und sichtbar, aber dennoch Götter und stehlen sich davon, wenn sie uns bemerken.

Viel Zeit meines Lebens habe ich damit zugebracht, dass ich versuchte, Rothirsche zu töten. Dieses Kapitel ist eine andere Art von Jagd – es ist der Versuch, in den Kopf des Hirsches einzudringen anstatt aus zweihundert Meter Entfernung in sein Herz.

Kapitel 6 beschäftigt sich mit Mauerseglern, und der Handlungsort ist die Luft zwischen Oxford und Zentralafrika.

Mauersegler sind mehr als jedes andere Tier Geschöpfe der Lüfte und so schwerelos wie eine mikroskopisch kleine Qualle.

Ich bin von Mauerseglern besessen, seit ich ein kleines Kind war. Wenn ich in meinem Arbeitszimmer in Oxford am Schreibtisch saß, scharrte ein Pärchen in seinem Nest knapp einen Meter über meinem Kopf. Die kreischenden Sommerpartys in unserer Straße wurden genau auf meiner Augenhöhe gefeiert. Ich folgte den Mauerseglern quer durch Europa bis ins westliche Afrika.

Das Kapitel beginnt mit einer Reihe von Fakten, die viele verständlicherweise für umstritten und tendenziös halten. Ja, ich weiß, die Belege für viele dieser Annahmen werden sehr kontrovers diskutiert. Aber haben Sie Geduld mit mir, und lassen Sie uns sehen, wie weit wir damit kommen.

Indem ich mir die Mauersegler vornahm, habe ich mein Scheitern vorprogrammiert. Es war ziemlich dumm. Sie lassen sich nicht ansatzweise in Worte fassen. Man möge es mir als mildernden Umstand für meine Art von Annäherungsversuchen in diesem Kapitel anrechnen.

Im Epilog blicke ich auf meine Reisen in diese fünf Welten zurück. Waren sie vergebliche Liebesmüh? Habe ich etwas anderes beschrieben als das, was sich nur in meinem Kopf abspielte?

Ich hatte darauf gehofft, ein Buch zu schreiben, in dem nichts oder nur wenig von meiner eigenen Person aufscheint. Diese Hoffnung war naiv. Es wurde (viel zu sehr) ein Buch über meine Rückkehr zur Natur, mein Bekenntnis zu meiner vormals ungekannten Wildheit und meine Klage über den Verlust dieser Wildheit. Tut mir leid.

Oxford, Oktober 2015

ZUM TIER WERDEN

Ich bin ein Mensch. Jedenfalls insofern, als meine beiden Eltern Menschen waren.

Das hat gewisse Konsequenzen. Beispielsweise kann ich keine Nachkommen mit einer Füchsin zeugen. Damit muss ich mich abfinden.

Aber Artengrenzen sind, wenn nicht illusionär, so doch zumindest vage und manchmal auch durchlässig. Das kann Ihnen jeder Evolutionsbiologe und jeder Schamane bestätigen.

Es ist kaum dreißig Millionen Jahre her – gerade einmal ein sachter Lidschlag in der Existenz unseres Planeten, auf dem sich vor 3,4 Milliarden Jahren Leben entwickelt hat –, dass die Dachse und ich gemeinsame Vorfahren hatten. Gehen wir noch läppische vierzig Millionen Jahre weiter zurück, teile ich meine Ahnentafel nicht nur mit Dachsen, sondern auch mit Silbermöwen.

Alle Tiere, mit denen ich mich in diesem Buch beschäftige, gehören zu unserer näheren Verwandtschaft. Das ist eine Tatsache. Wenn uns unsere Gefühle etwas anderes sagen, liegt das daran, dass sie von Biologie keine Ahnung haben. Hier ist Umerziehung gefragt.

Im Buch Genesis finden sich zwei Schöpfungsgeschichten. Wenn man sie strikt historisch betrachten will, sind sie völlig unvereinbar miteinander. In der ersten Version wird der Mensch als Letztes erschaffen. In der zweiten zuerst. Beide Darstellungen geben jedoch aufschlussreiche Hinweise auf unsere Verwandtschaftsbeziehungen zu den Tieren.

Nach der ersten Schöpfungsgeschichte ist der Mensch zusammen mit allen landlebenden Tieren am sechsten Tag erschaffen worden. Es verbindet uns also einiges durch unsere Herkunft. Wir haben denselben Geburtstag.

Im zweiten Schöpfungsbericht wurden die Tiere eigens geschaffen, um Adam Gesellschaft zu leisten. Allein zu sein tat ihm nicht gut. Doch Gottes Strategie ging nicht auf: Die Gesellschaft der Tiere genügte Adam nicht. Also erschuf Gott Eva, was Adam sehr freute. »Endlich!«, seufzte er. Diesen Seufzer haben wir alle schon einmal ausgestoßen oder hoffen, es eines Tages zu tun. Es gibt Einsamkeit, die eine Katze nicht lindern kann. Allerdings bedeutet das nicht, dass Gottes Plan völlig fehlgeschlagen wäre – dass Tiere als Gefährten des Menschen nicht taugen. Wir wissen, dass das nicht stimmt. Der Markt für Hundekekse ist riesig.

Adam gab allen Säugetieren und Vögeln Namen – und stellte damit eine Verbindung zu ihnen her, die in die Tiefen seiner und ihrer Existenz reichte. Seine allerersten Worte waren ihre Namen.* Wir werden geprägt durch das, was wir sagen, und wie wir Dinge bezeichnen. Also wurde Adam durch seine Interaktion mit den Tieren geprägt. Diese Interaktion und diese Prägung unseres Bewusstseins ist schlicht ein historischer Fakt. Als Spezies sind wir mit Tieren als unseren Kindergärtnern auf-

---

* Auch wenn sich die ersten *überlieferten* Worte Adams in Genesis 2,23 finden, heißt es in Genesis 2,19–20: »Und Gott, der Herr, bildete aus dem Erdboden alle Tiere des Feldes und alle Vögel des Himmels, und er brachte sie zu dem Menschen, um zu sehen, wie er sie nennen würde; und genau so wie der Mensch sie, die lebenden Wesen, nennen würde, so sollte ihr Name sein. Und der Mensch gab Namen allem Vieh und den Vögeln des Himmels und allen Tieren des Feldes…«

gewachsen. Sie brachten uns das Laufen bei, gaben uns Halt, wenn wir, Hand in Huf, dahinwackelten. Und die Bezeichnungen – mit denen Herrschaft einherging – prägten die Tiere ebenfalls. Auch diese Prägung ist eine offensichtliche Tatsache, mit oftmals verheerenden Folgen (zumindest für die Tiere). Mit den Tieren haben wir nicht nur die genetische Herkunft und einen hohen Anteil an DNA gemeinsam, uns verbindet zudem die Geschichte. Wir waren alle auf derselben Schule. So ist es vielleicht nicht verwunderlich, dass wir einige sprachliche Gemeinsamkeiten haben.

Ein Mensch, der mit seinem Hund redet, weiß um die Durchlässigkeit der Artengrenzen. Er hat den ersten und entscheidendsten Schritt auf dem Weg zum Schamanen getan.

Bis in die jüngste Vergangenheit genügte es den Menschen nicht, Doktor Dolittles zu sein. Ja, sie sprachen zu den Tieren, und die Tiere sprachen zu ihnen. Aber das reichte nicht. Es wurde der Intimität der Beziehung zwischen Mensch und Tier nicht gerecht. Und man konnte zu wenig damit anfangen. Denn manchmal wollten die Tiere ihre kostbaren und überlebenswichtigen Geheimnisse nicht preisgeben, etwa wohin die Herde zog, wenn der Regen ausblieb, oder warum die Vögel das Marschland am Nordende des Sees verlassen hatten. Um diese Informationen zu erlangen, musste man die Realität der gemeinsamen Abstammung auf ekstatische Weise heraufbeschwören. Man musste zum Rhythmus der Trommel um ein Feuer tanzen, bis man so dehydriert war, dass einem das Blut aus den geplatzten Nasenkapillaren schoss, oder singend in einem eiskalten Fluss stehen, bis man spürte, dass einem die Seele wie Erbrochenes in die Kehle stieg, oder Fliegenpilze essen und sich selbst beim Fliegen über das Blätterdach des Waldes zusehen. Dann konnte man die dünne Membran durchstoßen, die diese Welt von anderen Welten und die eigene Spezies von anderen Spezies trennt. Während man sich mühsam zur erleuchtenden Erkenntnis hindurchquälte, umhüllte einen die Membran wie einst die

Fruchtblase im Mutterleib. Und man ging als Wolf oder Gnu daraus hervor.

Diese Transformationen sind Gegenstand der frühesten Kunst des Menschen. Im Jungpaläolithikum, als das im Lauf der Evolution entstandene Neuronengestrüpp erstmals von menschlichem Bewusstsein erhellt zu sein schien, kroch der Mensch in kalte Höhlen und begann Therianthropen zu zeichnen – Mischwesen aus Mensch und Tier: Menschen mit Tierköpfen oder Hufen, Tiere mit Menschenhänden und Speeren.

Sogar in den urbanisierten und reglementierten Kulturen Ägyptens und Griechenlands beherrschten Therianthropen die Religion. Die griechischen Götter verwandelten sich ständig in Tiere, um die Sterblichen auszuspähen; die religiöse Kunst Ägyptens ist eine Collage aus menschlichen und tierischen Körperteilen. Und im Hinduismus setzt sich diese Tradition unverkennbar fort. Während ich diese Zeilen schreibe, blickt mich das Abbild des elefantenköpfigen Gottes Ganesha an. Für Millionen Menschen sind die einzigen anbetungswürdigen Götter diejenigen mit einer zwitterhaften Natur: Wesen, die zwischen den Welten pendeln können. Und die Welten werden durch menschliche und tierische Formen repräsentiert. Anscheinend gibt es ein uraltes und tief empfundenes Bedürfnis, die Welt der Menschen und die der Tiere zu vereinen.

Kinder, die noch urtümlicher sind als die Erwachsenen, wissen um dieses Bedürfnis. Sie verkleiden sich als Hunde. Sie malen sich die Gesichter an, damit sie wie Tiger aussehen. Sie nehmen Teddybären mit ins Bett und möchten in ihrem Zimmer Hamster halten. Bevor sie einschlafen, lassen sie sich von ihren Eltern Geschichten über Tiere vorlesen, die wie Menschen sprechen und angezogen sind. Peter Hase und Jemima Pratschel-Watschel sind die neuen schamanischen Therianthropen.

Bei mir war das nicht anders. Ich sehnte mich verzweifelt danach, Tieren nahe zu sein. Teilweise rührte dies daher, dass ich davon überzeugt war, sie wüssten etwas, was ich nicht wusste, was ich aber aus irgendwelchen Gründen unbedingt wissen sollte.

Es gab da eine Amsel in unserem Garten, deren gelb-schwarze Augen so *wissend* aussahen. Das machte mich ganz verrückt. Sie protzte mit ihrem Wissen, und ich war so ahnungslos. Das Blinzeln dieser Augen war für mich wie ein flüchtiger Blick auf eine zerknitterte Piratenschatzkarte. Ich konnte sehen, dass ein Kreuz eingezeichnet war und eine Stelle markierte. Kein Zweifel: Was da vergraben lag, musste etwas Atemberaubendes sein, das mein Leben verändern würde, wenn ich es fand. Aber ich kam beim besten Willen nicht dahinter, wo dieses Kreuz zu finden war.

Ich probierte alles aus, was mir und jedem, den ich fragte, nur einfiel. Ich hatte buchstäblich »einen Vogel«. Stunden über Stunden saß ich in der örtlichen Bücherei, las jeden Absatz, in dem Amseln erwähnt wurden, und machte mir dazu Notizen in einem Schulheft. Ich kartografierte die Nester in der Umgebung (vor allem in vorstädtischen Ligustergehölzen) und suchte sie täglich auf, ausgerüstet mit einem Hocker, um mich draufzustellen und hineinzuspähen. Sämtliche Vorkommnisse hielt ich minutiös in einem zweckentfremdeten Ausgabenbuch fest. In meinem Zimmer hatte ich eine Schublade voller Amseleierschalen. Morgens schnupperte ich daran, weil ich in den Kopf eines Nestlings vordringen wollte, damit ich an diesem Tag etwas amselartiger aufwuchs, und abends, weil ich hoffte, in meinen Träumen als Amsel geboren zu werden. Ich besaß mehrere getrocknete Amselzungen, die ich überfahrenen Tieren mit der Pinzette entfernt und auf Wattebäusche in Streichholzschachteln gelegt hatte. Tierpräparation war meine zweite große Leidenschaft: Über meinem Bett kreisten, an Drähten von der Decke hängend, Amseln mit ausgebreiteten Flügeln; einige ihrer Artgenossen lugten ziemlich deformiert von Sitzstangen aus Sperrholz herab. Neben meinem Bett bewahrte ich ein in Formalin eingelegtes Amselhirn auf. Immer wieder drehte ich das Glas hin und her, versuchte, mich in dieses Hirn hinein-zudenken, und hielt es oft noch in der Hand, wenn ich ein-schlief.

Aber es funktionierte nicht. Die Amsel entzog sich mir ein ums andere Mal. Ihre verlockende Rätselhaftigkeit ist eines der großen Vermächtnisse meiner Kindheit. Hätte ich auch nur einen Moment lang geglaubt, ich hätte das Mysterium gelöst, wäre das eine Katastrophe gewesen. Womöglich wäre ich dann Ölarbeiter oder Banker oder Zuhälter geworden. Wer in jungen Jahren zu der Überzeugung gelangt, etwas vollkommen beherr-schen oder geistig durchdringen zu können, wird später ein Monster. Diese geheimnisvollen Amseln halten mein Ego auch heute noch im Zaum und beglücken mich mit der Erkenntnis, wie unzugänglich alle Geschöpfe sind – und vielleicht beson-ders der Mensch.

Was aber nicht heißt, dass wir es nicht besser machen können als ich damals mit den Amseln. O ja, das geht durchaus.

Für mich steht völlig außer Frage, dass durch Schamanismus eine echte Verwandlung möglich ist. Tatsächlich habe ich es selbst erlebt: Ich könnte Ihnen dazu eine Geschichte über eine Rabenkrähe erzählen, aber davon ein andermal mehr. Aller-dings ist diese Methode beschwerlich und für mich auch schlicht zu beängstigend, als dass ich sie regelmäßig anwenden würde. Und was dabei herauskommt, ist so bizarr, dass es die meisten wenig ansprechend finden. Es mag eine Menge Gründe dafür geben, warum man ein Buch über das Dasein als Dachs liest, das jemand geschrieben hat, der in seinem Wohnzimmer hallu-zinogene Drogen genommen und geglaubt hat, sich in einen Dachs zu verwandeln. Aber das Bedürfnis, mehr über Dachse oder Laubwälder zu erfahren, steht dabei wohl nicht im Vorder-grund.

Ebenso verhält es sich mit dem Quasischamanismus von J. A. Baker, von dessen gefeiertem Werk »Der Wanderfalke« man sagen könnte, es leiste für eine Spezies das, was ich hier für fünf versuche. Baker folgte seinen Wanderfalken bis zu dem Punkt, da er mit ihnen eins wurde. Sein ausdrückliches Ziel war es, sich selbst aufzulösen. »Wohin er (der Wanderfalke) diesen Winter auch gehen mag, ich werde ihm folgen. Ich werde die Furcht und Freude seines Jagens teilen, und auch die Langeweile. Ich werde ihm folgen, bis meine bedrohliche Menschengestalt das wirbelnde Kaleidoskop, das die Sehgrube seiner glänzenden Augen füllt, nicht mehr in Angst verdunkeln lässt. Mein heidnischer Kopf soll im Winterlandboden versinken, auf dass er rein werde.«

Wenn man Baker Glauben schenken kann, hat es funktioniert. Er ertappte sich dabei, wie er unbewusst die Bewegungen eines Falken nachahmte, und seine Pronomina wechseln von »ich« zu »wir«: »In diesen Tagen im Freien leben wir dasselbe rauschhafte, angsterfüllte Leben.«

Niemand bewundert Baker mehr als ich. Aber sein Weg ist nicht der meine. Er kann es nicht sein: Ich bin nicht so tief verzweifelt und unglücklich wie er und teile weder seine Sehnsucht nach Selbstauflösung noch seine Überzeugung, dass eine genickbrechende und Jungtiere ausweidende ruchlose Natur eine Moral verkörpert, die besser ist als alles, was der Mensch ersinnen oder woran er sich orientieren kann. Zudem ist die Selbstauflösung als literarisches Mittel eine ziemlich heikle Angelegenheit. Wenn J. A. Baker wirklich verschwindet, wer erzählt dann die Geschichte? Und wenn nicht, warum sollten wir die Geschichte dann ernst nehmen? Wie Robert Macfarlane bemerkte, versuchte Baker, dem Problem mit der Entwicklung einer neuen Sprache beizukommen: Flügellose Substantive stürzen und gleiten, erdhöhlenbewohnende Verben trudeln am Rand der Atmosphäre, Adverbien benehmen sich abscheulich. Ich liebe diese Fremdartigkeit, aber sie lehrt mich mehr über Sprache als über Wanderfalken. Und stets bleibt die Frage: Wer spricht hier? Ein Wanderfalke, der in Cambridge studiert hat? Oder ein zum Wanderfalken mutierter Baker? Weil wir das nie genau wissen, funktioniert die Methode nicht so recht. Es liegt in der Natur der Dichtkunst, dass sie ihren Urheber nie ganz offenbart.

Sieht man von schamanischer Transformation ab, wird immer eine Grenze zwischen mir und meinen Tieren bestehen bleiben. Also bekennt man sich am besten gleich dazu und versucht, den Grenzverlauf möglichst exakt zu beschreiben – und sei es nur um der Stimmigkeit willen. Es mag ziemlich prosaisch wirken, wenn man von jeder Passage des vorliegenden Buchs sagen kann: »Hier schreibt Charles Foster über ein Tier« anstelle von: »Das könnte die mystische Äußerung eines Dachsmenschen sein«, aber es schafft doch weitaus mehr Klarheit.

Meine Vorgehensweise besteht daher schlicht darin, mich so nahe wie möglich an die Grenze vorzuwagen und mit allem, was mir an Hilfsmitteln zur Verfügung steht, ins unbekannte Terrain hinüberzuspähen. Dieser Prozess unterscheidet sich grundlegend von reiner Beobachtung. Der klassische Beobachter hockt mit seinem Fernglas in einem Versteck und schert sich nicht um Anaximanders schwindelerregende Frage: »Was sieht ein Falke?«, ganz zu schweigen von der modernen, weiter gefassten neurobiologischen Variante dieser Frage: »Welche Art von Welt konstruiert ein Falke, indem sein Gehirn die Reize seiner Sinnesrezeptoren verarbeitet und sie vor dem Hintergrund seiner genetischen Prägung und individueller Erfahrung interpretiert?« Diese Fragen stelle ich mir.

An zwei Punkten kommen wir der Grenze erstaunlich nahe. Dort habe ich meine Beobachtungsstationen eingerichtet. Und diese Punkte heißen Physiologie und Landschaft.

Physiologie: Aufgrund unserer engen evolutionären Verwandtschaft bin ich, zumindest im Hinblick auf die Reihe von Sinnesrezeptoren, mit denen wir alle ausgestattet sind, den meisten Tieren in diesem Buch ziemlich nahe. Und wenn nicht, lassen sich die Unterschiede für gewöhnlich beschreiben und (annähernd) messen.

Beispielsweise benutzen sowohl Säugetiere wie ich als auch Vögel Golgi-Sehnenorgane, Ruffini-Körperchen und Muskelspindeln, um die räumliche Lage ihrer verschiedenen Körperteile zu bestimmen, und freie Nervenenden, die uns »Scheußlich!« oder »Heiß!« zuschreien. Die Art und Weise, wie ich diese sensorischen Rohdaten sammle und übertrage, ist der der meisten Säugetiere und Vögel sehr ähnlich.

Wenn wir die Verteilung und die Dichte der verschiedenen Rezeptortypen betrachten, können wir herausfinden, welche Art von Input das Gehirn in welchem Umfang erhält. Sehen wir uns den Austernfischer an, der seinen Schnabel phallusartig in den Sand stößt, wenn er nach Pierwürmern sucht. Seine Schnabelränder besitzen eine große Anzahl von Merkel-Zellen, Herbst-Körperchen, Grandry'schen Körperchen, Ruffini-Körperchen und freien Nervenenden. Bei seinem Gestocher sendet er Stoßwellen im feuchten Sand aus, und sein Netzwerk aus Rezeptoren liest wie ein Sonar aus den zurückgeworfenen Signalen Unregelmäßigkeiten heraus, die auf die Anwesenheit eines Wurms hindeuten können. Manche Rezeptoren nehmen sogar feinste Vibrationen wahr und erkennen es, wenn die Härchen des Wurms an der Wand seiner Wohnröhre kratzen. Was dem in der menschlichen Erlebenswelt am nächsten kommt, ist Sex. Ein sehr stichhaltiges Argument gegen Vorhautbeschneidung lautet, dass man dadurch weniger von einem Austernfischer hat. Denn beim Mann hat das Innere der Penisvorhaut eine ähnlich hohe Konzentration an Merkel-Zellen und anderen Rezeptoren, die beim Geschlechtsverkehr massiv stimuliert werden (die Eichel hingegen hat kaum etwas anderes als freie Nervenenden, die durch jahrzehntelange Selbstbefleckung und das Tragen zu enger Hosen oft regelrecht abgenutzt sind). Was die bloße Intensität des Signals betrifft, ist die Jagd der Watvögel auf Gezeitenwürmer eine wahre Wonne. Es ist, als würde man im Zustand höchster Erregung durch die Lebensmittelgänge des Supermarkts schlendern – und schier einen Orgasmus bekommen, wenn man endlich das gewünschte Frühstücksmüsli erblickt.

Nur ist es nicht so. Weil all das im Zentralnervensystem passiert. Wird die Großhirnrinde zerstört, hat sogar der wollüstigste Pornodarsteller nie wieder einen Orgasmus. Es stimmt nicht, dass Männer das Hirn in der Hose haben. Sogar beim hirnlosesten Triebtäter findet Sex immer nur im Kopf statt. Und ein Austernfischer hat eben immer nur Pierwürmer im Kopf.

Das ist mein Problem: die merkwürdige Umwandlung eines Reizimpulses in eine Handlung oder eine Wahrnehmung. Das Universum, in dem ich lebe, habe ich in meinem Kopf erschaffen. Es ist ein absolutes Unikat. Der Vorgang, Vertrautheit herzustellen, bedeutet, dass man besser darin wird, jemanden in dieses Universum einzuladen, damit er oder sie sich darin umsehen kann. Das Gefühl der Einsamkeit ist das vernichtende Eingeständnis, dass, auch wenn man noch so gut darin wird, Leute in sein Universum einzuladen, niemand sonderlich viel darin vorfinden wird.

Trotzdem müssen wir es weiter versuchen. Wenn wir bei den Menschen aufgeben, werden wir elende Misanthropen. Wenn wir bei der Natur aufgeben, werden wir elende Umgehungsstraßenbauer oder Dachsjäger oder selbstbezogene Stadtmenschen.

Wir können etwas dagegen tun. Ich habe eine Menge Bücher über Physiologie gelesen und versucht, somatotopische Bilder von meinen Tieren zu malen – Bilder, auf denen die Teile des Körpers in der Größe dargestellt sind, die der Größe der zugehörigen Hirnregionen entspricht. Menschen bekommen dann riesige Hände, Gesichter und Genitalien, aber einen spindeldürren, kümmerlichen Torso. Mäuse wiederum haben gewaltige Schneidezähne, wie die eines Säbelzahntigers in den schlimmsten Albträumen eines Höhlenmenschen, große Füße und Schnurrhaare wie Wasserschläuche.

Bei somatotopischen Bildern ist allerdings Vorsicht geboten: Sie verraten uns nichts darüber, auf welche Art und Weise die

Reize verarbeitet werden und welche Reaktionen daraus folgen. Wir erfahren nur, dass eine Menge Hardware an die Schnurrhaare gekoppelt ist – nicht, dass eine Maus in einer Welt lebt, die sie hauptsächlich mit ihren Schnurrhaaren wahrnimmt. Dennoch sind diese Bilder ein guter Einstieg.

Wir können behutsame Parallelen dazu ziehen, wie wir selbst in bestimmten Situationen reagieren.

Sicher, letztlich kommt es auf die Reizverarbeitung an, doch wenn ein Fuchs und ich auf ein Stück Stacheldraht treten, gibt es guten Grund zu der Annahme, dass wir beide etwas Ähnliches »erleben«. Die Anführungszeichen sind hier wichtig, was den Fuchs betrifft; darauf werde ich noch eingehen. Fürs Erste will ich damit nur sagen, dass die Schmerzrezeptoren im Fuß des Fuchses und in meinem Fuß auf mehr oder weniger identische Weise anspringen und elektronische Impulse auf mehr oder weniger identischen Bahnen ans periphere und ans zentrale Nervensystem schicken, wo das Gehirn sie verarbeitet und in beiden Fällen Befehle an unsere Muskeln schickt mit dem Inhalt: »Nehmt den Fuß von diesem Draht« – sofern das nicht bereits durch einen Reflex geschehen ist. Die Verarbeitung im Gehirn impft uns beiden, dem Fuchs und mir, die Erkenntnis ein: »Tritt nicht auf Stacheldraht, das ist unangenehm«; dies wird zu einer Erfahrung, die wir tatsächlich beide gemacht haben. Sie ist uns auf die neurologisch gleiche Weise zuteilgeworden: Wir wissen beide, wie es sich anfühlt, auf Stacheldraht zu treten, was andere Menschen und Tiere, deren Fuß noch nie Bekanntschaft mit Stacheldraht gemacht hat, nicht wissen. Ich gehe davon aus, dass es viele neurologische Prozesse gibt, von denen man mit gewissem Recht behaupten kann, dass sie bei mir und einem Tier gleich ablaufen. Wenn ein Wind durch das Tal weht, in dem wir beide uns aufhalten, empfinden wir das beide ähnlich. Es kann (und wird) jedoch für jeden von uns etwas anderes bedeuten: Für den Fuchs ist es vielleicht ein Indikator, dass im Wald neben den Ahornbäumen wahrscheinlich

Hasen äsen; für mich lautet die primäre Botschaft womöglich, dass es kälter wird und ich eine Lage mehr anziehen muss. Was allerdings nicht heißt, dass wir nicht beide das Gleiche gespürt hätten. Denn das haben wir. Und die Unterschiede in der Bedeutung können wir uns durch Beobachtung herleiten.

Wir Menschen neigen dazu, unsere sensorischen Fähigkeiten kleinzureden und davon auszugehen, alle Wildtiere seien in diesen unzivilisierten Dingen besser als wir. Vermutlich liegt das daran, dass wir unser trostlos unsinniges Städterdasein vor uns selbst rechtfertigen wollen (»Ich muss in einem Haus mit Zentralheizung wohnen und mir mein Essen in Dosen besorgen, weil ich nie auf einem Baum leben und Eichhörnchen fangen könnte«) und dass wir unsere vermeintliche kognitive Überlegenheit gegenüber Tieren herauskehren wollen (»Sie haben einen feineren Gehör- und Geruchssinn als ich, weil ich mich über solche elementaren Stammhirnfunktionen hinausentwickelt habe. Ich brauche keinen Geruchssinn: Ich kann stattdessen denken, und das ist weitaus nützlicher«). In Wirklichkeit stehen wir aber gar nicht so schlecht da. Kleine Kinder können oft Geräusche mit einer Frequenz von mehr als zwanzigtausend Hertz hören. Da liegen sie nicht allzu weit hinter dem Hund zurück (üblicherweise vierzigtausend Hertz), sind viel besser als die Krickente (maximal zweitausend Hertz) und die meisten Fische (im Allgemeinen kaum über fünfhundert Hertz). Und in den tiefen Frequenzbereichen schneiden wir besser ab als die meisten kleinen Säugetiere. Was ein guter Grund ist – sofern es noch eines weiteren Grundes bedarf –, nicht in Nachtklubs zu gehen. Sogar unser Geruchssinn, den wir normalerweise für schwer zivilisationsgeschädigt halten, ist (bei den meisten Menschen) erstaunlich unversehrt. Und nützlich. Drei Viertel aller Leute können aus drei T-Shirts das eine herausfinden, das sie selbst getragen haben. Mehr als die Hälfte erkennt dieses T-Shirt sogar unter zehn vorgelegten Teilen. Ob es uns gefällt oder nicht, wir sind sensorisch multimodale Tiere, denen durchaus zuzutrauen ist, dass sie einiges von dem mitbekommen, was ihren Cousins in Wald und Flur durch Licht, Luft und Schall zugetragen wird.

Außerdem verfügen wir über eine Reihe von Vorteilen. Da wäre etwa der kognitive Vorteil, der uns hilft, unsere Wahrnehmungsfähigkeit und unsere physiologischen Unterschiede gegenüber Tieren zu berücksichtigen. Das wiederum ermöglicht uns zu beschreiben, in welcher Hinsicht wir uns unterscheiden beziehungsweise ähneln. Aber es gibt noch mehr Gründe, warum ein Mensch die bessere Wahl für das Schreiben dieses Buchs ist, als es beispielsweise ein Erdmännchen wäre. Physiologisch betrachtet, sind wir Menschen gute Generalisten – eine Folge unserer Allesfressernatur. Ein Erdmännchen wäre zu sehr olfaktorisch orientiert, um einen glaubwürdigen Autor abzugeben. Zudem haben wir die Perspektive. Als meine Vorfahrin in der ostafrikanischen Savanne sich zum ersten Mal auf die Hinterbeine stellte, war das nicht nur eine Reise, die sie ein paar Dutzend Zentimeter weiter brachte. Ihr eröffnete sich eine neue Welt. Von einem Moment auf den anderen wurde sie zu einem Geschöpf, dessen Welt nicht mehr durch das hochgewachsene Gras und den verkrusteten Erdboden begrenzt war, sondern sich bis zum fernen Horizont und zu den Sternen erstreckte. Plötzlich wurde die Schöpfungsgeschichte wahr: Meine Vorfahrin besaß die visuelle Herrschaft über alles, was da kreuchte und fleuchte. Sie sah Tiere anders als die Tiere sie: Sie schauten zu ihr auf, und sie schaute gezwungenermaßen auf sie herab. Dabei sah sie ihre Spuren und wie sich ihre Wege im Busch kreuzten, was die Tiere so nicht erkennen konnten. Sie sah ihre Rücken, die Umstände und Gegebenheiten, die ihr Leben bestimmten. In mancherlei Hinsicht konnte sie die Tiere deutlicher sehen als die Tiere sich selbst. Das war schlicht eine Folge der Bipedie. Und der massive Zuwachs ihrer kognitiven Fähigkeiten (unabhängig davon, ob sich diese damals oder erst später entwickelten) trieb diese Entwicklung exponentiell voran.

Ausgefeilte kognitive Techniken ermöglichen uns (zu Hause in unserer gemütlichen Höhle, nicht draußen in der bedrohlichen Welt der Pfeile, Hörner und Hufe, wo man normalerweise nur eine einzige Chance bekommt) die Generierung und Prüfung zahlreicher Hypothesen mit einer Vielzahl an Variablen darüber, was die Gnus nächste Woche tun werden. Das erfordert nicht wenig an Programmierleistung und Hardwarekapazität. Aber wir machen es die ganze Zeit – es heißt »Denken«. Das bedeutet, dass der jagende Mensch wahrscheinlich eine genauere Vorstellung davon hat, was die Gnus nächsten Dienstag tun werden, als die Gnus selbst. Man könnte vielleicht sogar sagen, dass ein erfolgreicher Speerwurf den Anscheinsbeweis dafür liefert, dass der Jäger das Tier besser kennt als es sich selbst. Und meine Vorfahren waren enorm erfolgreiche Jäger.

Mit den kognitiven Fähigkeiten (allerdings nicht allein durch die Rohdatenverarbeitung) kommt die Theory of Mind ins Spiel, das Vermögen, sich in die Lage anderer hineinzuversetzen, und zwar wahrscheinlich nicht auf dem Weg rationaler Analyse wie bei der Frage: »Was werden die Gnus nächste Woche tun?« Bei Frauen ist die Theory of Mind ausgeprägter als bei Männern, was sie zu freundlicheren Menschen macht – die weniger dazu neigen, Kriege vom Zaun zu brechen oder egozentrische Monologe am Esstisch zu führen.

Es spricht nichts dafür, die Theory of Mind darauf zu reduzieren, dass man die Überlegung anstellt: »Wie fühlt es sich an, in jemandes Haut zu stecken?« Denn ebenso gut kann man sich fragen: »Wie fühlt es sich an, in jemandes Fell, Gefieder oder Schuppenpanzer zu stecken?« Allgemein gesagt, bezeichnet sie die Fähigkeit zu erfassen, wie Dinge miteinander vernetzt sind, die auch den Tauchstuhl hervorgebracht und die Scheiterhaufen der Hexenjäger im Mittelalter hat brennen lassen. Es ist wenig verwunderlich, dass die Kirche mehr Hexen als Hexenmeister verbrannt hat oder dass Hexen häufiger nachgesagt wurde, sie hätten vertrauten Umgang mit Tieren und könnten ohne Weiteres in deren Haut – oder Fell – schlüpfen. Eine hoch entwickelte Theory of Mind führt in letzter Konsequenz zu schamanischer Transformation. Wenn man sich in den Kopf einer anderen Spezies hineindenken kann, vermag man sich auch in ihren Körper hineinzuversetzen, und am Ende sieht man Federn an seinen Armen sprießen oder Klauen aus den Händen wachsen.

Da die Schamanen in Jägerkulturen eine wesentliche Rolle beim Aufspüren und Töten von Tieren spielen, führt dies zu einem inneren Konflikt, der nur durch echte Trauer und aufwendige Rituale gelöst werden kann. Alle zivilisierten Jäger, die durch die gleiche Theory of Mind, die uns mit unseren Kindern mitfühlen lässt, an ihre Beute gebunden sind, betrauern deren Tod. Dies nicht zu tun ist gefährlich, besagt eine alte Weisheit, und die alte Weisheit stimmt. Der Planet, wenn nicht seine gehörnten Götter, wird die Umweltzerstörung, wie wir sie derzeit betreiben, streng ahnden.

Ich habe mein Gewehr an den Nagel gehängt und halte mich jetzt lieber an Tofu, doch es gab eine Zeit, als ich schwer bewaffnet durch Wälder und über Berge kroch. Während ich das hier tippe, blicken afrikanische Antilopen vorwurfsvoll auf meinen Laptop herab. Alljährlich im Oktober nahm ich einen Zug nach Norden und pirschte mich in den schottischen Northwest Highlands an Rotwild heran. Ich war von einer genozidalen Leidenschaft für Rehe in Somerset und Wildgeflügel in den Salzmarschen von Kent besessen. Wenn ich Hasen nachstellte, fungierte meine Frau als Gewehrauflage. Als meine Tochter zehn Jahre alt war, kaufte ich ihr eine Schrotflinte Kaliber 36. Ich ging mit Beagles auf Drückjagd, ritt neben Foxhounds und Hetzhunden und schrieb eine monatliche Kolumne in der *Shooting Times*. Mein Name findet sich in goldgeprägten Jagdbüchern, die in hübschen Landsitzen ausliegen. Auf einem Foto sieht man mich lächelnd neben Unmengen toter Ringeltauben in Lincolnshire stehen. Ganze Nächte habe ich mit dem Angeln von Lachsforellen in Kintyre zugebracht, und ich beherrsche noch immer die Wurftechnik des Spey Casting, die ich erlernte, als ich am oberen Dee Jagd auf Atlantischen Lachs machte. Ich singe im Pub Jagdlieder wie »Dido, Bendigo«, und zwar in dem Tonfall, wie ich es von der Rydal Hound Show her kenne, wo ich es zum ersten Mal gehört habe. Und noch immer gehe ich zur Game Fair und streichle wollüstig über Gewehrschäfte aus Walnussholz.

All das ist mir peinlich, und vieles davon bereue ich. Meine Seele ist dadurch abgestumpft und schwielig geworden, und viele dieser Schwielen sind erst nach langer Zeit wieder verschwunden. Aber ich habe auch viel gelernt. Ich habe gelernt, zu kriechen und still und reglos zu verharren. Ich lag in Argyllshire drei Stunden lang in einem Bach, während mir das Wasser beim Kragen hinein- und bei der Hose herauslief. Ich saß in einem Wald in Bulgarien und schaute den Bremsen dabei zu, wie sie sich darum drängelten, welche mich als Nächste in die Hand stechen durfte. In einem Fluss in Namibia beobachtete ich, wie sich die Blutegel von meinen Fußknöcheln in Richtung Unterleib hinaufschlängelten. So manchen Tag in den Marschen habe ich knapp über dem Boden, auf Augenhöhe von Stockenten, begonnen. Ich weiß, wie die Schatten zweier Ahornzweige im Winter im Küstenflachland der Somerset Levels tanzen und warum die Aale den Fluss Isle verlassen und durchs Feuchtgebiet zu einem Drainagekanal bei Isle Abbots wandern, und ich kann zwei Rehböcke, die in der Nähe von Ilminster leben, anhand des unterschiedlichen Geruchs ihrer Losung voneinander unterscheiden.

Es hat mir meine Sinne zurückgegeben: Ein Mann, der ein Gewehr trägt, sieht, hört, riecht und erahnt viel mehr als einer, der mit einem Vogelbestimmungsbuch und einem Fernglas ausgerüstet ist. Es ist, als würde der Tod oder der mögliche Tod eines Tiers tief in uns einen Schalter aus grauer Vorzeit umlegen. Nur wenn der Tod in der Luft liegt, fühlen wir uns wirklich lebendig. Vielleicht hat es auch damit zu tun, dass in der Zeit, bevor wir mit Hochgeschwindigkeitswaffen auf harmlose Pflanzenfresser losgingen, das Jagen häufig mit erheblicher Gefahr für Leib und Leben des Jägers einherging und daher jede Nervenzelle auf Hochtouren arbeiten musste, um das physische Überleben des Jägers zu sichern. Ein anderer Grund könnte sein, dass der Tod unsere einzige über jeden Zweifel erhabene Gemeinsamkeit mit Tieren ist; vielleicht ist das erste, berauschende Resultat dieser vollkommenen Wechselseitigkeit, dass wir die Welt wahrnehmen können, wie es unsere Beute tut. Manchmal fühlt es sich an, als hätte man zwei Nervensysteme im Körper, die ekstatisch parallel pulsieren – das eigene und das des angepirschten Hirsches.

Beim Jagen wird das Rad der Evolution und der Entwicklungsgeschichte zurückgedreht: Wir erhalten die Sinne unserer Vorfahren zurück, und das sind die Sinne unserer Kinder. Wenn man es Kindern erlaubt, sind sie alle ständig auf der Jagd. Die meinen sind unentwegt damit beschäftigt, irgendwelche Fährten zu verfolgen, Dinge zu beschnuppern oder Steine umzudrehen, und erweisen sich als regelrechte Hellseher beim Aufstöbern der gesuchten Tiere. Mein ältester Sohn ist jetzt acht und hat bei uns den Spitznamen »Kleiner Krötenfänger-Tommy«. Wenn wir ihn zu einem Feld bringen, wo er bisher noch nie war, schaut er sich einen Moment lang um und marschiert dann schnurstracks – vielleicht zweihundert Meter weit – zu einem Stein, den er aufhebt. Und darunter sitzt eine Kröte. Wenn man ihn fragt, wie er das macht, sagt er: »Ich weiß es einfach.« Vor ein paar Tausend Jahren wäre er mit dieser Gabe entweder ein Märtyrer geworden oder dick und reich und angesehen und hätte sich alle Ehefrauen nehmen können, die er wollte. Falls dieses Talent auf genetischer Veranlagung beruht, wäre das Merkmal nachdrücklich selektiert worden. Was hierbei zweifellos der Fall ist. Die Gabe schlummert auch in so manchem Versicherungsmathematiker. Sie wurde durch die natürliche Selektion so stark gefördert, wie dies für die Fähigkeit, Bilanzen zu lesen, niemals der Fall war oder je der Fall sein wird. Und sie kann sogar bei den unglückseligsten Büromenschen wiederbelebt werden.

Wir sind Jäger. Wir können genauso Dinge aus der Welt der Tiere jagen, wie wir einst Jagd auf ihre Pelze gemacht haben – und zwar mit exakt denselben Fähigkeiten.

Allerdings ist unsere glorreiche kognitive Gabe bei dieser Jagd nicht immer hilfreich. Sie bringt es beispielsweise mit sich, dass ich sowohl Langeweile als auch Interesse in einer Art und Weise empfinde, die dem Fuchs vermutlich fremd ist.

Füchse liegen tagsüber gern draußen, für gewöhnlich zusammengerollt an einem geschützten Platz, in einem Zustand zwischen Dösen und Wachheit. Für mein Fuchs-Kapitel habe ich das ebenfalls getan. Meine Füchse waren in der Innenstadt zu Hause, also legte ich mich ohne Essen und Trinken im Londoner Stadtteil Bow in einen Hinterhof, entleerte Blase und Darm dort, wo ich war, wartete auf die Nacht und verhielt mich gegenüber den menschlichen Wesen in den Reihenhäusern ringsum feindselig – was mir nicht schwerfiel.

Es war ein nutzbringender Tag: Er lehrte mich etwas über das Leben als Fuchs. Doch das meiste, was mir durch den Kopf ging, waren keine Fuchsgedanken. Mich faszinierte der Anblick der Ameisen, deren Leben sich direkt vor meinen Augen abspielte, während ich bäuchlings auf den Steinplatten lag. Unablässig kreisten meine Gedanken darum, welche Beziehungen sie untereinander unterhielten und wie sie wohl kommunizierten. Das tun Füchse vermutlich nicht. Ich fragte mich, ob ich Kurkuma aus dem indischen Kartoffel-Curry-Gericht herausroch, dessen Duft über den Zaun herüberwehte; ein Fuchs würde wohl einfach nur zur Kenntnis nehmen, dass es in diesem Haus Essen gab, und sich vornehmen, später vielleicht die Mülltonne zu durchsuchen. Außerdem langweilte ich mich – ich sehnte mich geradezu nach Zerstreuung, und dabei wäre mir fast alles willkommen gewesen: ein Buch, ein Gespräch, eine Intrige.

Auch Tiere können sich langweilen. Zumindest relativ: Ein auf den Rücksitz eines Autos verbannter Hund würde lieber draußen herumtollen und Hasen nachjagen. Aber ich bezweifle, dass der Stress vollkommener Ereignislosigkeit für sie genauso enervierend ist wie für mich. Vielleicht kennen sie solchen Stress auch gar nicht. Vielleicht ist in ihrer Wahrnehmung ständig die Möglichkeit präsent, dass sie sterben, sich paaren oder etwas zu fressen finden könnten, was ihrem Dasein an den langen durchwachten Tagen Würze verleiht. Während ich in London E3 in meinem eigenen Kot lag, erschienen mir diese Möglichkeiten mal mehr, mal weniger realistisch, und das war die Hölle.

Um die Frage des Bewusstseins habe ich mich bis jetzt gedrückt. Was natürlich daran liegt, dass ich – wie alle anderen auch – keine Ahnung habe, wie ich damit umgehen soll. Bei so gut wie jedem Buch über tierische Wahrnehmung scheinen sich die Worte des amerikanischen Philosophen Thomas Nagel als Motto geradezu aufzudrängen: »Wie ist es, eine Fledermaus zu sein?« Das ist ein ironisch gemeintes Zitat, denn Nagel wollte damit auf die unüberwindlichen Probleme hinweisen, die das Schreiben von Büchern mit sich bringt, in denen vermeintliche Wahrheiten über das Bewusstsein nichtmenschlicher Wesen formuliert werden. Erstens: Oftmals wissen wir schlichtweg nicht, ob eine bestimmte Spezies ein Bewusstsein hat (oder ob bestimmte Angehörige einer bestimmten Spezies ein Bewusstsein haben – könnte es nicht sprechende, selbstreflexive Tiere und zugleich nichtsprechende Tiere geben, wie in den »Chroniken von Narnia«?). Und zweitens (was Nagels Hauptargument war): Man kann nicht sagen, Bewusstsein »ist wie« etwas. Daher verbietet sich ein Erforschen durch Vergleiche, und das Ergründen mithilfe von Metaphern ist schwierig.

Bewusstsein bedeutet Subjektivität: mein Gefühl, dass es einen Charles Foster gibt, der etwas anderes als andere Wesen ist. Und auch etwas anderes als mein Körper. Der Charles Foster, von dessen Existenz ich ziemlich fest überzeugt bin, *bin* ich, und zwar auf eine Art und Weise, wie das für meinen Körper nicht gilt. Eine Menge Zellen, die derzeit meinen Körper ausmachen, haben letzte Woche noch nicht existiert und werden nächste Woche tot sein, und trotzdem sage ich heute, Charles Foster ist letzte Woche auf einen Berg in Somerset gestiegen und wird nächste Woche in Athen sein. Wenn ich das sage, meine ich im Grunde, dass es ein essenzielles Ich gibt, das in meinem Körper wohnt. Es klingt verdächtig danach, als würde ich von meiner Seele sprechen.

Niemand hat auch nur die leiseste Ahnung von den Ursprüngen des Bewusstseins. Nach Ansicht der Reduktionisten ist es ein Artefakt meiner neurologischen Hardware – eine Art Substanz, die mein Gehirn absondert. Aber es hat noch niemand überzeugend darlegen können, wie es überhaupt zu seiner Entstehung kam oder warum es danach durch die natürliche Selektion begünstigt wurde.

Wir finden den Fingerabdruck des Bewusstseins in der Urgeschichte des Menschen: Allem Anschein nach ist es irgendwann im Jungpaläolithikum entstanden, wie die damals explosionsartige Verbreitung von Symbolik zeigt – von Dingen, die uns entgegenschreien: »Ich und nicht du.«

Es gibt schlüssige Theorien, wonach die Herbeiführung veränderter Bewusstseinszustände durch Askese, Erschöpfung, Dehydration oder die Einnahme halluzinogener Stoffe möglicherweise einen Prozess in Gang gesetzt hat, dessen Endprodukt das Bewusstsein war. Das ist zwar interessant, erklärt aber nicht ansatzweise, was Bewusstsein ist, aus welchen Gründen es bei der Evolution überlebt hat und wo es sich befindet. T. H. Huxley meinte, das Auftreten von Bewusstsein in einem Nervengewebe, das durch elektrische Impulse gereizt wird, sei ebenso mysteriös wie der Geist in der Flasche, an der Aladin gerieben hat. Und die modernen Neurowissenschaften haben dem nichts hinzuzufügen.

Für die Reduktionisten ist das ein leidiges Problem, weil keiner weiß, wofür das Bewusstsein gut ist, und es auch keine brauchbaren Hinweise gibt, welche Arten von Bewusstsein ein zufälliges Nebenprodukt sein könnten. Für nichts, was der natürlichen Selektion unterworfen ist, braucht man Bewusstsein. Um Nahrung oder einen Geschlechtspartner zu finden, ist sie überflüssig. Ein »Ich«-Gefühl macht den eigenen Körper auch nicht weniger verlockend für Raubtiere. Zwar könnte die Theory of Mind durchaus einen Selektionsvorteil bieten, aber Bewusstsein ist keine Voraussetzung für die Theory of Mind. Wir treffen sogar visuelle Unterscheidungen ohne Bewusstsein. Nehmen wir beispielsweise Lawrence Weiskrantz' Experimente mit einem Patienten, der auf dem linken Gesichtsfeld kortikal blind war. Sein Auge funktionierte, aber die Verbindungen zur Sehrinde oder innerhalb dieser waren unterbrochen. Daher meinte der Mann, er könne im linken Gesichtsfeld nichts sehen. Als man ihn aber drängte zu sagen, welche Gegenstände dort seien, fielen seine Antworten so exakt aus, dass dies kein reiner Zufall sein konnte. Bei einem Briefkasten mit senkrechtem Schlitz zeigte er eine starke Tendenz, Briefe in senkrechter Ausrichtung einzuwerfen. Er war auch gut darin, den Ausdruck einer »unsichtbaren« Person in seinem linken Gesichtsfeld nachzuahmen. Er kam also recht passabel mit einer Welt zurecht, von der er nicht wusste, dass er überhaupt irgendeine Beziehung dazu hatte. Das »Ich«, das er sich selbst zuschrieb, hatte keinen Einfluss auf die Welt des linken Gesichtsfelds. Sein Körper aber schon.

Manche Tiere besitzen zweifellos ein Bewusstsein. Das ist – etwa bei Neukaledonien-Krähen – plausibel nachgewiesen, und zwar oft anhand von Experimenten zur Selbsterkennung. Je besser wir darin werden, nach Bewusstsein zu suchen, desto häufiger entdecken wir es auch. Offenbar ist die Erde ein Garten, in dem es bestens gedeiht. Doch soweit ich weiß, gibt es keinen Beweis für Bewusstsein bei einer der Spezies, denen ich mich in diesem Buch widme. Es würde mich erstaunen, wenn sie keines hätten – zumindest beim Fuchs und beim Dachs –, aber ich setze dessen Vorhandensein nicht als gegeben voraus (im Gegensatz zu fast allen Kinderbüchern und vielen Erwachsenenbüchern über Tiere). Selbst wenn die Existenz von Bewusstsein nachgewiesen wäre, würde es für dieses Buch keinen großen Unterschied machen. Wenn Bewusstsein vorhanden ist, wie beim Menschen, kann dessen Funktionsweise selbst bei einem einzigen Individuum nur von Romanciers und Dichtern ergründet werden. Und die Besten unter ihnen werden zu dem Schluss kommen, dass das Individuum eine schwer fassbare Größe ist. Das gilt sogar für uns als Menschen, die wir immerhin eine begrenzte Vorstellung davon haben, wie das Bewusstsein bei einem unserer Mitmenschen funktionieren könnte. Wie sieht es dann erst bei einem bestimmten, mit Bewusstsein ausgestatteten Fuchs aus? Hier begeben wir uns ins wilde Grenzland der Poesie. Und wenn eine Antwort möglich wäre, würde sie uns nicht unbedingt sonderlich viel über die Welt der Füchse im Allgemeinen verraten.

Es ist allemal interessant genug und auch schwierig genug, der Frage nachzugehen, wie man sich denn als ganz normaler, sinnlicher Fuchs fühlt.

So viel zur Physiologie. Ich habe eine Menge physiologischer Gemeinsamkeiten mit meinen Tieren, und wo nicht, kann ich mich durch Erforschen maßvoll herantasten. Der zweite Punkt, an dem ich den Tieren besonders nahekomme, ist die Landschaft. Ich kann dieselben Orte aufsuchen wie sie. Auf sie und mich fällt derselbe Regen, wir werden von ein und demselben Ginster gepiekt, fühlen beide die Erschütterungen im Boden, wenn Sattelschlepper vorbeifahren, sehen ein und denselben Bauern mit seinem Gewehr herumstreifen. Natürlich bedeutet es für uns jeweils etwas Unterschiedliches. Das Gewehr bedeutet für mich wahrscheinlich nicht, dass ich in Lebensgefahr bin; Regen hat zur Folge, dass Regenwürmer aus der Erde kommen, was für einen Dachs wohl interessanter ist als für mich. Dennoch teilen der Dachs und ich etwas Reales und Objektives. Sicher, unsere individuellen Welten sind Maßanfertigungen, zusammengezimmert von der einzigartigen neurologischen Software in unserem Kopf. Und ja, es ist wirklich schwer zu sagen, wie ein Stein in einem Moor auf ein anderes Lebewesen wirkt. Aber das heißt nicht, dass der Stein nicht objektiv existiert oder dass der Versuch, ihn mit den Sinnesrezeptoren eines nichtmenschlichen Wesens wahrzunehmen, von vornherein sinnlos oder nicht nachvollziehbar sein muss.

Die Tiere und ich sprechen eine gemeinsame Sprache: die Sprache der summenden Neuronen. Oft reden sie in einem schwierigen – wenngleich nie völlig unverständlichen – Dialekt. Wenn wir Probleme damit haben, das Gesagte zu verstehen, hilft uns der Kontext weiter. Und der Kontext ist immer das Land.

Die Tiere sind aus dem Land hervorgegangen. Beinahe jedes Molekül eines typischen Dachses stammt aus einem Umkreis von sechzig Hektar um den Bau, in dem er geboren wurde. Nachdem er sich tief unter der Erde durch den Geburtskanal des Mutterleibs gezwängt hat, gelangt er durch einen weiteren Tunnel, diesmal einen aus Erde, ins Halbdunkel seines Waldes. Und am Ende wird er durch denselben oder einen ähnlichen Tunnel zurückkehren. Es ist wahrscheinlich, dass er, von derselben Erde umgeben, in seinem unterirdischen Bau stirbt. Sein Körper wird sich in den Wänden des Baus auflösen, wird zu Nahrung für Würmer, die wiederum zu Körperbestandteilen der nächsten oder übernächsten Generation werden. Das lässt vermuten, dass ein tiefer, fruchtbarer Gleichklang zwischen Land und Tier besteht. Was sich auch bestätigt. Nur wenige Tiere eignen sich für den Export.

Ich hingegen bin ein sehr viel weniger regionales Produkt. Sosehr ich es auch zu verhindern versuche, stammen viele meiner Moleküle aus China und Thailand. Ich muss mich erheblich mehr anstrengen, um auch nur annähernd in solch einen Gleichklang zu kommen. Doch immerhin kann ich auf eine ganze Reihe von Hilfsmitteln zurückgreifen: Geschichtsbücher, Lieder und Weisen verstorbener Bauern, die Geschichten, die am Land und an meinem Gedächtnis kleben wie Erde am Hinterteil eines Dachses. Im Lauf der Zeit kann ich die mythologische Sprache erlernen, mit der das Land zu mir wie auch zum Dachs spricht; damit lässt sich einigermaßen Konversation betreiben, auch wenn der Dachs und ich Probleme mit unseren jeweiligen Neuronendialekten haben.

Hilfreich ist hierbei natürlich, wenn man ein unerschrockener Hippie ist. Frank Fraser Darling legte Wert darauf, das ganze Jahr über auf seiner geliebten Insel barfuß zu gehen, und zwar mit dem Argument, durch Zentimeter dicke Stiefelsohlen könne man das Pulsieren des Universums schlecht wahrnehmen. Ich bin mir sicher, dass er so zu einem noch besseren Zoologen wurde. Also weg mit den Klamotten und her mit den Instinkten. Kleider tragende Tiere gibt es bloß bei Beatrix Potter und Alison Uttley. Goretex ist nur eine weitere Schicht, die zwischen mir und der Art von Wahrnehmung steht, mit der weniger dicht behaarte Tiere die Welt erleben. Ich kannte sogar mal jemanden, der Hunderte von Kilometern nackt durch England gewandert ist.

Wie die Engländer nun einmal sind, ignorierten sie bei der Begegnung mit ihm einfach, dass etwas an ihm ungewöhnlich war, und wünschten ihm ungezwungen »Guten Morgen«.

Neoprenanzüge sind Kondome, die verhüten, dass unsere Fantasie durch Bergflüsse befruchtet wird.

Lernen Sie altes Liedgut, essen Sie Lebensmittel aus Ihrer Umgebung. Setzen Sie sich in die Ecke eines Feldes, und lauschen Sie. Stopfen Sie sich Ohrstöpsel in die Ohren, schließen

Sie die Augen, und schnuppern Sie. Schnuppern Sie an und nach allem, wo auch immer Sie sind; aktivieren Sie Ihre olfaktorischen Zentren. Sagen Sie wie der heilige Franziskus: »Hallo, Bruder Ochse«, und tun Sie es aus Überzeugung.

Die evolutionäre Biologie ist eine numinose Aussage darüber, wie die Dinge miteinander vernetzt sind – eine Art wissenschaftliches Advaita: Fühle und erkenne es zugleich. Fühle es, um es wirklich zu erkennen.

Was ist ein Tier? Es ist eine beständige Zwiesprache mit dem Land, von dem es stammt und aus dem es besteht. Und was ist ein Mensch? Er ist eine beständige Zwiesprache mit dem Land, von dem er stammt und aus dem er besteht – allerdings ist diese Unterhaltung etwas gekünstelter und holpriger als bei den meisten Wildtieren. Manchmal entwickeln sich aus den Gesprächen Geschichten, und sie nehmen Gestalt, Geschmack und Persönlichkeit an. Dann werden sie zu der Art von Tieren, die wir verehren oder anbeten, und zu der Sorte Menschen, die wir gern als Tischnachbarn beim Essen haben.

Ich möchte eine verständlichere Unterhaltung mit dem Land führen. Für mich ist es eine Methode, um mich besser kennenzulernen, und in meiner Ich-Besessenheit bilde ich mir ein, dass es sich lohnt. Einen verständlicheren Austausch mit den pelzigen, gefiederten, schuppigen, brüllenden, im Sturzflug herabstoßenden, kreischenden, schwebenden, grunzenden, malmenden, hechelnden, flatternden, furzenden, Beute reißenden, watschelnden, Gelenke auskugelnden, hoppelnden, Fleisch zerfetzenden, galoppierenden, springenden und herumtollenden Haufen Land zu führen, die wir als Tiere bezeichnen, ist ein guter Weg dafür.

Man wird besser im Reden, wenn man redet. Und man wird besser in Beziehungspflege, indem man Beziehungen aufbaut, wofür man Zeit braucht. Außerdem muss man das eine oder andere über sein Gegenüber wissen. Also las ich Bücher über Fotosynthese, Menhire, Schiefer, Exkremente und Fährten. Ich klebte Blätter in meine Notizbücher und streichelte sie. Ich kaufte mir Hörbücher über Vogelrufe und stellte in der U-Bahn zwischen Paddington und Farringdon fest, dass mir die Laute, die Vögel von sich gaben, eine Menge über ihre Persönlichkeit und ihre Lebensumstände verrieten. Ohne zu wissen, um was für einen Vogel es sich handelte (weil einige dieser Hörbücher einem freundlicherweise nicht ins Ohr plärren, wie die jeweilige Spezies heißt), erkannte ich irgendwie, dass die Schwarzkehlnachtigall ängstlich in den Schatten sommerlicher Laubwälder herumschwirrt, stets auf der Hut vor Feinden von oben, und mit ihrem Schnabel, der der feinsten Chirurgenpinzette gleicht, nach Insekten pickt und dass sie sich gern aufplustert, wichtig tut und früh gen Süden zieht.

»Großtuerisches mystisches Gelaber«, dröhnte mein Freund Burt, der Bauer, dem wir im nächsten Kapitel begegnen werden. Doch es stimmte. Und in der U-Bahn zwischen Farringdon und Paddington wurde mir klar, dass das eigentlich gar nicht erstaunlich ist; dass man beispielsweise die Geschichte und Politik Russlands ziemlich gut erraten kann, indem man Russen zuhört, die sich über Einkäufe oder übers Wetter unterhalten – auch und vielleicht gerade dann, wenn man kein Wort versteht.

Aber die meiste Zeit hing ich nur herum. Ich saß nackt und zitternd in einem Heidemoor und sah zu, wie die Wolken aufrissen. Ich schwamm in den dunklen Gumpen des East Lyn, unten bei den Aalen. Ich grub ein Loch in einen walisischen Hügel und wohnte darin. Ich legte mich neben eine große Straße, ärgerte mich über die Scheinwerfer und spürte, wie die Fahrbahn neben mir vibrierte, wenn Lkws vorbeidonnerten. Und wie andere Leute auch schlurfte ich sonntagnachmittags in einem überflüssigen Mantel mit den Kindern durch den Park und fütterte Enten. Und ganz allmählich schnappte ich ein paar Wörter auf, und da wusste ich, dass auch meine Wörter gehört wurden.

Wittgenstein sagte, wenn ein Löwe sprechen könnte, würden wir kein Wort davon verstehen, weil sich die Welt des Löwen in ihrer Gestalt so grundlegend von der unseren unterscheidet. Wittgenstein irrt. Ich weiß es.

ERDE 1
DACHS

Wenn Sie sich einen Wurm in den Mund stecken, nimmt er die Hitze darin als etwas Bedrohliches wahr. Man sollte meinen, dass er dann einen Ausbruchversuch in die Tiefe unternimmt, in die schwärzere Dunkelheit, die normalerweise Heimat und Geborgenheit bedeutet, und in Richtung Ihrer Speiseröhre kriecht. Aber das tut er nicht. Er hat es auf die Lücken zwischen Ihren Zähnen abgesehen. Und in meinem Gebiss gibt es viele davon, im Sheffield der Siebzigerjahre trug niemand eine Zahnspange. Der Wurm macht sich so dünn wie ein Faden und zwängt sich hindurch. Falls ihm das misslingt, wie es bei gut gemachten Brücken der Fall ist, dreht er durch: Er schlägt wild hin und her, schleudert das Ende seines Körpers kreisförmig um seine Mitte und peitscht Ihr Zahnfleisch. Letztlich rollt er sich frustriert an der feuchtesten Stelle neben dem Zungenbändchen zusammen und überdenkt seine Lage. Aber sobald Sie den Mund wieder öffnen, prescht er los, er presst seinen Schwanz gegen den Boden Ihrer Mundhöhle wie ein Läufer, der sich vom Startblock abstößt. Das ist alles ziemlich eklig. Und ein gutes Argument für eine Feuerbestattung.

Wenn Sie zum ersten Mal in einen Wurm beißen, erwarten Sie eine Reaktion von der Art, wie sie jeder Angler kennt und hoffentlich hasst: Der Wurm krümmt und windet sich und versucht, vom Haken loszukommen.

Doch es geschieht etwas anderes. Selbst wenn Sie sich, so wie ich, nicht überwinden können, den Wurm zwischen den Backenzähnen zu zermalmen, sondern behutsam mit den Schneidezähnen daran knabbern, wird der Wurm trotzdem zerquetscht. Darin scheint der Unterschied zu liegen. Zerquetschte Tiere rühren sich nicht, sie scheinen nichts zu spüren. Als sich einmal ein ansehnliches Stück Schottland löste und auf meinen Arm krachte, tat es mir kein bisschen weh. In meinem Fall lag das daran, dass Endorphine in meinen Körper gepumpt wurden, die mich mit einem schummrigen Hochgefühl beglückten wie nach Opiumgenuss, und dass mich der Anblick der Knochensplitter und durchtrennten Nerven völlig in den Bann schlug. Möglicherweise haben Ringelwürmer ja ein krudes, auf Opiaten basierendes Schmerzregulierungssystem. Was ich aber bezweifle: Es wäre ein absurder evolutionärer Aufwand. Wie auch immer, beide Hälften des Wurms kapitulieren. Und dann kann ich den Wurm zwischen die Backenzähne schieben und zerkauen.

Regenwürmer schmecken nach Schleim und der Erde, aus der sie kommen. Sie sind der Inbegriff eines regionalen Nahrungsmittels und haben, wie Weinkenner sagen würden, ein sehr ausgeprägtes Terroir. Der Wurm aus Chablis hat einen langen, mineralischen Abgang. Sein Artgenosse aus der Picardie schmeckt muffig, nach Fäulnis und gesplittertem Holz. Würmer aus dem High Weald von Kent schmecken frisch und schnörkellos; man könnte sie zu gegrillter Seezunge empfehlen. Hingegen zeichnet den Wurm aus der Küstenebene von Somerset sein dumpfes, unzeitgemäßes Stout-Bier- und Lederaroma aus. Der Wurm aus den Black Mountains in Wales wiederum lässt sich kaum klar bestimmen; er wäre bei einer Blindverkostung eine echte Herausforderung. Ich bin nicht Angeber genug, um mich an seine Beschreibung zu wagen.

Im Allgemeinen ist der Geschmack des Körpers vorherrschend. Der Schleim schmeckt anders und kann rätselhafterweise variieren. Zum Terroir des Körpers steht er in keinem offensichtlichen Zusammenhang. Man kann den Schleim ablutschen, und beim Chablis-Schleim lässt sich zumindest im Frühjahr eine Note von Zitronengras und Schweinekot feststellen. Der Schleim des Weald hingegen erinnert an überhitzte Schleifscheiben und Mundgeruch.

Auch ändert sich der Geschmack je nach Jahreszeit, allerdings weniger stark, als man annehmen würde. Abhängig von der Saison stechen vielmehr einzelne Geschmackselemente stärker heraus: Es findet eine Verlagerung der Hauptnote statt. In Norfolk dominiert Windeleinlage gegenüber Paraffin im August stärker als im Januar, aber beide sind das ganze Jahr über vorhanden.

Die Nahrung eines Dachses besteht im Durchschnitt zu etwa fünfundachtzig Prozent aus Regenwürmern. Diese Tatsache kostet den Dachs einiges von seinem Charisma, macht ihn aber auch auf spannende Weise unzugänglich.

Für den Einstieg eignen sich Dachse einerseits bestens, andererseits überhaupt nicht. Überhaupt nicht deshalb, weil wir meinen, sie zu kennen. Die Dachsvermenschlichungen aus unserer Kindheit sind uns ganz besonders lieb und teuer, und wir finden sie sogar noch glaubwürdig, wenn wir groß und unsentimental geworden sind.

Eine Pfeife mit Kräutertabak klemmt gemütlich zwischen Grimbarts kräftigen, niemals ausrenkbaren Kiefern. Die Hinterbeine, bei den Pavee als Räucherschinken geschätzt und darauf ausgelegt, auf der Suche nach Würmern und Wurzeln Tausende von Kilometern durch nächtliche Wälder zurückzulegen, machen sich bestimmt gut in Moleskin-Kniebundhosen. Die Vorderpfoten, mächtig grabende und reißende Maschinen, sehen ganz danach aus, als könnten sie nach einem üppigen Sonntagsbraten eine Messinggürtelschnalle öffnen. Oft sind die Burgen der Dachse jahrhundertealt, was auf Solidität und Weisheit schließen lässt. Gebieterisch schütteln sie ihr würdevolles gestreiftes Haupt, wenn sie die Pläne leichtsinnigeren Getiers missbilligen.

Aber sie sind für den Einstieg ideal, weil Bilderstürmerei bei einem Dachs viel einfacher ist als beispielsweise bei einem Reiher, mit dem ich mich weitaus weniger beschäftigt habe. Dachsen nachzustellen ist die beste Methode, um seine Sentimentalitäten loszuwerden. Diese Tiere sind großartige Lehrer. Wenn sich die Dämmerung über den Wald herabsenkt, blicken sie einem listig in die Augen, befingern nachdenklich die Träger ihrer Cordhosen und schlitzen einem dann das Gesicht auf.

*

Für mich bedeuteten Dachse Burt und die Black Mountains. Nicht weil ein offensichtlicher Zusammenhang zwischen Dachsen und Mittelwales besteht; das ist nicht der Fall. Somerset, Gloucestershire oder Devon wären da naheliegender. Aber Burt hat einen Bulldozer.

Burt und ich kennen uns schon ewig. Wir haben zusammen an einigen der unangenehmsten Orten des Planeten Blut verloren, gelitten, geflucht und gezecht. Und jetzt ist er Bauer, lispelt und wandelt über das steilste und unfruchtbarste Stückchen Scholle auf den Britischen Inseln. Auf dem freien Feld sind es die Steine und das Gefälle, die verhindern, dass dort etwas Profitables wächst; in den Tälern sind die uralten, feuchten Wälder mit dem breitblättrigen Gestrüpp schuld. Doch das kümmert Burt nicht weiter. Man braucht kein Geld für selbst gemachten Cider, selbst gemachten Sex und einen tollen Ausblick.

Er holte uns am Bahnhof von Abergavenny ab. Ich hatte mein eigenes Junges dabei: Tom, acht Jahre alt. Dachse sind überaus gesellige Familientiere. Ein einsamer Dachs ist ein Ding der Unmöglichkeit. Und Tom, der eine ausgeprägte Legasthenie hat und daher mit einer verblüffend holistischen Weltsicht und einem tiefen Verständnis für Zusammenhänge gesegnet ist, steht dem Dachs vermutlich viel näher als ich. Ihm ist meine Behinderung fremd: die tragische Krankheit, Dinge dann und nur dann als bedeutsam zu erkennen, wenn sie sich in einen Aussagesatz packen lassen.

Zwar können Dachse effektiv und ausgiebig kommunizieren, aber, nach allgemeiner Einschätzung, ohne die Bürde der Abstraktion. Dabei muss man sich der verhängnisvollen geschriebenen Sprache bedienen, die Dinge manchmal zu etwas ganz anderem macht, als sie eigentlich sind: Eine Wurzel verwandelt sie in das Wort »Wurzel« und häuft so viele Bedeutungsnuancen darauf, dass das eigentliche Ding darunter erstickt. Tom weiß noch, was eine Wurzel ist, und wird es immer wissen. Ebenso wie der Dachs, der gern Wurzeln verspeist, jedoch Abstraktionen verschmäht. Tom definiert »Tom« ökologisch, also im Hinblick auf das Netzwerk der Beziehungen (mit anderen Menschen und mit der Natur an sich), in dem er lebt und von dem er abstammt. Das ist exakter als mein eigenes Selbstbild, zudem gesünder, interessanter und dachsartiger. Dass es in einem Dachsbau viel morbiden Atomismus gibt, bezweifle ich. Außerdem ist Tom 1,37 Meter groß. Ich bin 1,90 Meter. Damit ist er der Weltsicht des Dachses im wahrsten Sinne des Wortes näher als ich. Farne streifen sein Gesicht, genau wie das des Dachses. Und seine Nase ist dichter über der Lauberde, von der er und ich und alle Dachse letztlich ein Teil sein werden und die dem Regenwurm seine Lebensgrundlage bietet.

Wir kletterten in Burts Land Rover, fuhren los, machten noch mal kehrt, um die hintere Stoßstange aufzuheben und wieder zu befestigen, gingen in einen Laden, wo wir uns mit Pasteten aus dem Fleisch zum Tode verdammter Kühe vollstopften (weil wir uns nicht sonderlich auf die Regenwürmer freuten), und fuhren zur Farm.

Es war vor einigen Jahren in Burts Küche gewesen, dass ich zum ersten Mal ernsthaft in Erwägung gezogen hatte, ein anderes Tier zu werden. Das lag nicht daran, dass Burt ein ambiges Wesen ist und lustig zwischen Menschsein und Tiersein pendelt; dass er das tut, wusste ich längst. Es macht einen Großteil seines Charmes aus. Der Grund war auch nicht, dass seine Küche ein sich mal in die eine, mal in die andere Richtung ausdehnendes Grenzgebiet zwischen Wildnis und Peppa Wutz ist. Nein, es war wegen seiner Frau Meg. Weil sie eine Hexe ist.

Und zwar eine von der denkbar freundlichsten Sorte. Sie steckt Nadeln in Menschen, um ihnen zu helfen, und nicht in Wachspuppen, um Menschen zu schaden. Aber sie hat dieselbe Auffassung von der Vernetztheit der Dinge, die sie in *merry old England* auf den Scheiterhaufen gebracht hätte.

Burt ist eher ein Vertrauter als ein Ehemann; ein Gefährte von der anderen Seite einer dieser willkürlichen Artengrenzen, zottelig und tapsig, lässt sich aber gut mit Gin anlocken.

Burt und ich sind uns vor fünfzehn Jahren in der Sahara begegnet, beim Marathon des Sables, den er mit Green-Flash-Tennisschuhen lief. Ich rieb Jod auf die Überreste seiner Füße, und er lud mich auf seine Farm ein.

In diesem Tal wurde er geboren, von dort aus lispelte er sich durch die Welt: von Diamantminen in Namibia über Cambridge und Tierkliniken in Äthiopien, Afghanistan und Gaza bis zu Meg mit ihren prächtigen Schlüpfern und dem Schafscherschuppen.

In ihrer Küche laufen Fäden zusammen. Der Farbton der Hügel setzt sich im Teppich fort. Neben dem PC liegt ein Axtkopf aus der Bronzezeit. Das »Tibetanische Totenbuch« steht neben Jamie Oliver. Ein Kessel mit halluzinogenen Kräutern hat seinen Platz neben den Chicken Nuggets gefunden.

Für Meg steht außer Frage, dass ich, oder auch jeder andere, ein Tier sein kann.

»In allen zivilisierten Kulturen ist das gang und gäbe. Die Schamanen wechseln zwischen ihrem Körper und dem von Bären, Krähen oder was auch immer hin und her. Du möchtest fliegen? Es gibt ein Dutzend Mixturen, die dir Flügel verleihen. Dort drüben habe ich ein paar Rezepte.« Dabei deutete sie aufs Bücherregal.

»Du willst ein Fuchs sein? Dafür brauchst du nur ein bisschen Übung in einem abgedunkelten Raum mit einer Kerze und einem Huhn. Letztlich befinden sich diese Geschöpfe ja in der Evolution nur ein paar Jahre weiter flussaufwärts als wir. Es gibt Boote, die rasch gegen diesen Strom fahren können. Ich kenne ein paar der Bootsführer. Und wenn du es schlau anstellst, kannst du sogar die Fließrichtung umkehren.«

Das hatte ich damals nicht bezweifelt und tue es heute erst recht nicht. Obwohl ich so eine Verwandlung wollte, machte sie mir aber auch Angst. Keine Angst hatte ich hingegen vor Physiologiebüchern und Empathie. Ich wollte sehen, wie weit ich damit ins Fell eines Dachses schlüpfen konnte.

*

Ich hatte vor, mich in den Hang eines flachkuppigen Hügels hineinzugraben. Auf dem Gipfel dieses Hügels pflegten Männer einst ihre Kinder zu töten. Dachse tun so etwas nicht; sie wissen, dass Hunde, Lkws, Tuberkulose und Hunger bereits genug für die Götter dahinraffen.

Von der Kindsopferstätte erstreckt sich Geröll bis in die Ebene, wo sich Gras an die Steine klammert, dann weicht das Gras zählebigem Farngestrüpp, das am Fluss schließlich von Eichen, Eschen, Buchen und Holunder abgelöst wird. Der Holunder ist wegen des Wassers hier und die Dachse wegen des Holunders: Sie mampfen Holunderbeeren wie Kinder Chips, ihr Kot ist voller Knöllchen aus deren Samen; Holunder und Dachse treten also gemeinsam auf. Oft findet man Dachsbaue in Gewässernähe, aber der Grund dafür ist der Holunder. Ich habe noch nie Dachse an einem Fluss Wasser trinken sehen (obwohl sie das sicherlich tun), und mit ihren Grabpfoten haben sie nie gelernt, Fische aus dem Wasser herauszuschleudern. Anscheinend decken sie ihren Wasserbedarf größtenteils über die Regenwürmer.

Träge plätschert der Fluss über sumpfiges Wollgras und Torfmoos, wozu die übersprudelnde Lebendigkeit der Brachvögel nicht recht zu passen scheint. Erst acht Kilometer später halten die Schnepfen den Schnabel. Bis der Fluss das Tal der Dachse erreicht, hat er viel erfahren und trägt zahlreiche Stimmen und Gespräche mit sich. Eine Menge Lebewesen mit ganz unterschiedlichen Ohren kommt, um ihm zu lauschen und sich zu unterhalten. Andernfalls wären auch die Dachse nicht hier. Eintönigkeit können sie sowohl bei Unterhaltungen als auch bei ihrem Speiseplan genauso wenig leiden wie wir. Von Brachvögeln können sie nicht leben – sie ernähren sich von Ökosystemen.

Es gibt guten Grund zu der Annahme, dass Dachse schon vor den bronzezeitlichen Kindsmördern in diesem Tal lebten. Hier existieren einige riesige Dachsburgen – verschlungene Labyrinthe, die den Berg durchlöchern. Es würde dröhnen wie eine Bodhrán, wenn einer der finsteren Götter, erbost über den Geschmack eines Kindes, dort auf dem Boden aufstampfte.

Die Population ist alt und isoliert; offenbar herrschte hier kein so kommunikationsfreudiger Austausch wie bei den Dachsen im Tiefland. Wenn Männchen nach einer erfolglosen Partnersuche in ihrer Heimat auf Wanderschaft gingen, schafften sie es wohl nur selten bis zu dieser Redoute. Und so kursierte die DNA immer unter ihresgleichen, was die Population im Lauf der Jahrhunderte schwächlich und anfällig machte. Einer der Schädel, den wir in einer Abraumhalde entdeckten, hatte einen Kiefer mit merkwürdigem Vorbiss, ein anderer einen Scheitelkamm wie ein Kakadu. Manche der Pfotenabdrücke auf den Dachspfaden wiesen sechs oder sieben Zehen auf.

Dass Dachsschädel im Abraum zu finden sind, liegt daran, dass Dachse oft unterirdisch im Kreis ihrer Familie sterben

und dort verscharrt werden. Häufig sind ihre Leichen auch ͼ
Grund, warum eine neue Abzweigung gegraben wird. Omaͻ
Leiche bestimmt die Räumlichkeiten für die nächsten Generationen. Wir begraben unsere Leichen ja auch gern am Ortsrand,
wo sie uns nicht in die Quere kommen.

*

Ich habe geschummelt. Eigentlich wollte ich einen verlassenen
Dachsbau weiter ausbauen, war mir aber nicht sicher, ob ich die
Polizei davon überzeugen könnte, dass ich kein Dachsjäger war.
Und mir gefiel die Vorstellung nicht, dass ich zusammen mit
guter mittelwalisischer Erde auch eine größere Dosis TB-Bazil-
len einatmete. Außerdem war da meine Frau, die zu Recht arg-
wöhnte, wenn ich ein Loch buddelte, könnte Tom darin verschüttet werden, was eine Menge Papierkram mit sich gebracht
hätte. Mit dem Bulldozer ließ sich jedoch kein Gang ausheben,
nur ein tiefer Graben ziehen, der wie eine Kerbe in den Hang
schnitt. Aber das genügte vollauf. Wir deckten den Graben mit
einem Dach aus Zweigen und Farnkraut ab, das wir mit Erde
versiegelten, und fertig war unser Bau. Burt tuckerte zurück ins
Tal zu Fischfrikadellen und *Sesamstraße* und überließ uns unserem Schicksal. Also krabbelten wir hinein und bemühten uns
fortan um ein bisschen mehr Authentizität.

Zwar sind viele Dachsbaue hallende Labyrinthe, die sich wie
ein Haufen Regenwürmer um Felsen und Wurzeln herum in die
Tiefe schlängeln, aber nicht alle. Die einfachste Sorte, die nur
als vorübergehender Unterschlupf dient, besteht aus lediglich
einem Gang. Wie bei den mittelalterlichen Torwegen, die recht-
winklig abbiegen, um den Vormarsch von Eindringlingen zu
verlangsamen, macht der Gang etwa einen Meter hinter dem
Eingang eine Biegung, führt dann noch ein Stück weiter und
verbreitert sich am Ende zum Schlafkessel. So sah unser Bau
aus. Wir gruben ihn mit unseren Pfoten und einer Kindersand-

‚eal für das Arbeiten auf beengtem Raum). Die Erde
        ‚ir mit den Hinterbeinen nach draußen zu schie-
          ‚nicht klappte, weil die Decke originalgetreu nied-
            ‚neisten Dachsbaue haben einen annähernd halb-
        ‚en Querschnitt, sind also eher breit als hoch). Tom konnte
das Farngestrüpp für unser Nachtlager rückwärts hereinziehen,
wie es die echten Dachse tun, aber mir war das zu anstrengend.
Und wir mussten ständig niesen, laut und ganz undachsgemäß.
Anscheinend besitzen Dachse direkt an den Nasenlöchern eine
Art Ringmuskel, mit dem sie beim Graben die Nase verschließen und so das Eindringen von Erde verhindern. Wir haben
nichts dergleichen, und in jenem trockenen Juli war das zumindest im oberen Teil des Gangs verheerend. Wenn die Dachse
schnuppernd, die Nase auf dem Boden, auf Nahrungssuche
gehen, können sie mit diesen nützlichen Schließmuskeln natürlich nichts anfangen, sie müssen ja Gerüche wahrnehmen. Deshalb stoßen sie den Staub dann mit mächtigem Schnauben aus.
Was wir – neben Niesen – ebenfalls taten, während wir uns vor-
anbuddelten. Tom schnäuzte seine Taschentücher eine Woche
lang mit Kieselerde und Blut voll.

Wir benutzten Stirnlampen. Die Netzhaut eines Dachses
verfügt über mehr photorezeptive Stäbchen als die menschliche
Netzhaut, zudem befindet sich in ihren Augen eine als »Tape-
tum« bezeichnete reflektierende Schicht, die die Augen im Licht
von Autoscheinwerfern leuchten lässt und die nicht gesammel-
ten Photonen auf die Netzhaut zurückwirft. Dachse füttern ihr
Gehirn mit mehr Licht aus ihrer Umwelt, als wir das tun. Zwar
gibt ihnen die Welt genauso viel davon wie uns, aber sie machen
mehr daraus. Die Beinahedunkelheit zur Mittagszeit in unserem Gang würden sie als blendend hell empfinden.

Es war ein hartes Stück Arbeit, aber schließlich hatten wir
es geschafft. Wir krabbelten zum Fluss hinunter, schlabberten
gierig Wasser aus einem Becken, in dem sich die Blutegel schon
zum Angriff auf unsere Lippen bereitmachten, und krochen in

den Kessel unseres Baus zurück, wo wir einschliefen, Seite an Seite und Kopf an Fuß, wie es alle guten Dachse tun. So kann man den Platz optimal ausnutzen. Tom zappelte aber die ganze Nacht herum. »Füße im Gesicht sind gar nicht nett«, maulte er.

Ich hatte einen Traum – einen dieser herausfordernden, überladenen Träume gleich unter der Bewusstseinsoberfläche, die man in den Tropen hat, wenn alles in Grün und Gold zum Rhythmus des Deckenventilators tanzt. Den Rhythmus gab hier jedoch Toms Herz vor, das an meinem Kopf pochte, und das tiefe Brummen der Berge und die mädchenhafte Stimme des Flusses waren die Melodie dazu.

Für mich besteht nicht der Hauch eines Zweifels, dass Dachse eine Form von Bewusstsein haben. Das liegt unter anderem daran, dass ich sie beim Schlafen beobachtet habe. Offensichtlich geht dann etwas in ihren Köpfen vor. Sie strampeln, quieken und knurren, und ihre Gesichter spiegeln ein ganzes Repertoire an Ausdrucksmöglichkeiten wider. Es spielt sich irgendeine Geschichte in ihnen ab. Und wer sollte die Hauptfigur darin sein, wenn nicht das Ich des Dachses? Im nebelhaften Land des Schlafes kann sich unser Ich, das so oft unterdrückt, verleugnet und verletzt wird, stolz erheben und seiner Stimme Geltung verschaffen.

Zweifellos verarbeitet der träumende Dachs Informationen des vergangenen Tages oder der vergangenen Nacht; aus entwicklungsgeschichtlich naheliegenden Gründen spielt er die Möglichkeiten durch, wie er in Anbetracht der neuen Informationen auf künftige Herausforderungen reagieren kann. Aber auch diese prosaische Sichtweise lässt Raum für das Ich: Das Ich ist der Nährboden für die Dinge, die uns im Traum beschäftigen.

Schon des Öfteren kam mir der Gedanke, der Schlaf müsse eine ähnliche Funktion haben wie ein Defragmentierungsprogramm auf einem Rechner. Dateien werden von dort, wo man sie tagsüber hat liegen lassen, in Ordner und Schränke geräumt, wo man sie leichter wiederfindet. Wenn ich mich selbst hypnotisiere, zucken meine Augenlider wie in einer hypnotischen Nachahmung des REM-Schlafs, und dieses Zucken ist genau wie das Flackern des roten Lämpchens, wenn das Defragmentierungsprogramm abläuft. Ja, ich kann die Defragmentierung sogar fühlen. Trotzdem greift der Vergleich zu kurz. Ein Defragmentierungsprogramm braucht keine Geschichte. Aber schlafende Dachse haben Geschichten, und Geschichten haben ein Subjekt.

Welche Bedeutung könnte das Träumen für ein bewusstseinsloses Wesen haben? Oder überhaupt der Schlaf? Was geht verloren, wenn man sein Bewusstsein verliert? Was begleitet das Wesen in die Welt hinter dem Schleier? Wenn Dachse kein Bewusstsein haben, das sich mit dem unseren vergleichen lässt, sind ihr Lächeln und Zucken im Schlaf noch unergründlicher als das Bewusstsein selbst. In diesem Fall ist mir das kleinere Mysterium lieber.

*

Wir wachten in Etappen auf (oder gelangten in einen konstanteren Wachzustand, denn die Wildnis entlässt einen normalerweise nicht in völlige Bewusstlosigkeit: Dafür passiert zu viel), als ein Häher krächzte, und dann endgültig, als wir einen Motor brummen hörten. Es war Burt mit Fischfrikadellen.

»Ist geschummelt, ich weiß schon, aber ich verrate es auch niemandem.«

Es war aber gar keine Schummelei. Denn Dachse sind absolut opportunistische Allesfresser. Kein Dachs würde Fischfrikadellen links liegen lassen.

»Aber wisst ihr was«, fuhr er fort, »zum Ausgleich komme ich später noch mal vorbei und hetze die Hunde auf euch. Und dann gehen wir zur Straße rauf, und ich versuche, euch zu überfahren.«

Ja, sehr lustig. Aber mit durchaus ernstem Hintergrund. Ich hatte mir immer vorgestellt, dass das Leben eines Dachses in den Farben des Waldes gemalt sei. Und diese Farben hoffte ich auch zu sehen. Doch es gab störende Kleckse – in der Farbe der Angst. Man sieht diese Farbe – vor meinem inneren Auge ein stechendes Stahlblau – an den Enden der gesträubten Fellhaare, wenn ein Dachs auf seinem Weg durch den Farn innehält, weil ihm Menschengestank in die Nase steigt, oder an den Spitzen der lauschend aufgerichteten Ohren, wenn ein Hund etwas näher zu sein scheint als der gewohnte Hund von der Farm.

Indem wir alle Wölfe töteten, ernannten wir uns selbst zu den obersten Peinigern des Dachses. Wenn Dachse wirklich träumen, tauchen wir in ihren schlimmsten Albträumen auf – außer wenn sie sich im Schlaf in fernere Zeiten zurückversetzen, in denen Dachse von Wölfen gejagt wurden, bis zum fauchenden, fürchterlichen Finale am Stamm irgendeiner Eiche. In den Köpfen der Wildtiere leben Erinnerungen lange fort. Rothirsche brechen in größte Panik aus, wenn man sie an Löwenkot riechen lässt, obwohl sie sich seit Tausenden von Jahren nicht mehr wegen Löwen sorgen müssten.

Allerdings glaube ich nicht, dass Dachse von Wölfen träumen. Durch die Abwesenheit von Wölfen hat sich das Leben der Dachse maßgeblich verändert, und ich gehe davon aus, dass sich ihre Psyche ihrem Verhalten anpasst. Wo es Wölfe gibt (etwa in Osteuropa), sind Dachse nicht so emsige, gesellige Tiere wie hier. Dort gibt es keine großen, Generationen alten Dachspaläste in gut drainierten Hügeln. Stattdessen leben die Dachse in kleineren, intimeren Familienverbänden und sind weniger verspielt. Wenn Wölfe in der Nähe sind, bewegen sich die deutlich nervöseren Dachse bei ihren Streifzügen umsichtig und zielstrebig fort, wodurch sie weniger Futter finden – und das Gebiet einer geringeren Zahl von Tieren eine Lebensgrundlage bietet. Klar, große Dachsburgen sind praktisch für Psychopathen mit Pitbulls, aber Psychopathen sind nicht so tüchtige

Jäger wie Wölfe und entfernen sich nur ungern allzu weit von der Straße. Wales mag für Dachse scheußlich sein, aber sie haben es dort besser als in Weißrussland.

Wenn sich durch den Wechsel des Hauptfressfeinds so etwas Grundlegendes wie das Gemeinschaftsleben ändert, wäre anzunehmen, dass sich auch die Träume verändern. Das Traumleben eines Dachses muss die emotionalen Farben des Waldes widerspiegeln, und ein Wald mit Wölfen ist nur rot und schwarz.

Die biologische Fachwelt redet nicht gern von tierischen »Emotionen«. Lässt man das Wort fallen, wird ringsum scharf die Luft über den eloquenten akademischen Zungen eingesogen, gefolgt von einer La-Ola-Welle hochgezogener Augenbrauen und dem Tausch mitleidiger Blicke, mit denen man sich gegenseitig versichert, dass diese unbedarfte Person nicht zum Klub gehört. Man darf allerdings gern über die kognitiven Fähigkeiten von Tieren sprechen, denn damit bewegt man sich auf dem sicheren Terrain der einzig akzeptierten Metapher der Mainstream-Behavioristen – von der wiederum sie beherrscht werden: dem Computer. Plaudert man darüber, dass ein Tier nur ein Stück Hardware ist, auf dem ein bisschen Software läuft (oder das sogar selbst nur Software ist), sieht man allerorten lächelnde Gesichter. Es ist in Ordnung, wenn man über Indikatoren für das Wohlergehen von Tieren spricht, etwa über den hohen Kortikoidspiegel von unglücklichen (pardon: gestressten) Kühen. Aber über Emotionen, Gefühlsregungen – nein, das geht gar nicht.

Es gab einmal einen Biologen, der diese Abneigung nicht teilte. Er war ein guter Naturforscher, ein wohlwollender, unsentimentaler Beobachter, dem an der Universität nicht der darwinistische Reduktionismus eingebläut worden war. Er hieß Charles Darwin und schrieb ein vortreffliches und nahezu unbekanntes Buch mit dem Titel »Der Ausdruck der Gemütsbewegungen bei dem Menschen und den Tieren«. Hier spricht er in leicht polterndem Ton:

Sir Ch. Bell wünschte offenbar einen so weiten Unterschied zwischen dem Menschen und den niederen Thieren zu machen wie nur möglich; und in Folge hiervon behauptet er, daß »bei den niederen Geschöpfen kein Ausdruck vorhanden ist als das, was man mehr oder weniger deutlich auf die Äußerungen ihres Willens oder die nothwendigen Instincte zurückführen kann«. Er behauptet ferner, daß ihre Gesichter »hauptsächlich im Stande zu sein scheinen, Wuth oder Furcht auszudrücken«. Aber selbst der Mensch kann Liebe und Demuth durch äußere Zeichen nicht so deutlich ausdrücken als ein Hund, wenn er mit hängenden Ohren, herabhängenden Lippen, sich windendem Körper und wedelndem Schwanze seinem geliebten Herrn begegnet. Auch lassen sich diese Bewegungen beim Hunde nicht durch Handlungen des Willens oder durch nothwendige Instincte erklären, ebensowenig wie das Glänzen der Augen und das Lächeln der Wangen bei einem Menschen, wenn er einen alten Freund trifft. Wenn Sir Ch. Bell über den Ausdruck der Zuneigung beim Hunde gefragt worden wäre, so würde er ohne Zweifel geantwortet haben, daß dies Thier mit speciellen Instincten erschaffen worden sei, welche dasselbe für die gesellige Verbindung mit dem Menschen geschickt machten, und daß alle weiteren Untersuchungen über den Gegenstand überflüssig seien.

Diese Passage steht ziemlich am Anfang von Darwins recht umfangreichem Werk. Und er fand es keineswegs überflüssig, weitere Untersuchungen über die wahren Gefühlsregungen von Tieren anzustellen. Denn das passiert, wenn man sich als Biologe in die knurrende, ächzende und tirilierende Welt mit ihren Schmerzen und Freuden wagt, anstatt sich hinter Paradigmen zu verschanzen.

Wenn ich auf angenehme Art stimuliert werde, verziehen sich meine Gesichtsmuskeln auf ganz bestimmte Weise. Wenn ein Hund eine Stimulation erfährt, die etwas anzeigt, das für ihn vergleichbar von Vorteil ist wie das, wofür meine Freude Ausdruck ist, dann verziehen sich seine Gesichtsmuskeln auf mehr oder weniger identische Weise. Merken Sie, wie gespreizt ich mich in der Sprache der Akademiker ausdrücke? Ist das nicht absurd? Sollten wir nicht Klartext reden, die Schere im Kopf vergessen und über Freude bei Tieren sprechen?

Und wenn es Freude gibt, warum dann nicht auch andere Gefühle?

Wer je zugesehen hat, wie Hunde spielen oder Katzen schmusen oder Mauersegler ihre halsbrecherischen thermodynamischen Kunststücke vollführen, und das alles nur aus Spaß an der Freud, der wird die letzten Absätze mit ungläubigem Staunen gelesen haben. Für all jene ist mein wohldurchdachter Gedankengang überflüssig, um zu der Erkenntnis zu gelangen: Wenn ein Tier in Reaktion auf einen Reiz, den wir als unangenehm einstufen, sein Gesicht auf die gleiche Weise verzieht wie wir, dann geschieht wahrscheinlich etwas auf einer »Gemüts«-Ebene, das vergleichbar ist mit dem, was wir empfinden. Es wäre über alle Maßen merkwürdig, wenn die natürliche Selektion nur uns allein zu emotionalen Reaktionen auf die Gegebenheiten unserer Welt befähigt hätte.

Doch ich will nicht dem Anthropomorphismus das Wort reden. Wenn ich sage, dass Dinge vergleichbar sind, meine ich damit nicht, dass sie identisch sind. Ganz besonders trifft dies wohl auf die Angst zu. Die Farbe meiner Angst entspricht nicht der »Angstfarbe« anderer Lebewesen, ja nicht einmal der anderer Menschen.

Auch wenn die Angstfarbe des Dachses dieses durchdringende, unvergessliche Blau ist, ist das nicht die vorherrschende Farbe seiner Welt. Vielleicht existiert sie als Halbschatten am Rande seiner Wahrnehmung, wenn er sich balgt oder Lust oder Hunger empfindet, so wie mich das bohrend-graue Wissen um meine letztendliche Auslöschung umgibt.

Haben Dachse Angst vor dem eigenen Sterben? Sie sind jedenfalls nicht darauf erpicht, wie das zerfetzte Gesicht manch eines Terriers verrät. Aber was ist es, was sie nicht klein beigeben lässt? Findet ein komplizierter magischer Dialog zwischen dem Dachs und seinen Genen statt, in der Art von: »Du bist unser Träger: Wenn du aus dem Spiel bist, ist für uns Schluss. Also schlag dich wacker – unseretwegen, ja?« – »Na klar, ihr seid die Chefs«? Dass es einen solchen Dialog gibt, scheinen Biologen oft stillschweigend vorauszusetzen.

Ich bevorzuge eine schlichtere und weniger moderne Sichtweise, die dem Dachs zugesteht, dass er ein echtes Ich-Gefühl hat und echte Freuden erlebt, die nach seinem Ermessen das empfundene Leid überwiegen. Dachse sind Philosophen. Sie haben durchaus eine Vorstellung vom guten Leben, was voraussetzt, dass es ein Ich gibt, das dieses Leben führen kann. Und dieses Ich möchte nicht die neurologischen Freuden missen, die Jungen zu beschnüffeln, Bärlauch zu riechen oder sich den Geschmack der Regenwürmer auf der Zunge zergehen zu lassen. Dem könnten Sie natürlich entgegenhalten, all das sei nur der Lohn der Gene für die Söldnerdienste zur Verteidigung dieses mit so kräftigen Kiefern ausgestatteten Phänotyps. Schön und gut. Aber damit können Sie nicht an der Existenz des Ichs rütteln oder an dem guten Leben, das dieses Ich führt.

*

Wir verstauten die Fischfrikadellen in einer Plastikbox, die wir zum Kühlen in den Fluss legten. Die Box war nicht sonderlich dachsgemäß. Andererseits fressen Dachse zwar leidenschaftlich gern Aas, bevorzugen aber frisches Fleisch – obwohl ein Kadaver im fortgeschrittenen Zustand als Extrabeilage Maden enthält, von denen Dachse, so könnte man meinen, ebenso begeistert sein müssten wie Kinder von Schokostreuseln auf einem Pudding. Dass sie sich wegen einer Infektionsgefahr zurückhalten, bezweifle ich. Dachse verlieren ihre immunologische Unschuld ziemlich früh und verbringen nicht ihr Leben damit, sich ins Farnkraut zu erbrechen. Alle fürsorglichen Menscheneltern sollten ihren Kindern pürierte Regenwürmer in die Milch mischen: Das beugt Asthma und Ekzemen und späterer Angst vor verdorbenen Currygerichten vor. Doch wie viele Tiere und auch manche Menschen können sich Dachse bei Bedarf ohne großen Aufwand übergeben: Sie tun es gewissermaßen en passant. Das würde ich auch gern können.

Nachdem wir die Frikadellen weggepackt hatten, stolperten wir die Böschung hinauf und machten uns eine Lagermulde im Farn. Rings um uns ragten Baumstämme auf wie die kannelierten Säulen einer zerstörten Kathedrale. Grünes Licht legte sich algengleich über Toms Gesicht und seinen Hals und ließ ihn wie verwest aussehen. Doch dann krabbelte, ganz unromantisch, eine Schafzecke unter sein T-Shirt. Zecken haben es immer eilig. Ich zog das Shirt hoch und beobachtete neugierig, auf welche Körperpartie sie es wohl abgesehen hatte. Wenn ich an mir Zecken entdecke, streben sie normalerweise zu meiner Leistengegend oder meiner Achselhöhle; das erscheint mir logisch, nicht jedoch, dass sie sich bei unseren Kindern oft eine Stelle mitten am Oberkörper aussuchen. Möglicherweise werden sie ja wegen der geringeren Nervenfaserdichte dort weniger leicht entdeckt und nicht so einfach abgestreift wie sonst durch eine Bewegung des Arms oder im Schritt. Jedenfalls begann dieses Exemplar hier, es sich über einer Rippe bequem zu machen, obwohl es die diskrete Feuchte einer Achselhöhle hätte haben können. Ich zerquetschte es zwischen den Fingernägeln.

Tom neben mir zu haben machte mich praktisch immun gegen Zecken. Sie gehen immer auf ihn. Vermutlich hat es mit dem Geruch zu tun: Sie haben sich schon für Tom entschieden, noch bevor sie wissen können, dass seine Haut dünner ist und sie sich nicht durch einen unangenehmen Urwald aus fettigen Haaren kämpfen müssen.

Dachse werden oft von Zecken befallen – üblicherweise von Igel-, Hunde- und Schafzecken –, auch wenn es nicht so häufig vorkommt, wie man meinen könnte. Die ledrige Haut stellt die Zecken wohl vor eine gewisse Herausforderung, daher konzentrieren sie sich auf die dünnere Haut an Anus und Perineum anstatt wie bei den Hunden auf Kopf, Hals und die dünne Haut am Unterbauch und an den Schenkelinnenseiten.

Tagsüber draußen vor dem Bau herumzufläzen ist nicht untypisch für einen Dachs, allerdings auch keineswegs die Regel. Ab und zu kriechen Dachse in dichtes Gestrüpp, so wie wir es taten, und bleiben dort liegen, bis die Abenddämmerung hereinbricht und es Zeit für den nächsten Nahrungsstöbergang ist. Warum sie das tun, wissen wir nicht. Vielleicht herrscht zu Hause dicke Luft, und sie können den Gedanken nicht ertragen, den ganzen Tag in der Nähe des oder der elenden, nörgelnden, verhassten X zu verbringen. Zweifellos werden sie manchmal aber auch schlicht kalt erwischt, wenn der Morgen graut und sie zu weit von ihrem Bau entfernt sind und nicht riskieren wollen, frühmorgendlichen Spaziergängern samt ihren Hunden zu begegnen. Besonders Jungtiere spielen tagsüber gern draußen. Das ist ihre Version von Teenagerrebellentum, ähnlich wie bei heranwachsenden Menschen, die abends unvernünftig spät nach Hause kommen. Aber ich kann mir nicht vorstellen, dass sich Dachse bei so einem Tag im Freien sonderlich gut entspannen. Gefahr droht ihnen zwar auch in der Nähe des Baus, doch diesen Gefahren begegnen sie gemeinsam, mit altbekannten und erprobten Strategien. Einsamkeit, Veränderungen und Sonnenlicht sind die drei Dinge, die der Dachs fürchtet. Er ist ein soziales Wesen durch und durch, außerdem konservativ und schattenliebend. Sonnenlicht lässt ihn erstarren, es scheint ihn seiner Sinne zu berauben. Am Tag kann man sich einem Dachs oft bis auf geringe Distanz nähern, er wirkt dabei wie betäubt. Dachse kennen nur zwei Zustände: Ein und Aus. Sie leben in einem Niemandsland zwischen Tag und Nacht, das ihre ganze

Aufmerksamkeit beansprucht, für Halbherzigkeit ist dort kein Platz.

Tom war müde, also rollte er sich in Embryohaltung auf dem alten Farnkraut zusammen, verschränkte seine vom Scharren in der Erde braunen Pfoten unter dem Kinn und nickte ein. Auch ich brauchte Schlaf, fand aber keinen. Stattdessen starrte ich, wie einer dieser vom Tageslicht betäubten Dachse, ins Leere; ich war ein Haufen unnützer Software in einem Gehäuse aus Fleisch.

So verbrachten wir die Tage oft während unserer Zeit im Wald. Schließlich mussten wir uns dem Rhythmus der Dachse anpassen, was bedeutete, tagsüber zu schlafen. Allerdings fühlte ich mich in unserem Bau unwohl, zumindest am Anfang. Steckte dahinter die uralte Angst, lebendig begraben zu werden? Wenn ja, dann war das eine merkwürdige Angst. Lebendbegrabungen waren nie eine verbreitete Hinrichtungsmethode, und meine menschlichen Vorfahren haben jahrtausendelang in Höhlen gewohnt und dort Zuflucht gesucht. Begraben zu werden assoziiert man mit Tod, und die meisten von uns haben keine Angst vor dem Tod, sondern vor dem Sterben; der Gedanke an die physische Auflösung ist eher interessant als erschreckend. Auch wenn wir Gewohnheitstiere sind, die sich mit dem ungewohnten Gedanken, gefressen und anderem einverleibt zu werden, psychologisch erst ein wenig anfreunden müssen, ist das nicht der Stoff, aus dem dauerhafte, Seelen schädigende Albträume gemacht sind. Es hat eher mit der Angst zu tun, dass wir den Blick in die Weite verlieren, den wir unseren langen Beinen verdanken – die Perspektive, die uns bis zum Horizont blicken lässt und damit unendliche Möglichkeiten eröffnet. Sein heißt sehen, heißt aufrecht gehen, heißt, die Freiheit der Wahl zu haben. Sogar die klaustrophobische Panik, die mich überfiel, als ich mich irgendwo im Untergrund von Derbyshire durch einen schmalen Felsgang zwängte, entspringt im Grunde dem Unglück darüber, dass man in seinen Möglichkeiten eingeschränkt ist.

Um mich herum vibrierten die Wände unseres Baus geradezu, lebendig wie ein Uterus, aber nicht so behaglich. In der Erde wuselte, tastete, krabbelte, kroch und keimte es. Einmal fiel mir ein Wurm in den Mund. Ein Dachs hätte sich dabei wie ein Pascha auf dem Diwan gefühlt, dem ein Sklave eine Traube in den Mund steckt, auch wenn der Wurm vermutlich aus der toten Großmutter des Dachses besteht, die in die Erdwand des Baus eingegangen ist. Ich würgte leise und schlief weiter, das Gesicht ins Farnbett vergraben.

In diesen ersten Tagen und Nächten unter der Erde erfuhr ich so manches über mich. Ich lernte etwa, dass ich trotz meiner gewollt anarchischen und zotteligen Anmutung ein hoffnungsloser Spießer war: Mir war eine weiß getünchte Wand lieber als eine sich ständig verändernde und voller Faszination steckende Wand aus Erde; ich gab den in sauberen Reihen angeordneten Mustern einer Blümchentapete den Vorzug vor realen Pflanzen. Tatsächlich – und das bereitete mir am meisten Kopfzerbrechen – fand ich beinahe alles künstlich Erschaffene ansprechender als das, was die Natur zu bieten hatte. Meine Vorstellungen von Dachsen und der Wildnis waren mir lieber als echte Dachse und echte Wildnis. Sie waren anspruchsloser. Und gehorsamer. Und nicht so kompliziert. Und sie posaunten meine Unzulänglichkeiten nicht so ohrenbetäubend laut hinaus.

All das waren Symptome eines schlimmen Leidens, gegen das ich immun zu sein geglaubt hatte: Kolonialismus. »Herrscht über die Fische im Meer und über die Vögel unter dem Himmel und über alles Getier, das auf Erden kriecht«, lautete der verheißungsvolle göttliche Auftrag. Betrachtet man die Formulierung für sich allein, wie es oft getan wird, ist das ein verhängnisvoller Satz. Dann führt der Weg von Genesis 1 direkt in die Vorstandsetage von Monsanto. Unterwegs gönnt man sich Sightseeingpicknicks bei der weltweiten Ausrottung der Herdentiere, bei ein paar ausgewählten Trockengebieten, in denen Gurken in

Nitratpulver gezogen werden, bei der Havarie der *Torrey Canyon,* bei Massentierhaltungsbetrieben, am Rand eines abschmelzenden Gletschers und an vielen anderen erbaulichen Destinationen. Und wenn man schon dabei ist, sollte man keinesfalls den Jagdsport auf Ureinwohner verpassen, der allerorten betrieben wird, weil diese ja nicht nach Gottes Ebenbild geschaffen sind, nicht wahr?

In meiner Scheinheiligkeit hatte ich mich als Bandana tragenden Kämpfer gegen diese Art von perversem Biblizismus gesehen. Aber jetzt lag ich hier voller Groll in meiner Erdhöhle und fand Gefallen an einer Denkweise, die ich theoretisch verachtete. Ich hielt mich für etwas Besseres als die Wildnis: fortgeschrittener, entwickelter, den Zenit der Evolution.

Aber ich lernte noch mehr. Eine meiner Erkenntnisse bestand darin, dass allen Menschen auf einer bestimmten Ebene bewusst ist, wie absurd die Überheblichkeit unserer Spezies ist; sie wissen, dass es etwas Besseres als den Kolonialismus gibt. Hier ist der Beweis: Nehmen Sie einen aalglatten, Anzug tragenden Banker, am besten frisch aus Frankfurt oder Zürich. Verfrachten Sie ihn in einen Wald. Drücken Sie ihm etwas hübsche, trockene Fischotterlosung oder eine Handvoll Fuchsexkremente in die schwielenlose Hand, und erklären Sie ihm, was es ist. Er wird den Kot begutachten und vorsichtig daran riechen. Jetzt wiederholen Sie das Ganze mit den Ausscheidungen eines Haushunds. Der Mann wird den Kot fallen lassen und sein teures Mittagessen hinterherkotzen. Daran zeigt sich, dass er das Wissen um das »Edle« der Wildnis nicht unwiederbringlich verloren hat, dass die Verbindung zu dem ihm innewohnenden edlen Wilden nicht vollkommen abgerissen ist. Die Hundekacke bringt seine urtümliche, unausgeformte Abscheu gegen das Domestizierte zum Vorschein.

Außerdem lernte ich, dass echte, dauerhafte Veränderungen möglich sind, und zwar hinsichtlich unserer Vorlieben, unserer Ängste und unserer Ansichten. Und dass Veränderungen in dieser Reihenfolge ablaufen müssen. Als Erstes lernte ich, die Erdhöhle zu mögen. Gewohnheit ist etwas unglaublich Mächtiges. Damit bewältigt man fast alles. Allein dass ich regelmäßig unseren Bau aufsuchte und am hinteren Ende ein Plätzchen mit einer nach meinen Körpermaßen geformten Kuhle vorfand, genügte mir, um Geschmack am Leben im Untergrund zu finden. Von dieser niederen Basis aus konnte ich mich dann zu komplexeren Formen der Anerkennung aufschwingen: Ich lernte, die Umrisse des Fensters in die sonnenbeschienene Welt zu schätzen, die der Eingang unseres Baus darstellte; ich mochte das üppige Spektrum an Gerüchen, das mir in die Nase stieg, wenn ich keuchend vor Anstrengung von meinem staubigen Farnblätterbett durch eine Lage Heu und eine Zervix aus Erde und kompostiertem Laub nach oben kroch und dort von Holunder und Eiche und oftmals auch Holzrauch (weil Tom ein Pyromane ist) empfangen wurde. Und weil man vor etwas, das man mag, schwerlich Angst haben kann, löste sich diese ganze diffuse atavistische Panik allmählich auf. Ich hyperventilierte nicht, wenn ich nicht im buchstäblichen und im übertragenen Sinn auf meinen Hinterbeinen stand, mannhaft in die Ferne blickte und versuchte, das große Ganze zu begreifen und Pläne zu schmieden. Es war völlig in Ordnung, im Dunkeln dazuliegen, umgeben von scharrenden, summenden, zappelnden Tierchen, die mich eines Tages fressen würden. Von hier aus bedurfte es nur noch eines kleinen Schrittes, um mit Gelassenheit hinzunehmen, dass man nicht nur irgendwann gefressen wird, sondern sich bereits im Zustand des Gefressen-Werdens befindet oder zumindest darauf zusteuert. Wenn man so weit ist, ist man endlich ein richtiger Ökologe, der seinen Platz kennt und allen Ökokolonialismus hinter sich gelassen hat. Erst dann, am Ende eines mühseligen, steinigen metaphysischen Pfades, kann man wirklich mit dem Dachssein beginnen.

Ein Großteil des Dachsseins bestand schlicht darin zuzulassen, dass der Wald mit uns das Gleiche tut wie mit einem

Dachs; auszuharren, wenn es regnet; sich an den Biorhythmus des Dachses anzupassen; im beengten Untergrund zu hausen (man bildet sich nicht ein, dass einem die Welt zu Füßen liegt, wenn man sie über dem Kopf hat und sie einem die Beine zusammenquetscht und in die Augen bröselt); Glockenblumen auf dem Gesicht zu spüren statt mit den Stiefeln zu streifen. Doch es gab einige hohe physiologische Hürden, die uns von der Welt des Dachses fernhielten. Die wesentlichste war der Geruch.

Meine Umgebung nehme ich visuell wahr. Ich habe große Augen und einen entsprechend großen Hirnbereich für die Verarbeitung visueller Reize. Das Bild von der Welt, das mein Gehirn konstruiert, besteht zu einem großen Teil aus visuellen Elementen. Diese werden maßgeblich ergänzt durch die kognitive Verarbeitung – wenn ich also sage, ich sehe einen Berg, unterscheidet sich der Berg erheblich von dem, wie ihn jemand anderer beschreiben würde. Ich »sehe« diesen Berg durch eine Reihe »höherer« kortikaler Filter: Mythen, Mutmaßungen, Erinnerungen, Vergleiche, Andeutungen. Es gibt Techniken, wie man diese Filter umgehen kann. Viele davon stammen aus Fernost, und ein paar davon habe ich im Lauf der Jahre ausprobiert. Eine Blume zu sehen kann man lernen, auch wenn es schwierig ist. Aber selbst dann bleibt es ein Akt des Sehens.

Die Umgebung des Dachses ist primär eine der Gerüche. In seiner Nase werden die wichtigsten Bausteine produziert, die sein Gehirn zur Erschaffung seiner Welt braucht. Auch die physischen Grenzen seines Lebensraums werden von Düften bestimmt. Sein Territorium markiert der Dachs durch Defäkation, und der Kot jedes Dachses besitzt einen einzigartigen Geruch. Wir sind alle ständig Bakterienträger, und Bakterien stellen mit jedem von uns etwas anderes an, meist nur ein klein wenig (manchmal aber auch mehr als nur ein klein wenig – wer hat nicht schon mal in einem stickigen Zugabteil neben einem ungewaschenen, nicht deodorierten Teenager gesessen?). Bei

Dachsen ist das nicht anders. Jeder hat sein eigenes olfaktorisches Markenzeichen – einen Cocktail aus dem moschusartigen Schwanzdrüsensekret und dem Werk von Bakterien.

Aber es geht um mehr als Territoriumsfragen. Mit der Nase werden nicht nur Grenzen erschnüffelt, sie bringt darüber hinaus Gestalt, Farbe und Persönlichkeit ins Leben des Dachses. Für einen Dachs mit seinem relativ schlechten Sehvermögen besteht Sauerklee vor allem aus dem Geruch von Sauerklee. Eine hoch aufragende Hainbuche hat an einem heißen Tag die Spiralform eines Geruchswirbels, der Staub in ihr Blätterdach hinaufzieht; an einem kühlen Tag ist sie ein niedriger Hügel aus säuerlicher Flechte mit einem undefinierbaren Kamin. Ein toter Igel hat erst die Gestalt eines Igels, danach die eines grünen Geruchs, gefolgt von Innereien, von Süße, von Schweinekrusten und schließlich von Käfern.

Einen literarischen Zugang zu diesem Phänomen sollten uns eigentlich die autobiografischen Reflexionen von Synästhetikern ermöglichen – also von Menschen, die Farben riechen oder Zahlen schmecken oder für die jeder Buchstabe eine eigene Farbe besitzt. Doch deren Literatur (und ich nehme hier Nabokov nicht aus, der ausgiebig über Synästhesie geschrieben hat) ist merkwürdig unpoetisch und wenig reflektierend. Man könnte meinen, die Fähigkeit einer mehrdimensionalen Wahrnehmung der Welt beraube einen der Fähigkeit, sie zu beschreiben. Vielleicht entzieht sich ihre Welt aber auch der Beschreibung durch Worte, was für dieses Buch nichts Gutes verheißt und auch nicht für alle sonstigen Versuche, extreme Andersartigkeit (be)greifbar zu machen. Der gewagteste und daher am wenigsten misslungene künstlerische Ansatz in dieser Richtung stammt von dem Komponisten Olivier Messiaen, der neue musikalische Modi ersann, um zu demonstrieren, wie es ist, in zwei sich überlappenden sensorischen Zonen zu leben.

Im Vergleich zu Dachsen sind Menschen mit nahezu vollkommener olfaktorischer Blindheit geschlagen. Wir nehmen unsere Geruchsumgebung nicht einmal konturiert wahr, sondern nur als vage Ansammlungen von Blöcken mit völlig unscharfen Rändern. Stellen Sie sich vor, Sie gehen in der Stadt durch eine Straße und sehen anstelle von Gesichtern und Gestalten einen hin und her flatternden Flickenteppich. So ist unsere Geruchswahrnehmung.

Aber ich wollte mich nicht geschlagen geben. Mir fiel ein, dass Menschen ziemlich anpassungsfähige Geschöpfe sind und sich Blinde mittels Echolotung in ihrer Umgebung zurechtfinden können. Zwar nicht so gut, dass ein Kapitel über Fledermäuse plausibel wäre, aber immerhin ausreichend, um nicht gegen Wände zu laufen. Denn so funktioniert das »Tock-tock-tock« des weißen Stocks: Wenn er gegen ein Hindernis stößt, wird das Signal ans Hirn geschickt, das aus dieser Information ein grobes Bild der vor uns befindlichen Welt zusammenbaut. Ich erinnerte mich auch an Jack Schwartz, der sagte, er könne die Aura sehen, die jeden Menschen umgebe, und der seine Fähigkeit, Lichtfrequenzen zu erkennen, von dreihundertfünfunddreißig Nanometer auf eintausendsiebenhundert Nanometer steigerte, was eintausend Nanometer über dem Spektrum dessen liegt, was allgemein als für das menschliche Auge sichtbar gilt. Vor allem aber dachte ich an John Adams, den Physiologen, der Schwartz untersucht hatte. Erstaunt über die Ergebnisse, stellte er sein eigenes Sehvermögen auf die Probe, und zwar ohne sich um die Lehrmeinung über menschliche Wahrnehmungsgrenzen zu scheren: Er stellte fest, dass er einen großen Teil des theoretisch unsichtbaren Infrarotspektrums durchaus sehen konnte.

Unermüdlich arbeitete ich daran, mich in ein stärker olfaktorisch wahrnehmendes Wesen zu verwandeln. Ich ging in einen Verein für Blindverkostungen und staunte und imaginierte zusammen mit den anderen über die Eigenschaften von Weinen. Ich zündete in jedem Zimmer des Hauses ein Räucherstäbchen mit einer anderen Duftnote an, um mein visuelles Bild von jedem Raum um ein olfaktorisches Element zu erweitern, und versuchte herauszufinden, wie die Duftströme durchs Haus waberten und wogten. Die Klamotten meiner Kinder beschnupperte ich mit geschlossenen Augen. Ich platzierte in jeder Ecke eines Zimmers ein Stück Käse von einer anderen Sorte, trug alle Möbel hinaus, sodass ich mich nicht mehr an ihnen orientieren konnte, legte mir eine Augenbinde an und drehte mich schnell im Kreis; dann versuchte ich ausschließlich anhand der Käsegerüche, mich wieder zurechtzufinden. Wann immer ich mit jemandem Wangenküsschen austauschte, wie dies in Mittelschichtskreisen üblich ist, bemühte ich mich, eine ordentliche Nase von Düften abzubekommen. Jeden Tag schnitt ich mir Blätter von einer anderen Pflanze ab und legte sie mir abends aufs Kopfkissen. Aber hauptsächlich lag ich schnuppernd im Freien, die Nase in unterschiedlicher Höhe über dem Boden, und lernte, wie sich Gerüche verändern: im Lauf eines Tages, über die Jahreszeiten hinweg und durch die beträchtliche Distanz, die zwischen dem Boden und meiner Nase bei aufrechter Körperhaltung besteht.

Wasser setzt Gerüche frei. Sprüht man Wasser auf Sand aus der Sahara, fühlt man sich manchmal in ein Urmeer zurückversetzt. Nach einem kräftigen Regenguss in einem Kalksteingebiet steigt einem der Geruch Millionen Jahre alter Krebstiere in die Nase.

Und es ist auch Wasser, das den Rest der Welt atmen lässt – zugegebenermaßen eine Binsenweisheit der Botanik, aber auch eine sensorische Tatsache. Frühmorgens ist der sommerliche Boden noch relativ kühl, und das darauf kondensierende Wasser verleiht ihm seinen Eigengeruch. Ein trockener Boden wartet nur darauf, entdeckt zu werden. Mit zunehmender Erwärmung strömen Gerüche vom Untergrund nach oben, manchmal sogar sehr schnell, was Jäger daran erkennen, dass ihre Hunde mit »hoher Nase« losstürmen, oftmals geradezu überwältigt vom Geruch. Dieser reine Geruch steigt kaum über die Schulterhöhe eines Hundes oder die Kopfhöhe eines Dachses hinaus. Wenn die Sonne den Bodendüften solchen Auftrieb gibt, entstehen auch in der Luft Turbulenzen und Verwirbelungen, sodass alles, was über ein oder zwei Meter Höhe hinausreicht, nicht mehr genau zu lokalisieren ist. Hält sich ein Dachs an einem Junimorgen um sieben Uhr nach einer langen Nacht der Wurmsuche noch draußen auf, riecht er auch die Baumwipfel und das Laichkraut von der anderen Talseite.

Im Winter verhält sich das anders. Dann gibt es dieses anregende Konzentrationsgefälle nicht, bei dem die Erde ihre Düfte an die Luft abgibt. Die Gerüche ziehen sich in den Boden zurück, wie alles andere, das sich vergraben kann. Und selbst dort verhalten sie sich träge. Als wir uns Mitte Dezember einen frostigen Weg zu unserem Bau zurückbahnten, schluckte die Kälte sämtliche Gerüche. Vielleicht betäubte sie aber auch nur unsere Nasen. Nervenzellen funktionieren bei niedrigen Temperaturen nicht so gut. Die Hersteller von geschmacklosem Lagerbier betonen aus gutem Grund, dass ihr Produkt eiskalt getrunken werden soll: So kommt ihnen keiner auf die Schliche.

Wenn abends die Temperaturen zurückgehen, gibt der Boden die Wärme, die er tagsüber aufgenommen hat, langsamer ab als die Luft, und daher wirkt die kalte Luft über der Erde wie eine Art Decke, unter der die Gerüche in Bodennähe gehalten werden. Das ist von Vorteil für die Dachse, die sich vor allem für das interessieren, was auf dem Boden oder knapp darunter ist. Und es ist einer der Hauptgründe, weshalb sich Dachse erst draußen blicken lassen, wenn die Sonne untergeht.

Mein Versuch, in die Welt des Geruchs vorzudringen, war teilweise erfolgreich. Allerdings stieß ich an offensichtliche, frustrierende Grenzen. Ich lernte, mehr auf Düfte zu achten, und ich sah für einen vollen, ganzen Bruchteil eines Augenblicks aufschimmern, wie eine Geruchslandschaft aussehen könnte. Aber was da aufblitzte, waren imaginierte Extrapolationen dessen, was ich konkret wahrnahm. Der begrenzende Faktor bestand in der Stärke des Inputs. Ich konnte die Anzahl oder die Empfindlichkeit meiner Reizrezeptoren nicht annähernd auf Werte hochrechnen, die denen eines Dachses entsprechen. Mir blieb nur die Überlegung: »Wenn ein Input von x dies und jenes bewirkt, was bewirkt dann ein Input von eintausendmal x?«

All das lässt sich schwer in Worte fassen. Es wäre sinnlos, die Adjektive und Metaphern herunterzuspulen, mit denen ich mir den Duft von Hirtentäschel auf dem Kopfkissen oder von Bingelkraut im Wald zu beschreiben versuchte. Das würde zwar Rückschlüsse auf mich zulassen, nicht jedoch auf Dachse oder den Wald.

Verwenden Dachse Adjektive? Ich gehe davon aus, dass sie sich die Welt beschreiben, also wird das wohl der Fall sein. Ihre Welt ist nicht nur ein riesiges feuchtkaltes Nomen, ein großer Brocken »Ist-heit«. Adjektive sind die logische Folge einer nuancierten Wahrnehmung.

Bei Metaphern sieht das anders aus. Sie erfordern eine Menge Leistung unseres Hauptprozessors. Mit einem solchen sind zwar auch Dachse ausgestattet, aber sie benutzen ihn für etwas anderes und wahrscheinlich Besseres als für die Produktion von Metaphern – also für die Herstellung von Verbindungen zwischen Dingen, die in der Welt voneinander getrennt sind, und für den Gebrauch dieser Verbindungen. Metaphern sind nützlich für kühne, groß angelegte Strategien und somit ein geeignetes Mittel, um mit einschneidenden Veränderungen umzugehen. Normalerweise sind Dachse jedoch Gewohnheitstiere: schlafen, aufwachen, sich strecken, in einen der zum Bau gehörenden Abtritte oder an der Reviergrenze koten, Regenwürmer fressen, schlafen und das Ganze von vorn. Sie hätten keinen Gewinn davon, wenn sie beim Durchlaufen dieser Routine die Aussage treffen würden, dass ein Baum eine Mutter ist.

Damit will ich sagen, dass die Art und Weise, wie ich gezwungenermaßen die Geruchswelt eines Dachses wahrnehme und beschreibe, Dinge impliziert, für die es in der Welt des Dachses überhaupt keine Entsprechung gibt. Es ist ein rein menschlicher Kunstgriff. Und dieser ist die Hauptursache für mangelnde Authentizität.

Aber vielleicht ist die Lage doch nicht ganz aussichtslos. Denn wie die meisten Lebewesen interessiert sich ein Dachs nicht besonders für Bingelkraut an sich. Der Duft der Pflanze wird augenblicklich in etwas vollkommen und grundlegend anderes übersetzt – wie etwa: »Als ich gestern Nacht hier vorbeigekommen bin, war da ungefähr zwanzig Schritte weiter und ein bisschen nach rechts ein alter Baumstamm, und darunter gab es etliche fette Regenwürmer. Einige habe ich schon gefressen, aber da könnten noch mehr sein.«

Was die Reizexplosion eines Bingelkrautgeruchs im Gehirn eines Dachses auslöst, kann ich nicht wissen, aber kommt es darauf wirklich an? Ich kann mittels Annäherung recht gut herausfinden, was sie für den Dachs *bedeutet*. Zwar habe ich kaum Möglichkeiten, meine Sinne an sich zu trainieren (obwohl ich durchaus etwas dafür tun kann, dass mein Gehirn lernt, wie es mit diesen Reizen umgehen soll). Aber ich kann besser darin werden, äußere Stimuli in die einfachen Sätze der Dachssprache zu übersetzen.

*

Ein paar Tage nachdem Burt uns abgesetzt hatte, kam er röhrend zu uns zurück und brachte Chorizo und Neuigkeiten mit. Bei den Neuigkeiten handelte es sich um irgendwelche Zahlen in Staatsbilanzen und um ein bevorstehendes Unwetter. Die Zahlen kümmerten mich herzlich wenig, was ein Fortschritt war. Sorgen bereitete mir hingegen das Unwetter.

»Und denkt daran«, sagte Burt, als er wieder in den Land Rover stieg und davonbrauste, »dass ihr nackt sein müsst. Splitternackt.«

Im ersten Kapitel habe ich ein Loblied auf die Nacktheit gesungen und auf Fraser Darlings bloße Füße. Davon nehme ich nichts zurück, aber Burt lag trotzdem falsch. Dachse haben eine dicke Schicht aus grobem Deckhaar und darunter eine Lage weicherer Härchen. Beide können sehr effizient Luft einschließen. Also spaziert der Dachs immer in einer Hülle warmer Luft herum. Mich auszuziehen würde bedeuten, mich ein ganzes Stück von der sensorischen Welt des Dachses zu entfernen. Ich kam ihr viel näher, wenn ich meine alte Moleskinhose und den Tweedmantel trug. Was ich auch tat, nachdem Burt verschwunden war und ich mich zum Schlafen ins hinterste Ende des Baus zurückgezogen hatte.

Wir hielten uns noch nicht lange im Wald auf, aber es war bereits unser Wald. Es war weniger die Angst vor körperlichen Gefahren als dieses Gefühl von Besitzrecht, das uns bei Einbruch der Dämmerung vorsichtig aus unserem Bau kriechen und draußen schnuppern ließ, genau wie es Dachse tun. Besitzrechtsverletzungen fühlen sich wie Bedrohungen an.

Unsere Schlafplätze befanden sich jetzt unter der Erde. Zwar kamen wir jeden Tag an die Oberfläche, wollten uns aber nie zu weit von ihnen entfernen. Ich hatte gedacht, es wäre absurd und anmaßend, sich auf Händen und Knien durch den Wald zu bewegen. Nun wäre es mir als unerträgliche Arroganz erschienen, es nicht zu tun. Und mehr noch: Wir hatten angefangen zu begreifen, wie viel wir dadurch verpassen würden. Aufrecht zu gehen wäre gewesen, als sähe man sich den Wald im Fernsehen an, obwohl man die besten Plätze im Parkett haben konnte.

Unsere Köpfe ruckten von der einen zur anderen Seite, als wir den Bau verließen – ähnlich den prüfenden Kopfdrehungen des Dachses, allerdings eingeschränkt durch unsere plumpe Anatomie. Die langen Arme und Beine empfanden wir als amputationsartige Behinderungen. Wir krabbelten durch Farndickicht, Schilf und Rispengras. Ich war 1,80 Meter und einige Millionen Jahre in die Welt des Dachses abgestiegen. Meine

Version der Sinne, die hier unten am nützlichsten waren – Geruchs- und Hörsinn –, nahmen sich gegenüber denen eines Dachses erbärmlich aus. Ich tastete mich gewissermaßen mit dicken Fäustlingen durch die Welt des Dachses. Dennoch war diese Welt, objektiv betrachtet, interessanter als meine. Auf zwanzig Zentimeter Höhe und darunter passiert sehr viel mehr als auf hundertachtzig Zentimetern und darüber.

Warum die natürliche Selektion die bevorzugten Merkmale so und nicht anders ausgesucht hatte, lag auf der Hand: Mit den Augen konnte man hier unten recht wenig anfangen. Ich sah kaum mehr als ein paar Zentimeter weit. Und der Platz in der Hirnschale ist kostbar. Es wäre unsinnig gewesen, dem Sehzentrum mehr davon zu überlassen. Sogar im rasch schwindenden Licht der Dämmerung waren meine Augen noch besser als die des Dachses. Wenn ich den Kopf hob, sah ich, wie Fledermäuse im Blätterdach der Eichen auftauchten und verschwanden, eine Schleiereule geisterhaft über die Feldsteinmäuerchen am anderen Flussufer huschte und Ringeltauben sich mit viel Gewese zur Nachtruhe niederließen. Für das Nachtleben des Dachses spielten sie alle keine Rolle. Statt sich solch luftig-leichten Vergnügungen hinzugeben, frönt der Dachs dunkleren, klebrigeren, schleimig feuchten und derberen Freuden. Den Kopf zu senken war, als würde ich von einem Schubert-Konzert in der Musikakademie in ein schummrig von Kerzen erleuchtetes Bordell gehen, wo man durch Bierlachen ins Bett watet. Diese Dachserlebenswelt hat etwas Vertrautes, Intimes. Gras und Farnstängel streifen einem übers Gesicht. Wenn man sich einen neuen Weg bahnt, ist jeder Schritt wie eine Geburt. Wasser spritzt einem vom Gras in die Augen. Lebewesen gleiten fort, rutschen, springen, hasten davon. Man nimmt diese Welt nicht nur in sich auf, man prägt sie. Denn man erzeugt die Angst, die alles ringsum raschelnd Reißaus nehmen lässt.

Wenn ein Dachs ausgeht, dann mit dem Ziel, auf Nahrung zu stoßen. Dieser hemmungslose Kollisionskurs mit dem Wald macht den Dachs mehr zu einem Geschöpf des Waldes als alle anderen seiner Bewohner. Wir stöberten, grunzten, drängten und zwängten uns vorwärts und pressten die Nasen auf den Boden. Und sogar *wir* rochen etwas: die zitrusartige Pisse von Wühlmäusen im Gras; die schwache Andeutung von Meer in der Schleimspur einer Nacktschnecke, wie ein winterlicher Gezeitentümpel; den zermahlenen Lorbeer eines Frosches; die Staubigkeit einer Kröte; den scharfen Moschus eines Wiesels; den dumpferen Moschus eines Otters; und den Fuchs, dessen Geruch selbst für einen ganz und gar nicht synästhetischen Menschen eindeutig rot ist. Vor allem aber rochen wir das, was wir so unbeholfen als »Erde« bezeichnen: Laub, Dung, Aas, Behausungen, Regen, Eier und Schrecknisse.

Diese Dinge drangen für gewöhnlich als einzelne Wörter in unser Bewusstsein, zuweilen auch als kurze Sätze. Hätten wir die Nase eines Dachses gehabt, wären es epische, ineinander verwobene und verschlungene Geschichten voller Chancen und Enttäuschungen gewesen.

Als Tom und ich an unseren ersten Abenden den Wald durchschnüffelten, begann ich mich durch die Dominanz meines Sehsinns wie eingesperrt zu fühlen. Nachdem ich gelegentlich Geruchsbilder des Waldes und eine vage Ahnung von dem bekommen hatte, was ich alles verpasste, wuchs sich dieses Gefühl zu regelrechter Panik aus, zu Reue und Verlustgefühlen, wie sie ein Gefangener empfindet. Ich tüftelte alberne, mystizistische Fluchtpläne aus, die alle misslangen. Diese sensorische Klaustrophobie verfolgt mich bis heute. Wenn ich jetzt um Erlösung bete, steht die Erlösung meiner Nase ganz oben auf der Liste.

*

Die auditorische Welt des Dachses zu begreifen war hingegen nicht ganz so hoffnungslos. Dachsohren sind viel empfindlicher für hohe Frequenzen als unsere. Wahrscheinlich hören Dachse

Geräusche bis zu sechzigtausend Hertz, während selbst das feinhörigste Kind kaum über fünfundzwanzigtausend Hertz hinauskommt und für so manchen Menschen über sechzig die Grenze bereits bei achttausend Hertz liegt. Dadurch können Dachse oftmals Piepsgeräusche einer Waldwühlmaus wahrnehmen, die für uns unhörbar sind. Aber ein Piepsen ist etwas durchaus Vorstellbares. Ich wohne in einem Haus, in dem ständig jemand oder etwas piepst oder quietscht. Und Dachse hören nicht nur Pieptöne. Wir besitzen zwar nicht das ganze Hörspektrum eines Dachses, aber doch einen großen Teil davon. Der Dachs nimmt wahr, wenn die Fasane am Feldrand aufflattern, der Generator oben am Haus wummert, die Waldlaubsänger ihr melancholisches »Dü-dü-dü« singen, ein im Drahtzaun festhängendes Schaf panisch blökt oder ferner Donner grollt. Zumindest registrieren ihre Ohren diese Geräusche, die kurz darauf für elektrische Ströme in den Hörzentren ihrer Hirnrinden sorgen. Aber was »hört« ein bestimmter Dachs infolge des veränderten Drucks auf sein Trommelfell, den wir »Geräusch« zu nennen belieben? Letztlich habe ich keine Ahnung. Ich weiß auch nicht, wie Mozart für jemand anderen außer für mich klingt (und sogar das hängt sehr vom Zustand meiner Verdauung ab). Das Problem ist keines der Physiologie, sondern der Andersartigkeit, die wir in unangemessener Weise physiologisieren, indem wir sie zu einer Schwierigkeit bei der Erforschung komplexer Reizverarbeitungsprozesse erklären. Wir können nicht wissen, dass wir nicht allein sind. Es ist eine Sache des Glaubens, wenn ich sage, dass es Dinge gibt, die ich mit meinen Kindern und meinen besten Freunden teile. Und in ähnlicher Weise habe ich mich entschieden zu glauben, dass ein Dachs diese Fasane *hört* und nicht nur akustische Reize bei ihm ankommen. Im Falle meiner Kinder und Freunde kann ich meinen Glauben bis zu einem bestimmten Grad mit EEGs, akustisch evozierten Potenzialen und funktionellen Magnetresonanztomografien untermauern (wobei es meines Wissens keine derartigen Daten für Dachse gibt). Die Beweislage bleibt dennoch dünn, und ich kann es niemandem verübeln, wenn er in dieser Hinsicht etwas anderes glaubt als ich.

Immerhin können wir mit ziemlicher Sicherheit sagen, dass sich Dachse nicht sonderlich für den Generator interessieren. Sie gewöhnen sich sehr schnell an Geräusche, besonders an entfernte, von denen sie wissen, dass sie keine Gefahr darstellen. Das Wummern versetzt zwangsläufig das Trommelfell in Schwingungen: Das ist unabänderliche Physik. Aber das Gehirn ignoriert es; und das ist die faszinierende Variabilität der Biologie. Das Gehirn entscheidet, dieses Bauelement nicht bei der Konstruktion seiner Welt zu verwenden. Die schwermütigen Waldlaubsänger haben einen Platz in dieser Dachswelt, doch normalerweise nicht auf der Ebene des »bewussten« Hörens. Ihr Gesang gehört einfach zum normalen Wald dazu. Eine Veränderung in ihrer Tonlage könnte jedoch auf etwas Relevantes hinweisen, daher ist es diese Veränderung, auf die der Dachs achtet, nicht auf den Waldlaubsänger an sich. Weil ich die Bedeutung des veränderten Tons und seine Begleitumstände nicht kannte, achtete ich auf mehr Dinge als der Dachs. So gesehen, war der Wald für mich größer und komplexer als für den Dachs. Er konzentriert sich ziemlich angestrengt aufs Überleben, und eine solche Fokussierung verträgt sich selten mit Ästhetik. Ich vermute, dass das ästhetische Empfinden des Dachses überwiegend relational und sehr primitiv sinnlich ist. Er liebt es, mit seinen Jungen herumzutollen und in der Sonne zu liegen und sich den Bauch zu kratzen.

Das soll nicht heißen, dass er sich nicht umorientieren kann. Wenn es mir gelingt, mein Spektrum an Sinneswahrnehmungen und -leistungen zu erweitern, warum sollte das dann nicht auch einem Dachs möglich sein? Musik ist hier naheliegend. Pan hat mehr geflötet als gesprochen. Wenn Bach in seiner Musik einige der elementarsten Formeln dieser betörenden Welt verschlüsselt hat (woran ich nicht zweifle), könnte man dann nicht erwarten, dass er auch in einem Wald in Wales einige aufregende Dinge zustande bringt? Wenn er meine DNA zum Vibrieren bringt, sollte er dann nicht auch die DNA eines Dachses – die der meinen so sehr ähnelt – erzittern lassen?

Ich habe es ausprobiert, halbherzig und ohne Ergebnis. Entweder haben meine Lautsprecher ständig Regen abbekommen, oder die Batterien waren zu schwach für eine ordentliche Wiedergabe. Aber die meisten Hundebesitzer, die klassische Musik mögen, geben mir recht. Der allseits bekannte Jack Russell, der »His Master's Voice« lauscht, würde die h-Moll-Messe ebenso lieben lernen wie die Stimme seines Herrchens, auch wenn er bei der Messe nicht mit ein paar Streicheleinheiten und einer Handvoll Hundekekse rechnen kann. In dem Film *Die Geschichte vom weinenden Kamel* weigert sich die Kamelmutter zunächst, ihr Kalb zu säugen, doch unter dem Bann eines alten mongolischen Liedes wird sie plötzlich glücklich und nachgiebig. Das Kalb trinkt und überlebt. Die Mutter lässt es trinken und lebt so als Mutter fort. Hier steht die Musik stellvertretend für die Art und Weise, wie die Dinge sein sollten, und die Welt, einschließlich der Kamelmutter, summt mit. Die Musik wirkt wie ein Defibrillator, der die Welt mit behutsamen Schocks in ihren Rhythmus zurückholt. Was großartige Musik, großartige Literatur oder sonst etwas Großartiges ausmacht, ist die Tatsache, dass diese Werke auf den allereinfachsten Elementen beruhen, die fundamental und wesentlich sind. Daher sprechen sie gebildetes und gemeines Volk gleichermaßen an, Dachse ebenso wie Waldlaubsänger. Und so formuliere ich meinen nächsten und überspanntesten Akt des Glaubens: Spielt man einem Dachs die h-Moll-Messe vor, dann hört er die h-Moll-Messe.

Dachse haben nicht nur ein breiteres Hörspektrum als wir, auch ihre Empfindlichkeit gegenüber Geräuschen innerhalb dieses Spektrums ist größer. Sie sind feinhöriger. Man vermutet, dass sie, wie auch viele Vögel, das Kratzen der Borstenhaare hören können, wenn sich Regenwürmer durch die Erde wühlen.

Man denke nur, was der brutale Tsunami eines vorbeifahrenden Kraftfahrzeugs bei einem Tier mit solchen Fähigkeiten anrichtet. Eine vage Vorstellung davon können Sie sich leicht selbst verschaffen. Setzen Sie sich abends draußen an einen abgeschiedenen Platz. Lassen Sie ausnahmsweise den iPod zu Hause. Dann gehen Sie leise eine Straße entlang. Das erste Auto, das an Ihnen vorbeirauscht, wird Ihnen wie ein Panzerregiment vorkommen. Man fühlt sich, als würde einem Gewalt angetan, und empfindet dasselbe für das Land. Sie werden, vielleicht zu Ihrem eigenen Erstaunen, feststellen, dass es eine bislang nicht gekannte Verbundenheit zwischen Ihnen und dem Land gibt, nachdem Sie beide einem Angriff ausgesetzt waren. Möglicherweise neigen Sie bei Abenden im Freien auch zu romantischen Anwandlungen und glauben, dass Sie und das Land eine gemeinsame *Identität* haben. Sie hassen den Fahrer und ärgern sich über ihn. Vor allem aber tut er Ihnen leid, wie er da in seinem klimatisierten Kokon sitzt und banale Retortenmusik aus dem Radio hört. Sie wissen und Sie besitzen, was ihm verloren gegangen ist. Und Sie wissen nun etwas von der Empörung des Dachses, wenn er das Dröhnen des Motors in den Ohren spürt, das Vibrieren der Straße in den Pfoten, dieses ganze verdammte Bombardement, das ihm durch und durch geht, das ihn angreift, überfällt, vergewaltigt.

Dachse fühlen Niederfrequenzgeräusche in den Pfoten. Ein fernes Trittgeräusch im dunkel werdenden Wald lässt ihre Pfotenballen erbeben. Sie erstarren – was bei einem näher kommenden Bus keine gute Strategie ist –, bis sie sich beruhigt haben und sich wieder sicher fühlen (was ihnen im Wald problemlos durch Kratzen gelingt: Sie lieben die Geräusche der Normalität). Aber auf der Straße gibt es für niemanden von uns Beruhigung und Sicherheit.

*

Ein großes schwarzes Ungetüm vom Übelsten, was Nova Scotia zu bieten hatte, ballte sich vor uns zusammen. Es erschauderte über dem Snowdon, sandte salzige Atlantikpartikel herab und wirbelte weiter, immer höher, bis die grünsäuerliche Luft die elektrisch aufgeladene Decke über dem Wald durchschnitt. Es grollte herab, zornig und alt, quetschte Regen, Staub, Federn und Insektenschwärme zusammen wie in einer gigantischen Presse und umhüllte alles mit einer elektrischen Decke anstelle von Plastikfolie. Tom und ich hatten die Nasen auf dem Boden und spürten sein Kommen im Nacken. Sonnenlicht drang durch einen kränklich fahlen Himmel.

Im Wald herrschte hektische Betriebsamkeit – man wollte eilig das Alltägliche erledigen, bevor das Nichtalltägliche hereinbrach. Es war eine lehrreiche Stunde für den olfaktorischen Förderkursschüler. Als das Licht schwand, fanden wir uns in einem heimeligen Gang wieder, in dem es viel zu ertasten und zu riechen gab. Die Welt draußen bestand aus Geräuschen, doch während wir uns kriechend und schnuppernd durch unseren Bau bewegten, erschien sie uns zusehends ferner und bedeutungsloser. Dann kam der Regen, und die fürchterlichen Einschläge in das Laub über unseren Köpfen waren wie Geschützsalven, die jeden größeren Zusammenhang auslöschten. Das Flügelschlagen der Ringeltauben auf dem Feld nebenan war jetzt nicht mehr zu hören. Es gab nur noch unsere Köpfe und drum herum einen Kreis mit einem Radius von vielleicht fünfzehn Zentimeter, in dem es zischte, krachte, murmelte und roch. Die Geschützsalven rissen den Boden auf. Daraus strömten Düfte mit solcher Geschwindigkeit empor, dass sogar unsere Nasen sie riechen konnten. Es war, als bräche die Erde auf, um die Geschichte jenes Sommers zu erzählen. Die Nase eines Dachses vermag die Hintergründe jedes einzelnen Darstellers im Drama des Waldes zu erkennen; uns hingegen präsentierte sich ein kunterbuntes Medley, das für uns neu und faszinierend war. Ja, ich weiß, dass es kein Theaterstück ohne Darsteller gibt;

dass nicht das Allgemeine übrig bleibt, wenn man das Spezielle weglässt, sondern gar nichts; und dass das Allgemeine eine hässliche Abstraktion ist, vor der ich im Wald Zuflucht gesucht habe. Dennoch drängte sich mir der Gedanke auf, dass das, was mir da in die Nase stieg, tatsächlich der Sommer *war* und dass dieses Fazit besser war als überhaupt keines.

Das »Ra-ta-tat« des Regens hatte die Regenwürmer hervorgelockt wie der Trommler einer Militärparade, der eine Menschenmenge anzieht. Die Erde tat sich auf, und sie quollen heraus, hingen vom Berg herunter wie Rotzglocken von der Schnupfennase eines Kindes.

Solch ein Regenwurmsegen muss den Dachs in einen schweren inneren Konflikt stürzen. Der Wald verwandelt sich in ein Festbankett, aber wenn man daran teilnehmen will, wird man nass. Dachse haben es gern gemütlich. Die von der Natur vorgegebene Standardeinstellung für Dachse sieht vor, dass sie tief in einem gut drainierten Hügel zusammengerollt mit ihresgleichen auf einem trockenen Lager aus altem Farnkraut dösen. Zwar lässt sich diese Standardeinstellung ändern, aber das erfordert großen Aufwand. In jener Nacht waren die Würmer sicher. Und wir taten es den Dachsen in unserem Teil des Hügels gleich.

*

Ich lag am Eingang des Baus. Er hatte einen dichten Vorhang aus Wasser, ähnlich den Perlenvorhängen, die in kleinen chinesischen Restaurants den Durchgang zu den Toiletten abtrennen. Es herrschte vollkommene Dunkelheit – zumindest für meine Sehstäbchenansammlungen –, außer wenn ein greller Blitz am Himmel zuckte. Jedoch schien jedes Wassertröpfchen wie eine Retina zu funktionieren – es saugte sehr effektiv das Licht aus dem Wald und reflektierte es auf meine eigenen dankbaren Netzhäute, verborgen in meinem Kopf, verborgen im Hügel.

Unser Bau lag eingebettet zwischen den ineinander verschlungenen Wurzeln von Bäumen: links und rechts Buchen, oben Eichen. Der ganze Wald beugte sich unter dem Wind. Es gab kein Oberirdisch und kein Unterirdisch mehr: Jetzt war alles Boden. In unserem Lager bebte alles, die Wurzeln um uns herum knackten und ächzten wie die Planken eines stampfenden Schiffs. Eine Waldmaus, obdachlos geworden durch überflutete oder eingestürzte Gänge, krabbelte herein und kauerte sich zitternd in Toms Kniekehle.

Ohne diese Waldmaus hätte ich kein Auge zugetan. Aber ihre Anwesenheit beruhigte mich. Wir hatten den besten Platz – ein von einem Wildtier beglaubigtes Refugium –, daher dämmerte ich immer wieder mit seekranker Flauheit im Magen weg, was mir insgesamt jedoch genügte. Tom hingegen schlief so, wie das Dachse bei Gewitter wohl eben tun.

Der Sturm verwüstete nicht – er sonderte aus. Manche Äste, die sich dreist in zu große Höhen gewagt hatten, wurden zurechtgestutzt. Etliche Bäume, die unvernünftigerweise zu viel Energie in Blattwuchs anstatt in Wurzelausbildung investiert hatten, wurden gewogen und für zu leicht befunden. Der Fluss verwandelte sich in ein aufgewühltes Braun, und eine tote Krähe trieb kreiselnd im Tümpel, als suchte sie Aas auf dem Grund. Aber so schlimm war das Übelste von Nova Scotia dann doch nicht.

Unser Bau hatte keinerlei Schaden genommen, und aus Dankbarkeit darüber und mit wachsendem Besitzerstolz, weil er die größte Unbill des Sommers überstanden hatte, machten wir uns am Morgen daran, ihn weiter auszubauen. Wir gruben einen zusätzlichen Wohnkessel, sogar mit Ablagen ausgestattet, verstärkten das Dach und verschönerten den Eingang mit einer prächtigen Erdwölbung. Und als Tom danach reinen Spaßbuddeleien frönte, versank ich in einen ungestörten Schlaf.

Ich hatte gedacht, ich würde mich an diesen Rhythmus mit Schlafen am Tag und Wachsein und Herumlaufen in der Nacht nur schwer gewöhnen können. Natürlich war mir klar, dass man seine innere Uhr im Lauf der Zeit umstellen kann. Es ist schlicht eine Frage des Cortisolspiegels. Aber ich hatte vermutet, diese Umstellung würde mich psychisch belasten – der Mangel an Sonnenlicht würde mich so sehr irritieren, dass dieses nachtaktive Leben all meinen Instinkten widerstreben und mir meine Energie rauben würde.

Dem war nicht so. Der Cortisolspiegel brauchte etwa vier Tage, um sich anzupassen, aber schon nach zwei Tagen zwang ich ihm meinen Willen auf. Dahinter steckte nichts Besonderes: Es war einfach nur die Lust des neugierigen Touristen. Jene erste Nacht, so laut und enttäuschend sie auch gewesen war, hatte mir vor Augen geführt (nein, das ist ein visuelles Wort; hatte mir »gezeigt«? Zu allgemein. Wir brauchen eine olfaktorische Entsprechung zu »vor Augen führen«, aber die gibt es nicht) – hatte mich *erkennen lassen* (schwach, aber etwas Besseres fällt mir nicht ein), dass es in diesem Wald ein schwindelerregendes, fremdes, schmerzliche Sehnsüchte erweckendes Universum gab, unberührt und unzugänglich für den Menschen mit seinen normalen Sinneswahrnehmungen. Dort wollte ich unbedingt hin.

Das hatte nichts mit der ergreifenden, romantischen Suche nach Andersartigkeit zu tun, deren Erkenntnisstreben auf der verzweifelten Hoffnung nach Selbsterkenntnis beruht. Es war der Entdeckerdrang des Elisabethanischen Zeitalters. Wenn ich allabendlich aus dem Bau kroch, setzte ich in Plymouth Segel und nahm Kurs auf den Sonnenuntergang, in der Hoffnung auf Ruhm und Gewürze und vor allem auf neue Gefilde, auf ein neues Leben.

*

Burt ließ sich wieder einmal blicken, wirkte aber nicht so besorgt, wie es sich gehört hätte, nachdem er bei einem Unwetter von historischen Ausmaßen seinen vermeintlichen Freund samt

Kind im Wald zurückgelassen hatte. Diesmal hatte er Lasagne dabei.

Die Essensfrage machte mir Sorgen. Und zwar deshalb, weil ich so sorglos darüber hinwegging: Die kulinarischen Unwägbarkeiten des Dachsalltags konnte ich nicht nachahmen. Dabei gaben wir uns alle Mühe. Wir aßen Regenwürmer, sowohl roh als auch gekocht, und was uns das Tal sonst an Nahrhaftem bescherte, das wir im Magen behalten konnten. Wir klaubten ein Eichhörnchen von der Straße und bereiteten es uns mit Sauerklee und Bärlauch zu. Aber es gab auch die regelmäßigen Präsente von Meg, die abzulehnen wir weder rüpelhaft noch standhaft genug waren. Und ganz unten im Rucksack versteckten sich schuldbewusst Sardinen, Thunfisch und Bohnen.

Ein wenig nachträgliche Lektüre beruhigte mich. Denn normalerweise dreht sich nicht das ganze Leben eines Dachses zwanghaft um Nahrungssuche. Verhungern ist zwar eine häufige Todesursache, aber vor allem bei Jungtieren. Regenwürmer sind als Grundnahrungsmittel eine gute Wahl, denn sie sind widerstandsfähig – sogar gegen Trockenheit. In den meisten Wäldern Englands und zu fast allen Jahreszeiten enthält die Erde einen beträchtlichen Anteil an Regenwürmern. Wenn die Humusschicht zu Staub zerbröselt, ziehen sich die Regenwürmer weiter nach unten zurück, und die Dachse müssen tiefer graben. Bei Trockenheit sind die Nächte für sie also länger und arbeitsamer, aber auch wenn Dürre den Nachwuchs dezimiert (was zweifellos die Psyche in Mitleidenschaft zieht), ist sie für das einzelne Tier selten tödlich. Wir hätten diese Lasagne also mit weniger schlechtem Gewissen essen können.

*

»Dass du dir einbildest, du könntest den Wald so gut kennen wie ein Dachs, ist lächerlich«, sagte Burt etwa eine Woche später. »Du kennst ihn nicht mal so gut wie ich, und ein Dachs kennt ihn allemal so gut wie ich und noch viel, viel besser. Wir sind hier erst seit fünfhundert Jahren oder so, aber trotzdem holst du mich nie ein. Ein Mensch, dessen DNA seit einem halben Jahrtausend durch den Wald trottet, weiß mehr über die Welt des Dachses als jemand, der hier ein paar Wochen schnüffelnd durch die Gegend kriecht.«

Das ärgerte mich. Ich war fest entschlossen, mir einen Teil des Waldes – den des Dachses – nicht von Burt streitig machen zu lassen. So schwierig konnte das nicht sein, sagte ich mir. Er war ja nur ein Mensch. Und ich war schon auf halbem Weg zum Dachs.

Bei jedem Feldzug muss man als Erstes eine Standortbestimmung vornehmen. Man braucht eine Landkarte. Und man muss wissen, was machbar ist und was nicht. Dieser zweite Schritt war einfach. Burt hatte sich seine Nase durch jahrelangen Konsum von Selbstgedrehten ruiniert – und sein Hirn durch generationenlanges Landwirtschaften, das nichts von ganzheitlichen Methoden wissen wollte. Tom und ich hingegen hatten ein hartes olfaktorisches Training mit Käsestückchen hinter uns, unsere Nasen befanden sich auf Dachshöhe über der Lauberde, und wir lebten ja ach so schlicht! Burt mit seinem ererbten, allgemeinen Verständnis vom Land konnten wir mit unserer speziellen olfaktorischen Weisheit schnell überholen.

Also krümmten und wanden, scharrten und schrammten wir uns mehrere Wochen lang durch den Wald, um unsere eigene Karte davon anzufertigen. Es wurde eine Karte, deren olfaktorische Konturen sich sehr von den physikalischen unterschieden. Wenn man durch eine Stadt spaziert, sieht man Ansammlungen von Steinen mit Löchern darin und schrägen Ziegeln obendrauf. Man steckt ein bisschen Arbeit hinein und bezeichnet diese Dinger dann als »Häuser«. Arbeitet man noch etwas mehr daran, nennt man sie, abhängig etwa von der Form der Löcher oder von der Schräge der Ziegel, Häuser eines bestimmten Typs. Von einem Steinhaufen über das Auge zu einer Art platonischer Idee binnen einer Millisekunde. Im Lauf der Zeit begannen wir, auch über unsere Nasen solche Abstraktionen zu ersinnen, aber wir behalfen uns mit dem bildlichen Ausdruck, der durch die visuelle Reizverarbeitung tief in unseren Köpfen verankert ist.

Das Farndickicht formte große, klar umrissene monolithische Blöcke – das olfaktorische Äquivalent zu einer imposanten, aber grauen und einförmigen Wohnsiedlung. Ihr Aroma war übertrieben intensiv und homogen. Mit einer besseren Nase, als sie uns gegeben war, hätte man vielleicht etwas von der spärlichen Vegetation um die Farnwurzeln herum wahrnehmen können. Doch selbst wir vermochten allmählich feine Unterschiede in den Fensterbeschlägen, den Dachschrägen und den Verzierungen um die Türen herum auszumachen.

Die Eichen – sogar die kleinen – grenzten sich in ihrem Geruch alle nachdrücklich voneinander ab. Sie folgten einer ungeordneten Anordnung, wie ich sie einmal bei einem Haus in einer Ebene in Ostafrika gesehen habe: aus Gras, Spiegeln, Surfbrettern und Exemplaren der »Proceedings of the Linnean Society« gleichermaßen systematisch wie klapprig gebaut, zusammengehalten von Mörtel aus Elefantendung und verziert mit Menschenknochen, Windeln und Fragmenten von Catull auf Pinnwänden.

Man hätte meinen können, dass nah beieinanderstehende Bäume ähnlich riechen – oder zumindest ähnlicher als solche, die weit voneinander entfernt sind. Das war aber nicht der Fall oder zumindest nicht zwingend. Wir konnten uns bei unseren Krabbelausflügen aus dem Bau mit verbundenen Augen ziemlich gut anhand der Eichen ringsum orientieren: »Aus dem Gang raus, dann rechts. Nach dreizehn oder vierzehn Metern Rohtabak, hauptsächlich türkischer; geradeaus weiter. Nach einer halben Minute eine Wand aus Limonen und Erbrochenem vor uns. Diese geht links in geriebene Orangen auf Leder über, rechts in Pilzrisotto mit zu viel Parmesan. Jetzt sachtes

Gefälle. Spröder Ledersattel mit Klauenöl auf dem Regal. Weiter bergab in Richtung Spinnweben und Knoblauchpaste.«

Einzelne Eschen ließen sich ähnlich leicht auseinanderhalten, hatten aber nicht diese entschiedene Individualität: Arts-and-Crafts-Häuser irgendwo im Hügelland von Sussex. Nicht unterscheidbar waren für uns individuelle Buchen (Mietshäuser an der Brompton Road in London), Holunder (gelber Ziegel, Kunststofffenster, rot asphaltierte Einfahrt für den Firmenwagen) oder Erlen (Reihenhäuser in Bradford). (»Herrgott noch mal!«, sagte Burt. »Ich habe Metaphern eigentlich immer gemocht, bis du mir über den Weg gelaufen bist.«)

Je monolithischer die Blöcke, desto energischer und erfolgreicher kämpften sie mit anderen Blöcken um die Vorherrschaft im Tal. Die Eichen hatten keine Chance: Sie existierten überhaupt nicht als Block. Im Hochsommer gewann der Farn weitgehend die Oberhand. Als wir im Herbst zurückkehrten, regierten die Buchen den Wald, wurden aber beim ersten Frost ihrerseits von den Erlen zurückgedrängt.

Diese Faustregeln kannten allerdings auch etliche Ausnahmen. Wir befanden uns in einer Art Gärflasche. Manchmal schoss der Geruch von einem bestimmten Baum empor und senkte sich dann in einer merkwürdigen Streuung herab, wobei er den Boden in größerer Entfernung schneller erreichte als den im eigenen Baumschatten. An den Rändern des Waldes, besonders in den Hecken, schien olfaktorische Sterilität zu herrschen – oder zumindest waren sie für Geruchsjäger hoffnungslos verwirrend. Sie stellten relativ sichere Korridore dar, in denen zartes, furchtsames Getier krabbelte und kroch, das für die schwarzen Nasen über den scharfen Zähnen unsichtbar blieb.

Im Wald gab es Gezeiten, ebenso stark und berechenbar wie an einer Küste. Wenn die Sonne aufging, stieg die Luft, und damit Geruch, an den Hängen des Tals auf. Der Holunder bewegte sich, wie der Wald von Birnam in »Macbeth«, durch die Buchenbestände und das Farngestrüpp und hatte gegen

Mittag die Kuppe des Hügels erklommen. Dort verweilte er bis Einbruch der Nacht und zog sich dann langsam wieder in Richtung Fluss zurück. Gegen drei Uhr morgens war er wieder zu Hause.

Unsere Geruchslandkarte machte also Fortschritte. Doch nachdem ich ein paar Wochen lang durch den Wald gerobbt war, verließ mich aller Mut. Meine Welt blieb unabänderlich visuell. Ich malte sie mir in Formen und Farben aus und fügte anschließend Gerüche und Geräusche als Dreingabe hinzu. Manchmal werden durch Gerüche ganz starke Erinnerungen heraufbeschworen: Ein Duft kann mich mit einer Geschwindigkeit und Vehemenz in die Vergangenheit zurückversetzen, wie das die Gespenster des visuellen Gedächtnisses niemals zustande bringen. Gerüche, deren Verarbeitung in den ältesten Teilen des Hirnstamms stattfindet, riefen mir trotzig in Erinnerung, dass sie zu Zeiten meiner Fisch- und Echsenvorfahren die Oberhoheit gehabt hatten. Gelegentlich meldete sich als Erstes eine Stimme aus meiner Erinnerung zu Wort. Aber Riechen und Hören waren immer nur die Gehilfen des Sehsinns, des großen Magiers, der unsere Welten aus dem Hut zaubert. Daran änderten Gesellschaftsspiele mit Käse und Räucherstäbchen überhaupt nichts. Das Problem war weniger die Empfindsamkeit meiner Nase als vielmehr die Bauart meines Universums. Die Dachse lebten in einer Welt, die man nicht einmal als Paralleluniversum zu meinem Universum bezeichnen konnte: Sie standen in einem Winkel zueinander, der sich mit keiner mir bekannten Geometrie schlüssig beschreiben ließ. Also werde ich mich eben mit nichtschlüssigen Beschreibungen begnügen.

Nehmen wir zwei Beispiele, beide aus dem Buch »Der Dachs«, dem Klassiker von Ernest Neal. Im ersten Beispiel legte ein Mann um elf Uhr vormittags eine Minute lang seine flache Hand auf einen Dachspfad. Um zweiundzwanzig Uhr ging ein Dachsmännchen den Pfad entlang. Es blieb an der von der Hand markierten Stelle stehen, schnupperte und bog vom Pfad ab. Eine Dächsin, die zur gleichen Zeit vorbeikam, ging gar nicht erst weiter: Sie brachte ihre Jungen zurück in den Bau.

Und das ist meine überarbeitete Interpretation mithilfe der Sprache, die ich im Wald gelernt habe: Entlang des Pfades verläuft eine Mauer aus Geruchspartikeln, die an den Adern abgestorbener Blätter und den zerdrückten Erdhäufchen ehemaliger Würmer haftet. Für das Männchen hatte diese Mauer klar umrissene Dimensionen: Es konnte drum herum auf die andere Seite gehen. Das Weibchen hingegen, ängstlich und vorsichtig aufgrund seiner mütterlichen Verantwortung, nahm die Mauer als unendlich hoch und lang wahr, eine Welt jenseits davon war für die Dächsin unvorstellbar.

In Neals zweitem Beispiel führte ein Dachspfad über ein grasbewachsenes Feld. Auch nachdem das Feld gepflügt und Mais angepflanzt worden war, nahmen die Dachse noch genau denselben Weg.

Meine Interpretation: Dieser zweite Pfad lag zwischen zwei hohen, aber durchlässigen Mauern. Jede davon hatte sowohl eine physische als auch eine mentale Dimension. Die Geruchspartikel, die den physischen Teil ausmachten, befanden sich jetzt unter der Erde, doch sie erzeugten noch immer ein psychisches Feld, das über den Mais hinaus weit nach oben wirkte und im Gehirn des Dachses den Weg vorzeichnete. Der Pfad wand sich um Hindernisse herum, die schon lange nicht mehr existierten – außer im Nase-Hirn-Gedächtnis des Dachses.

*

Der Geruchssinn eines Achtjährigen ist noch formbar, er kann schnell das alte Wissen abrufen, wie man seine Nase gebraucht. Als wir nach der ersten Woche gerade beobachteten, wie Marienkäfer Blattläuse zermalmten, hatte Tom gesagt: »Ich rieche Mäuse«, und einen neuen Pfad eingeschlagen, mit Brustschwimmerarmbewegungen durchs Gras und die Nase auf

Bodenhöhe. Und er hatte fast recht. Was er gerochen und entdeckt hatte, war ein Netzwerk von Wühlmauswegen, markiert mit Kot, fein zerkleinerten Halmen und Urin. Noch interessanter aber war die Art und Weise, wie er auf seine Duftjagd ging. Er saugte sehr schnell hintereinander Luft ein – mehrmals pro Sekunde. Später erfuhr ich, dass dieses Schnüffeln für geruchssinnorientierte Säugetiere typisch ist. Es erhöht den Anteil der Luft, die über die Riechschleimhaut der Nase streicht. Beim normalen, effizienten Atmen wird die Luft direkt in die Lungen transportiert. Ich habe es auch ausprobiert, es funktioniert großartig. Seitdem gebe ich bei Weinverkostungen andere, nicht sehr vornehme Geräusche von mir.

Es bringt einem nicht viel, wenn man zwar in der Lage ist, sensorisch den Baum der Evolution hinunterzuklettern, aber zu verzogen ist, um die obersten Äste zu verlassen. Zum Glück war Tom in dieser Hinsicht unbefangener als ich. Er leckte an Schnecken – was aus gesundheitlichen Gründen nicht ratsam ist, wie ich später erfuhr (»Die großen Schwarzen sind ein bisschen bitter, und je größer, desto bitterer: Mir sind die Braunen lieber, die haben was Nussiges«), zerkaute einen Grashüpfer (»Wie Krabben, die nach nichts schmecken«), wurde von einem Hundertfüßer in die Zunge gebissen, bekam Ameisen in die Nase und schlürfte Regenwürmer wie Spaghetti (»Die großen sind haarig, das mag ich nicht so«).

Und nicht nur sein Geruchssinn war noch formbar. Alles an ihm wuchs und streckte sich langsam in Richtung Dachsartigkeit. Seine Achillessehnen dehnten sich, seine Handgelenke und sein Hals wurden kräftiger, damit er auf allen vieren unter den Farnarkaden herumtollen konnte. Er behauptete steif und fest, er könne es hören, wenn ein Specht seine Zunge durch Löcher in der Baumrinde steckte. »Das kann ich wirklich. Stell dir das Zischeln einer Nagelfeile vor.« (Das tue ich, Tom, und wie zum Teufel sollen wir dich dazu bringen, in die Schule zu gehen, damit du es wieder verlernst?) Als die Nacht sich um die

Stämme der Bäume herum verdichtete, ging er hin, rührte mit dem Finger in den Dunkelheitsklumpen und sagte, sie wirbelten herum und klebten an seiner Hand. Im Bau oder bei unseren mittäglichen Nickerchen schien sich sein Körper förmlich um die Steine herumzuschmiegen. Und er zog sich nie Holzsplitter ein, im Gegensatz zu mir.

*

Die meisten Säugetiere verbringen viel Zeit mit Schlafen. Das trifft auf Dachse zweifellos zu, und für uns galt es ebenfalls – viel mehr als sonst. Wir ermüdeten umso schneller, je multimodaler wir wurden. Was uns nicht hätte überraschen sollen. Wir achteten ja jetzt auf so viel mehr. Es ist anstrengend, aus der Vielzahl von um Aufmerksamkeit heischenden Stimmen das Wesentliche herauszuhören. Wenn wir in freier Natur sind, macht unser Sehsinn normalerweise Überstunden. Jeder Schritt auf einem Weg liefert einen komplett neuen und kognitiv herausfordernden Anblick. Nie zuvor haben wir die Anordnung von Steinen gesehen, auf die den linken Fuß zu setzen wir im Begriff sind; und ebenso wenig die vollkommen andere Steinansammlung, auf die wir gleich mit dem rechten Fuß treten werden. Ganz zu schweigen von der Ausrichtung der Blätter am Ast dieses Baumes bei diesem Windstoß, die es in der ganzen Geschichte des Universums so noch nie gegeben hat und nie wieder geben wird.

Unsere »normale« Sehweise ist in Wirklichkeit höchst unnormal und entsetzlich langweilig: die Stühle in dieser Ecke des Raums; dieses Bild über dem Kaminsims – vielleicht die zeitlos geronnene Version eines winzigen Bruchteils eines Augenblicks im Freien, die aber trotzdem (weil immer noch besser als Stühle) eine Wohltat für die Netzhäute ist, welche so konzipiert sind, dass sie die unzähligen, völlig unterschiedlichen Sekundenbruchteile in sich aufnehmen, die in der Realität darauf gefolgt sind. Für die meisten von uns sind die einzigen von einem

Augenblick zum anderen wechselnden visuellen Unterschiede die Buchstabenfolgen auf dem Computerbildschirm, und diese nehmen wir nicht einmal als etwas Visuelles wahr: Wir schauen durch sie hindurch auf die Abstraktionen, für die sie stehen. Kein Wunder, dass unser armes ausgehungertes Gehirn gierig nach jeder Veränderung greift, die sich ihm bietet – und wenn es bloß das strahlende Weiß ist, das Simon Cowell der Zahnmedizin verdankt. Wann immer wir auch nur den harmlosesten Spaziergang in freier Natur unternehmen, sind unsere Sinne sofort auf erregende – aber anstrengende – Weise überlastet. Wir werden mit Veränderungen bombardiert. Und alles verlangt, dass wir reagieren. Wir müssen ungewohnt vielen Dingen unsere Aufmerksamkeit schenken. Vermutlich ist das der Grund, warum Menschen sagen, sie würden besser schlafen, wenn sie an der frischen Luft waren.

Jetzt stellen Sie sich vor, wie es ist, im Wald nicht nur auf das zu achten, was unsere Augen sehen, sondern auch darauf, was uns über Ohren, Nase und Haut erreicht. Und stellen Sie sich nun vor, über jede dieser Sinnespforten drängt eine weitere Welt herein, die die anderen auf geradezu mystische Weise überlagert. Allein sich das vorzustellen ist anstrengend. Es hingegen zu erleben ist eine Strapaze, weil es eine Menge Hirnleistung erfordert. Deshalb schlafen Dachse und Yogis viel, was auch wir taten.

Dachse sind nicht blind: Ihre Augen sind nur nicht das Mittel der Wahl, wenn es um sensorische Kompetenz geht. Anscheinend bauen sie aus ihren visuellen Eindrücken eine Version des Waldes, die hauptsächlich aus Umrissen besteht. Sie sind Silhouettenerzeuger, und ihr visuelles Gedächtnis scheint primär damit beschäftigt zu sein, die momentan sichtbare Silhouette mit früheren Versionen abzugleichen. Mit anderen Worten: Sie halten vor allem Ausschau nach Veränderungen in der Grobstruktur des Waldes. Würde man ihnen das Empire State Building auf den Hügel stellen, wären sie am Mittwochabend verängstigt, am Donnerstag noch misstrauisch und am Freitag schon desinteressiert – vorausgesetzt, das Gebäude verändert sich nicht und sondert keine bedrohlichen Gerüche ab.

Tagsüber ist unser Sehsinn dem der Dachse natürlich überlegen, und auch in der hereinbrechenden Dämmerung können wir visuelle Nuancen noch sehr viel besser erkennen. Doch in der Zeit, die für die Dachse relevant ist, spielen wir meist in ein und derselben visuellen Liga: Wir sind ebenfalls Silhouettenerzeuger. Um uns dies zunutze zu machen, benötigen wir ihr Erinnerungsvermögen und ihre Fähigkeit, aufeinanderfolgende Bilder zu vergleichen. Die meisten von uns tragen Rudimente davon in sich. Wenn sich in einem vertrauten Raum etwas geringfügig verändert hat, stellen wir fest: »Irgendwas ist anders.« Allein das ist, für sich genommen, bereits hilfreich für jemanden, der in einem potenziell feindseligen Wald wohnt. Selbst wenn man die eigentliche Veränderung nicht ausmachen kann, genügt die Tatsache einer Veränderung schon, dass man lieber unter der Erde bleibt, fern von Zähnen und Klauen. Allerdings scheinen Dachse häufig auch mehr erkennen zu können. Wenn sie eine Veränderung feststellen, verorten sie sie anhand der im Gedächtnis gespeicherten früheren Bilder, dann richten sie Nase und Ohren in Richtung des Ziels aus, um weitere Informationen zu sammeln.

Voraussetzung dafür ist eine ausgeprägte *Ortsbezogenheit* – das Wissen darum, in welchem genauen Verhältnis das Dachsindividuum sowohl räumlich als auch zeitlich zum Wald steht. Und diese Ortsbezogenheit war es, die ich mehr als alles andere verinnerlichen wollte. Ich hoffte sehnlichst, es würde mir gelingen.

Alan Garner schrieb in wunderbarer Einfachheit: »Auf einem Hügel in Cheshire *sind* die Garners.« Und dieser Sachverhalt speiste den Quell für all seine Bücher und all seine Welten und verlieh ihm seine Stärke. Der Widerhall jenes Hügels ist die Klangfarbe von Fundindelve, seine Abende sind das verblassende Licht von Elidor. Ich beneide Garner sehr darum, dass er diesen Satz schreiben konnte. Für die Fosters hat es nie einen Ort gegeben, an dem sie *sind*.

Wir hatten zwei Strategien, damit umzugehen. Die erste (meine eigene) bestand darin, so zu tun, als wären wir überall zu Hause. Natürlich scheiterten wir damit kläglich. Die Folgen waren Überheblichkeit, Oberflächlichkeit und Neurosen. Die zweite Strategie (die fast aller anderen Familienmitglieder) beruhte darauf, beharrlich zu behaupten, es komme nicht darauf an, dort zu Hause zu sein, wo wir uns gerade aufhielten. Das wiederum führte zu einer Art erblichem, hohlwangigem Stoizismus: Wir sind Inseln in einem Meer der Verdammnis. Jedoch verband uns dabei nie etwas Gemeinsames außer unserem Namen, und es ging uns nicht gut mit dieser Strategie. Konkret bedeutete es vor allem, dass wir zu viel fernsahen.

Dachse hingegen *gehören* zu einem Ort, ergo (ja, dieses *ergo* muss hier so bedeutungsträchtig klingen) gehört ihnen auch der Ort, mehr als den meisten oder sogar allen anderen Tieren. Ihre Hügeldynastien bestehen länger als so manche unserer altehrwürdigen, Wappen und Hosenbandorden tragenden Geschlechter. Ihre Körper sind aus der wiederaufbereiteten Erde weniger Hektar Land hervorgegangen. Sie schürfen tief und kennen alles, was im Untergrund haust. Sie haben eine Verbundenheit mit dem Land, wie sie einem körperlichen Wesen nur durch körperliche Eindringung möglich ist. Und an diesem ortsgebundenen Dasein halten sie mit grimmiger Entschlossenheit fest: Sie zu töten oder umzusiedeln ist extrem schwierig. Ihre Schädel sind hart. An ihrem Scheitelkamm prallen Schaufelhiebe ab. Haben sie sich einmal in die Kehle eines eindringenden Terriers verbissen, lassen sie nur los, wenn man ihnen den Kiefer bricht.

Für mich sind Dachse die Verkörperung des Genius Loci.

Wir wissen nicht viel über Dachsgötter im alten Europa, aber einer, Moritasgus (der »Große Dachs«), ist uns in einer gallischen Inschrift von der Côte d'Or überliefert. Anscheinend hat man ihn synkretistisch mit Apollo vermischt, deshalb galt er hauptsächlich als Gott der Heilkunst. Die theologischen Hintergründe dieser Verbindung sind nicht belegt, doch leicht zu erraten. Wenn ein Dachs unter der Erde verschwindet, begibt er sich auf eine schamanische Reise. Ist das Ritual richtig vollzogen worden, trägt er auf seinen breiten Schultern die Wünsche und Anliegen der Menschen mit sich in die Tiefe. Dort bringt er sie zum Großen Einen, dessen Gefolgsmann er ist, und wenn es dem Großen Einen gefällt, schickt er den Dachs mit seinem transformierenden Segen in die obere Welt zurück.

Doch wie so oft ist der Sachverhalt vielschichtiger. Die Wurzel von *tasgus* in »Moritasgus« stammt wahrscheinlich vom altirischen *tadg* – eines von mehreren Wörtern für »Dichter«. (Möglicherweise liegt dies auch dem englischen Wort für Dachs, »*badger*«, zugrunde.) In jener Welt war das Wissen um die Macht des Wortes so groß, dass die Funktionen des Dichters bzw. des Schamanen und die Bedeutungen der Wörter dafür ein Stück weit miteinander verschmolzen. Bezeichnend ist indes, dass gerade der Dachs als Träger des Wortes, als Künstler der Sprache und Beschwörer galt.

Ich stelle es mir so vor: Der Dachs trug zwischen der oberen und der unteren Welt die Worte hin und her, die der einen Seite die andere Seite erklärten. So ermöglichte er es jeder Seite, sich in ihrem Zusammenhang und damit selbst zu erkennen. Er war ein Pendler zwischen Oben und Unten, wie die sich hebende und senkende Nadel einer Nähmaschine nähte er die Welt zusammen, machte sie heil und schenkte ihr eine Unversehrtheit, die ihr sonst versagt geblieben wäre. Und das tut er noch heute.

Wenn ein Dachs das zuwege bringt, schaffen wir das vielleicht auch. Womöglich sogar ich. Wenn wir alle oft genug über Grenzen hinwegpendeln, wird die Welt vielleicht doch nicht auseinanderfallen.

Ein paar Wochen in einem Wald genügen nicht, um ein Einheimischer zu werden. Ortsbezogenheit heißt, dass man sein Leben mit den vermodernden Vorfahren verflicht. Aber die Lebensspanne von uns Menschen ist so lang und unsere Fähigkeit zur Hauterneuerung so groß, dass wir unsere eigenen Vorfahren werden können. Der Boden, in dem die Vorfahren vermodern, muss real sein, mit einem bildlichen ist es nicht getan. Doch wir können uns an einem Ort niederlassen, und indem wir hinreichend für jeden Augenblick leben, sterben wir auch mit jedem Augenblick, sodass der Ort mit unseren eigenen Leichen übersät wird und wir unsere Landschaften anhand ihrer Gräber bestimmen können. Ich versuche, auf einem Stück Moorland in Devon zu leben und somit auch zu sterben, was mir nicht zuletzt dank der Lektionen, die mich die Dachse gelehrt haben, auch einigermaßen gelingt.

Natürlich haben wir den Wald niemals auch nur annähernd so gut kennengelernt wie Burt. Über die Jahrhunderte hinweg teilt man zwangsläufig etwas von seinem kollektiven Unbewussten mit den Zwergeichen nebenan. Wir vermischen uns mit unseren Nachbarn. Jeder gemeinsame Atemzug ist ein Akt der Vereinigung, bei dem sich unsere DNA vermengt. (»Und du, mein Freund, bist ein echt durchgeknallter Spinner«, befand Burt.) Doch sogar während unserer kurzen Zeit begannen wir, in den Wald einzugehen und der Wald in uns. Wir stellten fest, dass wir bei unseren ersten Rutsch- und Kriechexkursionen mit verblüffender Effizienz die einfachsten Wege zu unserem Bau und von ihm weg gefunden hatten. Bäuchlings lagen wir auf dem Boden, spürten das Land, formten es und wurden zusehends auch von ihm geformt. Wir bekamen Schwielen, wo sie uns nützten, unsere Beine lernten, sich zu strecken, sodass wir mühelos über eine umgestürzte Buche gleiten konnten. Diese Pfade schlugen wir immer ein, mit unbeirrbarer Gläubigkeit und bald auch ganz automatisch. Dachse sind genauso: Sie haben ihre festen Wege, von denen sie nur höchst ungern abweichen. Ihre Wege sind mit den Düften von Dachsen markiert, die zur Zeit des Englischen Bürgerkriegs gestorben sind, und um sie zu verändern, bräuchte man einen Erdrutsch oder einen Bulldozer.

All meinem Wildnisfetischismus zum Trotz empfand ich das Bedürfnis, das Land mit meiner eigenen Markierung zu versehen. Dachse markieren wie besessen alle möglichen Gegenstände in ihrem Territorium mit dem Sekret ihrer Moschusdrüse und hinterlassen an den Grenzen eifrig ihre Losung. Ich habe eine weniger gesunde Einstellung zu meinen Fäkalien, ertappte mich aber dabei, dass ich meine Hand immer wieder auf dieselben Stellen der Felsbrocken legte, bis sie einen beruhigenden Glanz bekamen: Das war meine Markierung. Ich brauchte die Selbstvergewisserung, dass *ich* hier gewesen war. Dahinter steckte nicht Besitzgier, sondern das Bedürfnis nach einer Bestätigung, dass ich an diesen Ort gehörte – dass ihn und mich eine gemeinsame Zeit verband. Diese Selbstvergewisserung spielte eine große Rolle. Nimmt man ein Dachsjunges und sperrt es in ein Gehege, beginnt es maßlos und wie verrückt zu markieren. Danach beruhigt es sich, als hätte es sich durch den Duft seiner selbst versichert und wüsste, dass es und das Gehege eine gemeinsame Geschichte haben. So war es für mich auch.

Als Karen Blixen im Begriff war, Kenia zu verlassen, fragte sie sich: »Wird sich in den Blumen auf den Hochebenen Afrikas eine Farbe widerspiegeln, die ich getragen habe?« Für sie lautete die Antwort Nein, und diese Antwort hatte etwas von einer erlösenden Selbstamputation. Andrew Harvey stellte unumwunden fest: »Die Dinge, die uns ignorieren, sind diejenigen, die uns am Ende retten.« Blixens Schlussfolgerung war falsch. Die Ngong-Berge waren zwangsläufig andere geworden, weil sie dort geatmet und ein rotes Kleid getragen hatte. Doch selbst wenn sie recht hatte, muss ich an dem Glauben festhalten, dass Harvey sich irrte. Denn hätte er recht, gäbe es keine Möglichkeit, mit irgendetwas in eine Beziehung zu treten – und folglich keine Chance auf irgendeine Erlösung. So kann man nicht leben, und so kann man nicht sterben. Es war diese Art von Erlösung, nach der ich strebte, wenn ich meine Hand nach dem Felsbrocken neben dem Buchenstamm ausstreckte.

*

Über dem Sommer lastet der Winter und beschleicht auch im sonnigsten August den Dachs. Sobald die Tage kürzer werden, liegt eine neue Dringlichkeit in seinem Schnüffeln und Stöbern. Die Würmer- und Schneckenkost wird jetzt um Getreide und Früchte ergänzt: Sie eignen sich gut zum Fettaufbau.

Auch wir wissen, dass der Winter naht. Für viele von uns ist es ein beherrschendes Faktum: Das ganze Jahr gibt sich dem Winter geschlagen. Die Gedanken und die Streifzüge des Sommers sind die Lakaien der dunklen Jahreszeit.

Verbissen kämpfe ich gegen diese teuflische Kapitulation an, aber es ist nicht leicht, einen Augusttag als solchen zu genießen. Je größer mein Widerstand, desto mehr werde ich mir meiner letztendlichen Niederlage bewusst. Wie die Dachse renne ich manisch hin und her und versuche, Wärme zu tanken. Je größer die Manie, desto größer die darauffolgende Depression. Dabei müsste das nicht so sein: Eigentlich sollte ich im Januar wie ein satter, träger Parasit von der Fülle des Juli zehren können. So machen es die Dachse. Sie halten zwar keinen Winterschlaf, aber ihr Terminkalender von November bis März sieht kaum etwas anderes vor als schlafen, gelegentliche Ausfälle gegen Würmer, sich strecken, frische Luft schnappen und trächtig sein.

Es gibt eine Woche Anfang Mai, nachdem der Frühling wieder herbeigezwitschert und -geträllert worden ist, in der die Welt in Ordnung zu sein scheint. Dann feiert die Natur ihre Wiederauferstehung, und man vermag daran zu glauben, dass Wiederauferstehung die Regel ist. Aber dieser Glaube schwindet schnell. Als wir Mitte Juni in unseren Bau zogen, begann der sonnensatte Gesang der Mönchsgrasmücke einen höhnischen, düsteren Unterton zu bekommen (»Bald ist's vorbei, vorbei, schon bald«).

*

Ich kaute, schleckte, würgte, schnupperte und tapste mich der Welt des Dachses entgegen. Manchmal hatte ich das Gefühl, ihr näher zu kommen, nur um dann festzustellen: Die Dünkelhaftigkeit dieses Gefühls implizierte, dass ich ihr ferner war denn je. Wir hörten die echten Dachse jede Nacht durchs Farndickicht trampeln und sahen zuweilen in der Abenddämmerung einen hellen Kopfstreifen aufblitzen oder einen Schatten sich verdunkeln, wenn ein Dachs hineinstapfte. Oft versuchten wir, uns an sie heranzupirschen, und lernten, darauf zu lauschen, wann sie innehielten, und dann kratzten wir uns vernehmlich, was sie beruhigte. Sobald wir unser Erdloch verließen, stellten wir als Erstes die Vorderpfoten auf einen Baumstamm und streckten uns. Wir koteten auf Haufen, die wir wegen ihrer Ausblicke auf den Hügel ausgesucht hatten. Wir setzten eine dicke Patina aus Gerüchen an, die sogar Burt mit seiner Nase voll Wollfett und Diesel erkennen konnte und eklig fand. Wenn Tom bei warmer, feuchter Witterung vor mir durch den Wald streifte, konnte ich noch zwanzig Minuten lang seiner Duftfährte folgen.

Burts Sticheleien und Essensspenden wurden seltener. Wir blieben uns selbst und dem uns überwuchernden Tal überlassen. In einem lang verlassenen Haus bemerkten wir seltsame Lichter. Wenn wir Hunde von einer Farm hörten, sträubten sich uns die Nackenhaare. Ferne Gestalten in Nylon waren für uns so weit weg wie der Mond und wesentlich unbedeutender als dieser. Was uns Sorgen bereitete, waren schwere Wolken, Blattverfärbungen und der Blutdurst der Mücken. Vor unserem Bau hatten wir, aus für mich selbst nicht klar nachvollziehbaren

Gründen, einen Dachsschädel auf einen Stock gespießt. Wir wuschen uns nur gelegentlich und auch dann nicht gründlich. Im Mund hatten wir den Geschmack von Erde und Rauch. Ein Zaunkönig schnappte sich eine Raupe von Toms Bein, als er schnarchend in einem Haufen abgestorbener Glockenblumen lag. Irgendwann empfand ich meine Uhr als störend: Ich nahm sie ab, steckte sie in eine Plastiktüte und trug sie feierlich zu Grabe. Wir standen stramm, und ich spielte »Last Post« auf meiner Blechflöte.

Und für diesen Sommer mussten wir es damit bewenden lassen: Wir mussten uns mit der Erkenntnis zufriedengeben, dass wir in gewisser Weise, vielleicht ein paar Minuten lang, am selben Ort gelebt hatten wie Dachse.

Mehr, dachten wir, hätten wir nicht geschafft.

*

Ich grub die Uhr wieder aus. Als wir zum Bahnhof von Abergavenny zurückgingen, fühlten wir uns als Versager – die Andersartigkeit, dieser Puck-artige Kobold, hatte sich wie immer weggeduckt, war ins murmelnde Laub des Waldes entschwunden.

Die Stadt empfing uns mit Plärren, Rülpsen, anzüglichen Blicken und Gegacker. Auf einem einzigen Laubblatt vor unserem Bau gab es mehr Buntheit als in diesem ganzen Ort. Er ernährte sich von orientalischem Luftfrachtgut, und alle Leute trugen dieselbe Farbe. Sie redeten über die Seitensprünge von Fußballern und unmusikalischen Sängerinnen. Mächtig und derb waren die Duftblöcke, die herumtorkelten und schwankten und brüllten. Mir war schlecht vor Schreck über diese Ödnis, der Boden schien sich unter den betäubenden Gerüchen zu heben und zu senken. Als mich jemand fragte, wo es hier einen Geldautomaten gebe, kam es mir vor, als schreie er mich aus Leibeskräften und aus allernächster Nähe an. Ich fauchte ihn an und hätte ihn beinahe niedergeschlagen. Und trotzdem ist dieser Ort ein vorbildliches Beispiel für eine menschliche Siedlung; ich habe mich hier immer wohlgefühlt.

Ich sehnte mich verzweifelt nach meinem Tal zurück. Im Zug stopfte ich mir Ohrstöpsel in die Ohren und schaute auf die vorbeiziehenden Felder hinaus – die Lok machte die Entfernungen abscheulich kurz. Dann nahm ich die Stöpsel heraus und lauschte dem Hörbuch über Vogelstimmen des Waldes. Mir fehlte etwas, was ich ganz dringend brauchte – und was ich vor Kurzem noch besessen hatte.

Hier ist also meine erste These: Damit es mir als Mensch gut ging, musste ich mehr Dachs sein.

*

Zu Hause vergaß ich vieles sehr schnell. Doch obwohl meine Nase wieder zu gewohnter Trägheit zurückkehrte und ich mich wieder an den Tinnitus gewöhnte, den wir als normalen Alltag bezeichnen, war noch nicht alles verloren. Ich hatte die verträumte Reizbarkeit eines Verbannten. Ich wusste, dass es möglich war – und zwar durch sensorische Übung, nicht durch Yogaverrenkungen –, die eigene Aufmerksamkeit auf mehrere Ebenen der Welt gleichzeitig zu richten, nicht nur auf die üblichen ein oder zwei, und ich bekam eine Ahnung davon, was man dabei alles wahrnehmen kann.

Mitten im Winter kehrten Tom und ich zu unserem Bau zurück. Der Eingang war mit Spinnweben verhangen, was ich als ziemlich kränkend empfand. Ich hatte gehofft, jemand würde unsere Behausung zu schätzen wissen, wenigstens Füchse. Der Dachsschädel hing immer noch auf dem Stock, hatte sich allerdings gedreht, sodass er nicht mehr auf den Boden schaute, sondern hügelaufwärts, durch die knorrigen Altmännerfinger der Eichen und an dem verlassenen Krähenhorst vorbei zu dem Haus, das Burt in jenem Sommer gebaut hatte und wo Meg jetzt Cider herstellte, das »Mabinogion« las und sich auch nicht davon aus der Ruhe bringen ließ, dass eine Epidemie sämtliche Kinder mit Durchfall und Erbrechen plagte.

Unsere Pfade waren noch da, gerade eben erkennbar. Im Frühjahr würden sie verschwunden sein, aber wollte man sich auf allen vieren durch den Wald bewegen, wären sie immer noch die erste Wahl. Wenn man sich auf den Boden legte, stürzte eine schmerzhafte Kälte, in der Farbe der Trauer, auf einen ein. Bei den Rippen beginnend, durchdrang sie den Brustkorb und strömte schließlich die Beine hinab. Die Erde schien nach uns zu hungern, sie saugte und nagte an uns.

Außerhalb des braunen Dickichts nasser Farne erschien der Wald dem Auge größer; dem Sehen kam mehr Bedeutung zu als im Sommer. Gelegentlich blickten wir bis zu einem wolkenlosen Horizont, und oft ließen sich einzelne Bäume ausmachen. Der Winter gestattet dem Dachs mehr Distanz. Zugleich kappt er aber auch die Bande dieser opulenten Ehe mit der Erde, die durch Nasen und Sommerhitze gestiftet worden ist. Die karge Wintersonne gab sich alle (für uns vergebliche) Mühe, den Boden in Partikel zu zerteilen, die wir riechen konnten. Da waren Lauberde und unvollständig Kompostiertes, doch mehr nicht. Im Winter war der Wald viel reiz- und geschmackloser, als wir ihn im Sommer erlebt hatten, mehr der menschlichen Wahrnehmung entsprechend.

Jetzt kam das Gehör zu seinem Recht. Wegen der größeren Sichtweite konnten sich unsere Ohren auf entferntere Geräusche konzentrieren, und da ja nicht besonders viel los war, nahmen sie alles viel detaillierter wahr als im lebhaften Sommer.

Die echten Dachse des Waldes waren still, aber in der Nähe. In ihren Abtritten sahen wir frischen Kot, an Stacheldraht hingen grauweiße Haarbüschel, und auf den Dachspfaden gab es Pfotenabdrücke. Wir hörten sie nachts schnaufen und puffen wie altersschwache Dieselloks auf einem Rangierbahnhof. Sie hätten uns eigentlich ganz nah erscheinen müssen: Ihr Schnauben wurde nicht durch das dichte Laub des Juni gedämpft, die klare Luft übertrug nur den verhaltenen Ruf eines Waldkauzes, nicht das Summen, Pochen und Schrillen des Sommers. Dennoch waren sie für uns weiter weg denn je: Wir hatten nicht mehr so viele Gemeinsamkeiten. Es schien, als könnten oder wollten sie weniger mit uns teilen als in der großzügigen Zeit des Juni.

Kalt schlossen sich die Wände unseres Baus um uns. Diesmal waren sie wie Mäuler. Die Würmer mochten die Wärme, die wir verströmten und die aus uns herausgesaugt wurde. Haarigen Zungen gleich glitten sie aus den Mäulern hervor und krochen schleimig über uns.

»Mir gefällt's hier nicht«, wimmerte Tom, zitternd in seinem viel zu dünnen Schlafsack.

»Mir auch nicht«, sagte ich. »Gehen wir.« Also packten wir unsere Sachen zusammen, überquerten den Fluss und folgten einem Pfad, der im Mondlicht direkter zum Ziel führte als bei Tag, zurück zur Farm.

Es kamen keine Dachse zum Abschiedsgruß heraus. Sie blieben im Warmen. Ihr Bau lag viel tiefer im Wald als unserer. Weitaus tiefer, als wir vorzudringen wagten.

WASSER
OTTER

Jeden Morgen sehen uns fünf Otter beim Frühstück zu. Sie sind tot. Es sind viktorianische Otter. Von einem Tierpräparator im Stil jener Zeit weiß gebleicht, halten sie, den besiegten Fisch zu Füßen, hochmütig Ausschau wie Rittmeister. Die Viktorianer wollten weiße Otter, also bekamen sie weiße. Wir alle bekommen mehr oder weniger die Otter, die wir wollen. Sie werden instrumentalisiert wie nur wenige andere Spezies. Henry Williamson, der Autor von »Tarka, der Otter«, zermatschte sie zu literarischem Brei, um damit das nördliche Devon zu malen und als Balsam auf die realen und eingebildeten Wunden zu schmieren, die die Schützengräben hinterlassen hatten. Gavin Maxwell, Autor von »Im Spiel der hellen Wasser. Allein mit meinen Tieren an Schottlands Küste«, wollte – und bekam daher auch – ausgelassen herumtollende Freunde, die ihn nicht mit allzu vielen Fragen bedrängten und sich in den einsamen Nächten auf den Hebriden knuddeln ließen. Ich habe diesen wahren Meistern der Otterliteratur nur eines voraus: Ich mag Otter nicht besonders.

Otter zu sein ist, wie auf Speed zu sein. Dem kann ich als Spießer, der sich nicht strafbar machen will, am nächsten kommen, indem ich mehrere Nächte aufbleibe, alle paar Stunden einen doppelten Espresso trinke, bevor ich ein kaltes Bad nehme und danach Unmengen noch zuckendes Sushi frühstücke, gefolgt von einem Nickerchen, und dann das Ganze wiederhole, bis ich sterbe, was mir am authentischsten gelingt, indem ich vor ein Auto laufe oder mich eine Blutvergiftung durch eine Unterleibsverletzung dahinrafft.

Über Otter zu schreiben hat mehr als bei jedem anderen Tier etwas Buchhalterisches. Ihre Stoffwechselprozesse sind mitunter ausgesprochen knapp kalkuliert. Sie verbringen mehr als drei Viertel ihres Lebens mit Schlafen. Das sind mehr als achtzehn Stunden am Tag. Die restlichen sechs Stunden sind sie als rasende Killer unterwegs.

Ihr Grundumsatz liegt um vierzig Prozent höher als bei anderen Tieren vergleichbarer Größe. Er steigert sich massiv, wenn sie schwimmen, insbesondere im kalten Wasser. Dann läuft ihr Stoffwechselmotor viereinhalbmal so schnell wie der eines Hundes. Der Vergleich hinkt zwar ein bisschen, aber stellen Sie sich vor, dass sich der Belastungspuls Ihres Hunds auf das Fünffache erhöht. In seinem Brustkorb würde es nicht mehr hämmern, sondern flattern, als wäre ein großer Kolibri darin gefangen. So ein Motor braucht unsagbare Mengen Treibstoff – beim Otter sind es etwa zwanzig Prozent des Eigengewichts pro Tag.

Ich wiege fünfundneunzig Kilogramm. Wollte ich mit dem Otter allein hinsichtlich der Nahrungsmenge gleichziehen, müsste ich täglich etwa achtundachtzig Big Macs verdrücken (alle doppelstöckig mit zweifacher Fleischeinlage, Käse, Eisbergsalat, Gewürzgurken, Zwiebeln und dieser merkwürdigen rosafarbenen Soße darauf). Oder dreitausendachthundert Standardpackungen Kartoffelchips, zweihundertneunundzwanzig normale Dosen Baked Beans, siebenhundertzweiundneunzig durchschnittlich große Lammkoteletts oder genauso viele Fischfrikadellen.

Achtundachtzig Big Macs in sechs wachen Stunden entspricht knapp fünfzehn pro Stunde, also einem alle vier Minuten. Kein Wunder, dass Otter nie Zeit zu haben scheinen, um in Ruhe nachzudenken.

Nur die physikalischen Gegebenheiten machen die Otter geschmeidig. Viele Gedichte preisen ihre schlüpfrige Schnittigkeit, aber dabei handelt es sich eher um Loblieder auf das Wasser als auf die Tiere. Otter sind widerborstige Wesen. Wir wollen, dass etwas in und mit seiner Umgebung fließt, weil wir darüber aus irgendeinem Grund in metaphysische Schwärmerei geraten. Was auf Otter aber nicht zutrifft. Statt über ihre Stromlinienform und die verschließbaren Ohrmuscheln zu reden, sollten wir von Drohverhalten und Schnappen und Scharren sprechen. Otter sind Invasoren, keine Mitbürger. Sie schieben ihre reizenden Näschen zwischen den Nasenmuscheln vor, als würden Finger im OP-Handschuh in eine Öffnung stoßen. Wie Keile teilen sie den Fluss. Sie reißen Fische aus der Strömung und zerquetschen sie. Eigentlich gehören sie gar nicht ins Wasser. Um dem mythenumrankten Begriff des Wasserwesens gerecht zu werden, das wir in ihnen sehen wollen, tummeln sie sich noch gar nicht lang genug im Wasser. Nicht mehr als sieben Millionen Jahre oder so.

Sie sind Landtiere, die – mehr Hermelin als Seehund – als beeindruckende, aber prekäre Existenzen im Wasser dilettieren. Die Evolution hat gerade erst begonnen, an diesen ehemaligen Hermelinen herumzubasteln, indem sie ihre Schädel abflachte, Augen und Nasenlöcher in eine etwas vorteilhaftere Position rückte und ihnen ein dickeres Fell bescherte, dazu Schwänze wie haarige Außenbordmotoren und halbherzige Schwimmhäute zwischen den Zehen. Mit diesen bescheidenen Gaben hat die Evolution die Otter dann ins tiefe, kalte Nass geworfen und ihnen aufgetragen, damit zurechtzukommen, tyrannisiert von einer entsetzlichen thermodynamischen Arithmetik.

Aufgrund dieser Arithmetik wurden sie Nomaden. In einem warmen, ertragreichen Fluss im Tiefland kann ein Otter seinen Kalorienbedarf in einem Umkreis von etwa zehn Kilometer decken. Im kargeren Schottland genügen möglicherweise erst fünfzig. Die Zahlen sind es auch, die ihn bösartig werden lassen: Verliert er einen Fisch an einen Rivalen, sieht die Bilanz bereits beunruhigend aus. Zu beunruhigend für nette Artigkeiten, meistens jedenfalls. Von autopsierten Ottern wiesen mehr als die Hälfte Spuren von erst kurz zurückliegenden Kämpfen auf. Und normalerweise sind die Verletzungen scheußlich: Wenn Otter im Wasser angreifen, stürzen sie sich auf Bauch und Genitalien des Gegners. Bäuche werden aufgeschlitzt und das Gedärm herausgezerrt, Hoden abgerissen, Penisse weggebissen. Und das sind noch die harmloseren Varianten. Die übelsten Verletzungen, denen ein Otter rasch erliegt, bekommen wir gar nicht zu sehen. Sein steifer Körper liegt dann für die Ratten im Gestrüpp einer Uferböschung oder als Fischfutter am Grund eines Gewässers. Die Otter, die wir zu Gesicht bekommen, haben immerhin lange genug überlebt, um von einem Lieferwagen überfahren zu werden.

Was kann ich tun, um mich diesen keifenden, knurrenden, rastlosen, zuckenden ADHS-Bündeln anzunähern – außer zuzugeben, dass ich wie sie ein reichlich schäbiger Kompromiss der Evolution bin, mit kurzer Aufmerksamkeitsspanne, am Rand eines ontologischen Abgrunds? Nun, als Erstes kann ich mich dorthin begeben, wo sie sind, und dort dann die physischen Grenzen meiner Welt neu stecken, damit sie sich denen des Otters angleichen. Das ist zunächst einmal eine Sache von Stecknadeln in der Landkarte.

Im Mittelpunkt dieser Karte steht ein kleines graues Cottage am Rand eines Hochmoors in Devon. Wenn man sich durchs Farngestrüpp zur Kuppe des Hügels hochgearbeitet hat, sieht man jenseits des Bristolkanals die Lichter von Wales. Silbermöwen picken Zecken aus den Hinterteilen von Rotwild. Wir schöpfen unser Wasser aus dem Flüsschen hinter dem Cottage. Es fließt durch Dachswald, nimmt dann Fahrt und Eichenlaub auf und überzieht die Steine mit einer Torfschicht, sodass sie aussehen wie in Schokoladenfondue getaucht. Rätselhafterweise wird das Flüsschen, gerade bevor es in den East Lyn mündet, wieder langsamer – als hätte es Bedenken, den Hügel hinter sich zu lassen: Grollend versickert es unter der Straße und wird in Richtung Lynmouth ausgespuckt, um mit Hummer und Fritten angereichert zu werden.

Doch bei uns ist er ein fröhlich plätschernder Bach. Ab und zu verweilt er in Gumpen. Hier gibt es Zilpzalps, Krötenstuben und Algenfächer, die aussehen wie altmodische Spitzendeckchen. Unser Hügel ist ein üppiger Moorheidefleck mit rosigen Tupfen, der Selbstgewissheit zu verströmen scheint. Die Köcherfliegenlarven verbauen Geröll und nicht nur Sandkörner in ihrem Köcher. Aber man glaube bloß nicht, dass hier alles schlicht und idyllisch sei wie in einem Biergarten. Es gibt eine Gruppe gequälter Bäume mit ausgreifenden, weitverzweigten Wurzeln wie Mangroven. Die Kinder wagen sich nicht dorthin, ohne Entenmuschelschalen hinzulegen – als besänftigende Geschenke für was auch immer dort in den Mooshängematten schlafen mag.

Ganz am oberen Ende des Tals, drei Minuten von unserem Teetischchen entfernt, an der Stelle, wo das Flüsschen aus dem Moor herausgluckert, liegt wie ein Gnadenerweis eine Otterlosung.

Otter hinterlassen ihre Losung, um damit zu sagen: »Das ist mein Revier« oder: »In dem Tümpel gibt's nichts mehr zu holen, verschwende hier keine Zeit.« Möglicherweise ist es nicht ihre einzige auf Distanz wirkende Methode zur Reviermarkierung (Urin könnte auch eine Rolle spielen, außerdem wird lebhaft über die Bedeutung von »Jelly« diskutiert, eine geleeartige Substanz, die wahrscheinlich die Passage spitzer Fischgräten durch den empfindlichen Darm erleichtert). Doch es ist zweifellos die sichtbarste. Ja, für gewöhnlich ist ihre Losung das einzige Anzeichen, dass Otter in der Nähe sind, allerdings hat die wissenschaftliche Beschäftigung mit ihr unser Verständnis der Otterbiologie stark verzerrt. Man sagt nicht zu

Unrecht, wir würden uns mehr mit Otterlosung befassen als mit Ottern.

Losungsforschung ist ein heiteres Spezialgebiet. Glücklich watscheln die Professoren mit gezückten Klemmbrettern die Flussufer entlang, kartografieren, rechnen hoch und essen dabei Käsesandwiches mit Gürkchen. Doch es ist ziemlich vergebliche Liebesmüh. Kacke trägt die wissenschaftlichen Konstrukte nicht, auf denen wir unsere Erkenntnisse aufzubauen hoffen. Von meinem Stuhlgang kann man nicht auf mein Leben schließen. Dennoch ist Kot zu manchem gut.

Die Vermutung liegt nahe, dass die Stuhlgewohnheiten eines Otters seine außergewöhnliche Stoffwechselrate widerspiegeln. Und in der Tat ist das auch der Fall. Hans Kruuk hat in Shetland hingebungsvoll das Losungsverhalten der Otter beobachtet. Im Winter, wenn Otter weit häufiger markieren als im Sommer, hat er etwa drei Losungen pro Stunde verzeichnet. Und das waren nur die bewussten Hinterlassenschaften am Flussufer, ohne die übrigen Darmentleerungen. Außerdem muss er einige verpasst haben, jedenfalls die Darmentleerungen, die im Wasser stattfanden. Bei angenommenen sechs Stunden Wachsein ergeben sich rechnerisch achtzehn Losungen am Tag. Das sind reichlich Signale aus überaus mitteilungsfreudigem Gedärm. Geht man bei einem Kind von eineinhalb Stuhlgängen am Tag aus, würden meine Kinder zwölf Tage für die Markierungen brauchen, die ein Otter an einem einzigen Tag setzt.

Ich gab meinen Kindern eine kurze Einführung ins Losungsverhalten der Otter und schickte sie dann das Tal hinauf. »Markiert«, sagte ich. »Aber fallt nicht drauf, und seid zum Essen zurück.«

Natürlich klappte das nicht. Menschenkinder können ihren Darm nicht auf Befehl entleeren, und ihnen nur diesem Buch zuliebe Abführmittel in die Rice Crispies zu mischen wäre gemein und vielleicht sogar strafbar gewesen. Also änderte ich meine Instruktionen. »Sobald ihr müsst, geht am Fluss hoch und sucht euch einen Platz aus. Ihr solltet dabei das Gefühl haben: Dieser Abschnitt des Flusses gehört mir.«

Und weg waren sie. Instinktiv ahmten sie das Losungsverhalten des Europäischen Fischotters nach, sie suchten sich genau die gleichen frei liegenden Steine an strategischen Plätzen aus, die Otter ebenfalls gewählt hätten. Wenn es keine Steine gab, bauten sie sogar »Burgen«, wie es auch Otter tun: kleine Erhöhungen aus Gras oder Sand, auf denen sie ihre Losung gut sichtbar präsentierten, als wären es Verlobungsringe auf einem Samtkissen.

Als Nächstes galt es zu untersuchen, wie typisch jede Hinterlassenschaft war, also wie eindeutig sie auf ihre Herkunft schließen ließ. Das war eine ekelhafte Aufgabe, und es muss ziemlich pervers ausgesehen haben, wie wir schnüffelnd das Flussufer entlangkrabbelten.

Allerdings mit erstaunlichen Ergebnissen. Unsere Kinder ernähren sich identisch, produzieren aber sehr unterschiedliche Fäkalien. Es wäre nicht nett, die verschiedenen Stuhltypen namentlich zuzuordnen. Also sei nur gesagt, dass A der Sonderfall ist: Bei seinem Stoffwechsel werden die Gallensalze anscheinend sehr eigenwillig verarbeitet. B hat etwas Aromatisches und Plazentaartiges. Und so weiter. Wir machten eine Blindverschnüffelung. Alle fünf von uns (meine Frau gab sich mäkelig, sie blieb lieber im Haus und las in einem Hochglanzmagazin voller Optimismus über das elegante Leben) lagen in achtzig Prozent der Fälle richtig.

Dies galt allerdings nur für frischen Kot. Die Sonnentrocknung reduzierte unsere Trefferquote erheblich. Ebenso tiefe Temperaturen. Das deckte sich mit unseren Erkenntnissen über die Geruchswelt des Dachses. Nach einer Woche war, egal, unter welchen Bedingungen, einfach Dung daraus geworden, und wir hätten neu markieren müssen, wenn wir etwas damit hätten aussagen wollen. Otter machen es genauso. Die Signalkette wird ständig von Regen, Sonne und steigenden Wasserspiegeln gestört und muss daher gewissenhaft erneuert werden, normalerweise direkt vor oder nach einer Mahlzeit.

Unsere Losungen teilten uns (eine Zeit lang) mit, wer am Fluss gewesen war und wo der- oder diejenige sich entschieden hatte, die Markierung abzusetzen. C, winzig und zaghaft, besaß ein entsprechend winziges Territorium. D errichtete kleine Fäkalschreine um eine einzelne Pfütze, und das immer unter einem Dach aus Farn oder Schilf. A und B, aggressive Kolonialisten, versuchten, ihr Territorium ins Moor hinaus zu erweitern und das des anderen zu annektieren. Sie spürten die Losungen des anderen auf, traten sie in den Fluss, ersetzten sie durch ihre oder platzierten ihre Häufchen auf die des Rivalen.

Hätten wir unsere Kinder unterschiedlicher ernährt, wäre es möglich gewesen zu rekonstruieren, was sie acht Stunden zuvor gegessen hatten. Doch mit all diesen Informationen lässt sich letztlich sehr wenig anfangen. Die Losungen sagen kaum etwas über das Leben eines einzelnen Kindes oder von Menschenkindern ganz allgemein aus. Und eine Menge dessen, was über Otter und ihre Biologie veröffentlicht wird, ist buchstäblich Scheiße.

*

Ich verbrachte eine viel zu angenehme Zeit. Ein vergnügliches Leben war nicht authentisch. Otter haben es nie leicht. Nicht unter diesem Zeitdruck. Ängstlich hasten sie zwischen Fischen und Kämpfen hin und her, stets im Ungewissen über ihre weiteren Chancen, wenn sie den letzten Mageninhalt als Gräten- und Schleimhaufen ausgeschieden haben. Es geht ständig um Leben oder Tod, was auch Henry Williamson so nachdrücklich betont, dass es im Untertitel steht: »Tarka, der Otter. Sein lustiges Leben im Wasser und sein Tod ...« Sollte Williamson recht haben, dann war Tarka allerdings ein ungewöhnlicher, geradezu pathologisch euphorischer Otter. Es gibt fröhliche Dachse, Hirsche und Mauersegler. Jede Menge sogar. Aber nur wenige

Otter, die von Natur aus fröhlich sind. Sie haben keine Zeit für emotionale Kinkerlitzchen. Wenn man in einer Ökonomie wie der unseren und der ihren ständig auf der Jagd ist, bedeutet das auch, ständig gejagt zu werden. Was man ihnen anmerkt: an ihrem Zeitdruck, ihren kleinen, kalten Augen, ihrem Kortikoidspiegel.

Der Horizont eines Otters reicht kaum über den Wasserspiegel hinaus. Sie sind pelzige Würmer, Weitsicht nützt ihnen nichts. Sie graben sich Gänge und Tunnel durch Fluss und Meer und töten, was sich in diesen Tunneln befindet, so wie Maulwürfe Würmer töten. Darin spielt sich ihr Leben ab. Was psychologisch durchaus passend ist: Wenn Menschen – nein, wenn ich von einer Angst zerfressen werde, die dem entspricht, was ein Otter aushalten muss, dann stecke auch ich in einem Tunnel mit höchst eingeschränkter Sicht. Ich kann mich zwar höher aufrichten als ein Otter, sehe aber genauso wenig. Es ist dann egal, ob ich im Ashmolean Museum durch die Renaissanceausstellung schlendere oder mich an einem Ufer durch nassen wilden Kerbel schlängele, die Augen voller Regentropfen und den Geruch meines sicheren Todes in der Nase. Selbst wenn ich mich ablenke, was ein naiver Biologe vielleicht für spielerischen Hedonismus hält, versuche ich damit nur vergeblich, dem Schmerz zu entkommen. Der Biologe sieht den Versuch, nicht aber die Vergeblichkeit. Ich spiele mit meinen Kinder in der unbegründeten Hoffnung, dass sie mir nicht ähneln und ihnen der Tunnel daher erspart bleibt.

Otter sind gelenkig. Sie können auch nach oben schauen. Aber dabei sehen sie nur das vor ihnen aufragende Grün der Böschung, die haarigen Zähne von Nesseln, überhängende Eschenäste oder eine Nacktschnecke, die an einem Dach aus Kletten klebt. Sie wissen, dass oben der Himmel ist, aber sie beobachten ihn nicht. Ihr Land streicht ihnen die Flanken entlang und entfaltet sich langsam mit der Geschwindigkeit eines Schwimmzugs, ohne Höhen und Senken, die wir wahrnehmen.

Für Otter gibt es keine steilen Täler, denn nichts, was man aus dieser Höhe und in dieser Geschwindigkeit wahrnimmt, ist steil. Im Leben eines Otters gibt es keine langwierigen Anstiege oder Abstiege, denn Langwierigkeit ist ihnen fremd. Diesen Tieren gehört der Augenblick, aber ihm fehlt das Befreiende. Sie erleben den Moment als jämmerlich, voller Verzweiflung, mit steigendem Blutdruck und Hunger. Dann gibt es wieder einen solchen Moment. Und noch einen. Diese Punkte auf der Zeitachse sind in den abgeflachten Schädeln jedoch nicht verbunden, sodass keine Persönlichkeit daraus entsteht. Tief gehende Angst untergräbt das Selbst. Und wenn sie wesensbestimmend ist, dann ist ein Selbst ausgeschlossen. Otter sind Platinen, weiter nichts.

*

C. S. Lewis glaubte, das Leiden von Tieren sei kein so bedenklicher Hinweis auf die mangelnde Güte und/oder Allmacht Gottes, wie man denken könnte, denn um wirklich zu leiden wie wir, müsse man wissen, dass der schier unerträgliche Neuronensturm an Punkt A sogleich mit dem Neuronensturm an Punkt B verbunden wird und sehr wahrscheinlich bis Punkt C fortdauert und schier unerträglich bleibt. Ein Großteil der Angst basiere auf solchen Hochrechnungen und der dazugehörigen Erwartung von Unangenehmem. Da den Tieren das Bewusstsein eines Ichs fehle, welches Subjekt des Schmerzes ist, und sie nicht über die neuronale Hardware verfügten, um aus einer momentanen scheußlichen Empfindung die beunruhigende Überzeugung einer ebensolchen für die Zukunft abzuleiten, litten sie nicht.

Ich habe das schon immer für Unsinn gehalten und tue es bis heute. Noch am ehesten könnte ich es mir allerdings bei diesen manischen Ottern vorstellen, die von ihrer Gier nach Fressen derart aufgefressen werden, dass buchstäblich nichts übrig bleibt, woraus sich ein Selbst entwickeln könnte.

Woher weiß ich das über die Otter? Ich weiß es natürlich nicht. Es gibt dafür überhaupt keine neurobiologische Grundlage. Und es ist zutiefst unwissenschaftlich, wie Beatrix Potter über Dachse zu schreiben, aber ihren nahen Cousins, den Ottern, sogar die Schmerzfähigkeit abzusprechen. Doch das sagt mir eben meine Intuition. Und ich werde mich nicht groß dafür entschuldigen.

Allerdings bin ich selbst überrascht, dass ich so schreckliche Dinge über Otter schreibe. Ich habe sie einmal unkritisch und innig geliebt. Jahrelang nahm ich einen Plüschotter mit ins Bett und verpfändete ein Lego-Set, um in einem Ramschladen in Glastonbury einen ausgestopften zu erstehen. Ich streichelte die vernarbte Schnauze des echten, wenn ich in den Schlaf hinüberdämmerte, und dachte daran, dass die Wunden von Jagdhunden stammten und ich es posthum vielleicht ein bisschen gutmachen konnte.

Ich mag immer noch vieles an Ottern – all das, worüber die Menschen Gedichte schreiben. Ich bin glücklich, dass ihre Körper wie Seetang im bewegten Wasser dahinfließen, obwohl sie so groß und schwer wie gut genährte Füchse sind; dass sie sich verbiegen können wie eine Büroklammer; dass sie quieken und pfeifen; und dass ihre Nasen zucken, als müssten sie permanent Pferdebremsen verscheuchen. Ich mag es, dass sie gelegentlich zu Geduld imstande sind; dass sie in der Gruppe manchmal nach einem großen glücklichen Familienausflug aussehen; und dass sie sich tagsüber genau an den Plätzen zusammenrollen, wohin ich mich immer verdrückt habe, wenn ich als Kind Klavier üben sollte. In der Frage, wo es sich am besten aushalten lässt, sind wir uns einig, außerdem teile ich ihre Verachtung für Kanalisation, Dünger und Zäune. Wenn es darum geht, Persönlichkeit zu zeigen, sind sie glänzende Schauspieler. Aber ich bin nicht mehr von ihnen überzeugt. In einem braunen Kopf unter Wasser steckt nicht so viel wie in einem schwarz-weiß gestreiften unter der Erde. Otter leiden weniger als Dachse,

Füchse oder Hunde. Und damit habe ich meine Kindheit verraten.

Der Otter wegen begann ich herumzuziehen. Otter waren schon immer Nomaden. Williamson lässt Tarka durch das ganze Land zwischen den zwei Flüssen Taw und Torridge stromern – falls das wirklich so war, und das ist gut möglich, führte er wahrlich ein Beduinenleben. Williamson verfasste sein Buch in den Zwanzigern, als es in den Flüssen Südwestenglands noch von Leben wimmelte. Seitdem haben wir unsere Gewässer mit Pyrethroiden, Polychlorierten Biphenylen (PCB) und anderen grässlichen Dingen mit Benzolringen drin zerstört. Insbesondere haben wir die Aale, das Lieblingsfutter der Otter, so gut wie ausgerottet. Die ideale Otterernährung besteht zu achtzig Prozent daraus, doch ihre Population ist um fünfundneunzig Prozent geschrumpft.

Ich bezweifle, dass Tarka wirklich das ganze Land der zwei Flüsse durchstreifte. Falls doch, dann nicht gezwungenermaßen, sondern weil er es wollte. Zweifellos gibt es auch solche Otter, es gibt ja auch solche Menschen. Doch überraschend wäre es schon, wenn ein heutiger Tarka nicht sehr viel weitere Wege zurücklegen würde als seine Vorfahren vor fast hundert Jahren. Die Fischausbeute pro Flusskilometer fällt nämlich viel karger aus.

Wegen der Benzolringe müssen die Otter Moore und Wasserscheiden überqueren und – was noch gefährlicher ist – Straßen und die Wege anderer Otter kreuzen. Hunger führt zu Aggression: Dieses Ausweiden und Kastrieren kann also auf den menschlichen Hunger nach Steigerung der Aktionärsgewinne zurückgeführt werden.

Auch haben die Aktionäre die Otter viel sichtbarer gemacht. Otter jagen am liebsten nachts. Aber wie Generationen Not leidender Menschen festgestellt haben, muss man Sonderschichten bei Mondlicht einlegen – das heißt im Fall der Otter bei Tageslicht –, wenn nicht reicht, was man in der normalen

Arbeitszeit verdient. Zu den strengen Ermahnungen der körpereigenen Buchhalter – die den Stoffwechsel des Otters so extrem knapp kalkulieren – kommen die vernichtenden Forderungen der realen, Anzug tragenden Buchhalter in Frankfurter Vorstandsetagen hinzu, die immer noch mehr Druck ausüben und die Nervosität der ohnehin schon angespannten Tiere so weit steigern, bis sie zuschnappen. Sie rauben den Ottern den Schlaf und zwingen sie zu immer ausgedehnteren Nahrungsstreifzügen.

*

Otter haben große Landkarten in ihren kleinen Köpfen, was überrascht. Man würde doch erwarten, dass Landkarten solchen Ausmaßes nur bei einer gelasseneren, philosophischeren Gangart entstehen können. Diese Karten haben nicht nur eine räumliche, sondern auch eine zeitliche Dimension, und so mancher Farbtupfer geht auf Erinnerungen an Panik, Sattheit und Verlust zurück.

Meine eigene Karte sagt mir: »Der Fluss strömt durch eine tiefe Schlucht. Am Nordufer ragen Laubbäume steil in die Höhe bis zu einem Plateau, und ein Bach fließt zwischen ihnen hindurch und mündet vierhundert Meter vom Pub entfernt in den Fluss. Auf der Südseite steht Mischwald.« Und dank meiner Intuition und Erfahrung kann ich noch ergänzen: »Rachel hat sich das Knie aufgeschlagen, als sie dort hinunterging, und so laut geschrien, dass in dem vorher summenden und brummenden Wald eine Stunde lang Totenstille herrschte. Dann kletterten wir zum Pub hoch, wo man ab zwölf heiße Fleischpasteten bekommt.«

Die Otterlandkarte hingegen ist, wie wir nun annehmen können, eher eine Tabelle oder eine To-do-Liste. Sie ist spröde und nüchtern und verzichtet weitgehend auf Adjektive und Adverbien. Strikt kalendarisch angeordnet, sieht sie etwa so aus:

Monat	Option 1	Option 2	Option 3	Option 4
Januar	Aal: tief und dunkel. Probiere tiefer gelegene Rockford-Gumpen.	Gründling, Groppe und Bach-schmerle unterhalb von Ros-borough Castle.	Enten, Moorhühner, Blässhühner: Probiere Lee-ford wegen dummer Enten. Eventuell lohnt sich der Weg nach Barle oder zum Teich bei Radworthy.	Irgendwas.
Februar	Aal: tief und dunkel. Weiß der Himmel. Überall gleich schlecht. War flussauf-wärts von Brendon vor zwei Jahren okay, aber Vorsicht vor versunkenem Stacheldraht und Men-schen mit explodieren-den Stöcken.	Gründling, Groppe und Bach-schmerle: Smallcombe-Brücke.	Enten, Moorhühner, Blässhühner: wie Januar.	Irgendwas.
März	Aal: probiere Simonsbath-Brücke. Dort sind Ratten – gut als Bei-lage.	Das Übliche: Holcombe Burrows.	Der Karpfen-teich. Aller-dings gemei-ner Hund.	Irgendwas.

Monat	Option 1	Option 2	Option 3	Option 4
April	Aal: vielleicht Cherrybridge, hat aber letzten Januar nach Diesel gestunken.	Frösche in Shilstone. Bei der Gelegenheit im Wasser nach toten Schafen Ausschau halten.	Kleinvieh bei Holcombe. Und Beginn der Geflügelsaison.	Irgendwas.
Mai	Aal: Wurzeln unterhalb vom Flexbarrow Peak.	Laichende Flussneunaugen. Männchen am Kopf des Weibchens festgesaugt, Körper verschlungen. Zwei auf einen Schlag. Und nach dem Laichen tot oder im Sterben. Probiere unteren Barle.	Entenküken. Und Mutter dazu, wenn sie kämpft.	Irgendwas.
Juni	Aal: wo Great Woolcombe in Barle mündet.	Seebarsch: Algenwald vor Lynmouth.	Signalkrebse: Barle. Kleinkram unterwegs.	Irgendwas.
Juli	Aal: flussaufwärts gleich nach Cornham Ford.	Forelle: in die Enge treiben, nicht jagen. Vielleicht unterhalb Tom's Hill?	Signalkrebse: Barle. Kleinkram unterwegs.	Irgendwas.

Monat	Option 1	Option 2	Option 3	Option 4
August	Aal: bei Regen Balewater. Sonst gleich unterhalb von Brightworthy.	Forelle: in die Enge treiben, nicht jagen. War letztes Jahr bei Cloud Farm gar nicht übel.	Signalkrebse: Barle. Kleinkram unterwegs.	Irgendwas.
September	Aal: vielleicht im Hoar Oak Water?	Flussneunaugenwanderung. Töten im seichten Wasser in Watersmeet.	Signalkrebse: Barle. Kleinkram unterwegs.	Irgendwas.
Oktober	Bei hohem Wasserstand und besonders bei Neumond möglicherweise Glasaalwanderung. Direkt unter Watersmeet warten. Im seichten Wasser töten.	Flussneunaugenwanderung. Töten im seichten Wasser in Watersmeet.	Signalkrebse: Barle. Kleinkram unterwegs.	Irgendwas.
November	Bei hohem Wasserstand und besonders bei Neumond möglicherweise Glasaalwanderung. Direkt unter Watersmeet warten. Im seichten Wasser töten.	Zu Monatsbeginn Neunaugen: vielleicht bei Ash Bridge. Ende des Monats toter und sterbender Lachs nach dem Laichen: Rockford-Gumpen.	Signalkrebse: Barle. Kleinkram unterwegs.	Irgendwas.

Monat	Option 1	Option 2	Option 3	Option 4
Dezember	Aal: Myrtle-berry Cleave? Aber scheuß-lich dort, wenn es im Moor gereg-net hat.	Zu Monats-beginn toter und sterben-der Lachs nach dem Laichen: Rockford-Gumpen.	Strandkrab-ben, Vögel, Fischklein-kram, Signal-krebs. Dieser Hecht unter den Erlen. Würmer nach Regen. Ja, so weit ist es gekom-men.	Irgendwas.

Wobei sich ein echter Otter nicht so blumig und gewählt aus-drücken würde wie ich hier …

Ich kann mich in eine derartige Denkweise hineinverset-zen, auch eine ihr entsprechende Sprache finden. Ich habe es bereits getan. Voraussetzung dafür sind ein paar Tage ohne Schlaf, eine katastrophale, immer wieder aufs Neue geknüpfte Beziehung, die über Jahre hinweg von gegenseitigen Verletzun-gen bestimmt war, drei Tage kalter Regen, drei Tage Fasten, eine verlorene Zeltstange sowie ein böse verstauchter Zeh. Der Pro-zess lässt sich durch jede traditionelle Zermürbungstaktik be-schleunigen: weißes Rauschen; langsam auf den Kopf tröp-felndes Wasser; das Vormittagsprogramm im Fernsehen oder Radiowerbesendungen. Es hilft auch, wenn man etwas Schlim-mes angestellt hat, was sich nicht wiedergutmachen lässt, sodass man nichts mehr zu verlieren hat und sich nirgends verstecken kann.

Ich beschloss, ein relativ entspannter Otter aus Vor-PCB-Zeiten zu sein, der nachts unterwegs war. Aber man kann nicht nachts damit anfangen. Man muss den Fluss bei Tag kennenler-nen. Aus Gründen der Gesundheit und der Sicherheit und so weiter. Das ist sehr, sehr schade. Denn der nächtliche Fluss – das wahre Territorium des Otters – wird dann immer mit Bezügen zum Tag beschrieben. Der Tag ist vorrangig. Vergleiche sind daher stets verzerrt. Auf diese Weise wird der Otter durch einen Gazeschleier verhüllt, als wäre er selbst nicht schon vage genug. Doch das lässt sich nicht umgehen, vor allem wenn man Kinder mitnimmt, wie ich es manchmal tat, und sie eine fürsorgliche Mutter haben, die in der milden Brise des Lyn-Tals die Apokalypse heraufbeschwören kann.

Doch meist war ich allein, weil das dem Leben des Otters entspricht. Das gängige Bild ist das von Jungen, die an der Seite ihrer Mutter herumtollen. Was auch der Realität entspricht, und zwar etwa ein Jahr lang. Das muss sein, denn auf den Fluss ist kein Verlass. Im Februar ernährt eine Gumpe vielleicht eine komplette Familie, aber im Mai ist sie dann leer. Die Jungen können nicht ahnen, dass es im April Frösche im Sumpf gibt und erschöpfte, leicht zu fangende Lachse, die im Dezember gelaicht haben. Deshalb brauchen sie ein ganzes Jahr systematischer Unterweisung in einer geografisch vielseitigen Umgebung. Verpassen die Jungen nur eine Unterrichtsstunde, kann das tödliche Folgen haben.

Aber so viel Geselligkeit ist nicht die Regel. Sie verlangt der Mutter einiges ab. Dieses dem Stoffwechsel geschuldete Schulgeld ist eine Belastung, die sie gern schnellstmöglich wieder los wäre. Otter sind vorwiegend allein. Anders geht es gar nicht. Unsere kränkelnden Flüsse sind nicht ertragreich genug für ein geselliges Zusammenleben mehrerer Tiere. Eine Gumpe mag vielleicht einen Otter ernähren, aber schon für zwei reicht es nicht.

Und so tobte mein Nachwuchs die meiste Zeit ums Cottage herum, zerstörte das Mobiliar und führte die Kain-und-Abel-Geschichte wieder auf, während meine Frau brüllte und schier verzweifelte und ich mich dem Fluss überließ.

*

Jahrelang bin ich in den Flüssen von Exmoor geschwommen, normalerweise tagsüber und ohne Neoprenanzug, aber oft mit Maske und Schnorchel. Allerdings ist die Formulierung »Flüsse von Exmoor« großspurig, schwammig und nichtssagend. Man steigt nie zweimal in denselben Fluss, stellte schon Heraklit fest. Sehr richtig. Und man kann für jeden Augenblick immer nur eine sensorische Empfindung beschreiben. Dass diese Moment-aufnahmen miteinander verbunden sind, ist eine Täuschung. Doch um schlüssige Prosa zu schreiben, sind wir auf solche Täuschungen angewiesen: Sie sorgen für Lesbarkeit, Klang und Atmosphäre.

Würde eine Regisseurin einen Film über das East-Lyn-Tal machen, wäre die von ihr gewählte Hintergrundmusik irgend-etwas zwischen sehr einlullendem Debussy und extrem hysteri-schem Wagner. Sie würde verallgemeinern, denn ihr steht nur eine kleine Auswahl von Kategorien zur Verfügung: ungestüm, arkadisch und (um ihre Bildung zu demonstrieren) ambivalent. Doch das Tempo der Veränderungen würde sie nie richtig erfas-sen. Der Fluss kann in zehn Minuten zwischen ungestüm und arkadisch wechseln, wobei er stets ambivalent bleibt. Für den Otter hingegen, der den Fluss als angestammtes Gebiet zu betrachten scheint, und das nicht ganz zu Unrecht (obwohl er, evolutionär gesehen, ein ziemlicher Neuling im Wasser ist), wäre ein völlig anderer Sound angebracht: eher Garagenband oder schrill kreischende Fingernägel auf einer Tafel.

Eine schmerzhafte Kollision mit den Kategorien der Regis-seurin ist gegeben. Was letztlich zeigt, dass Verallgemeinerun-gen Unsinn sind; dass jeder, der die Stimmung eines bestimm-ten Ortes in der Natur heraufbeschwören will, ein Betrüger ist; dass alles, wirklich alles, im Besonderen liegt: im Detail, im Hieb, im geschlagenen Haken, in jedem hechelnden Atemzug, dem der nächste hechelnde Atemzug folgt; in den kleinen Bewusstseinsschnipseln, die aus dem Erinnerungsvermögen des winzigen Gehirns eines pfeifenden, borstigen, sich dahinschlängelnden Bastards entstehen, der von der Hast der Evolution zwischen Wasser und Wald eingekeilt wurde.

Richtung ist etwas Mysteriöses. Wenn ein Otter den Kopf unter die Oberfläche senkt, bewegt er sich tatsächlich nach oben: Er gewinnt plötzlich an Höhe. Unversehens schaut er von einem Scheitelpunkt aus in die Tiefe. Im Augenblick davor war da nur Vordergrund, die zitternde Haut des Wassers. Durch diese kleine Kopfbewegung verändert sich nicht nur der Blick: Es vervielfachen sich so die Dimensionen, in denen ein Leben möglich ist. Eine Vertiefung im Flussbett wird zum Gipfel: Wenn der Otter in der Vertiefung Forellen jagt, bewegt er sich auf einem Pfad im negativen Raum.

Ein Fluss ist eine Landschaft mit ihren eigenen Stürmen und Schattenplätzen und Löchern. In einer Schleife des Badgworthy Water, unter einem Elsternest, gibt es eine Säule absoluter Stille. Wenn man sich nur wenige Zentimeter seitwärts bewegt, wird man, schneller als eine Elster fliegt, weg- und auf die Steine hinabgeschleudert, wo seit Jahren ein altes Mutterschaf hängt. Zwischen den Rippen saß ein Aal, fett und zufrieden wie ein Bauer in einem Fachwerkhaus. An einem Februartag schlich ich mich hinterrücks an, schob dem Schaf auf der Höhe des Zwerchfells eine Grabgabel in den Torso und zog es samt zappelndem Aal ans Ufer. Während ich mich stark und männlich fühlte, biss er mich in die Eier und schlüpfte zurück ins Eozän.

Direkt unter der Schafgumpe befindet sich eine scharfkantige Felsentreppe in dem Fluss, der er momentan *ist,* der er aber nie war und nie wieder sein wird. Unter der schwankenden Wasserfläche führt sie zu einer Höhle, wo das Wasser zu langsam kreisendem Sirup wird. Die Höhle ist ein geheimes Lager für Platanensamen. Sie wirbeln da hinauf und hinunter und hinauf und hinunter. Immer wieder, so lange, bis sie verrottet sind.

Flussabwärts, gleich hinter der Treppe, färbt das Moor den Fluss, rote Erdwolken quellen hinein wie Blut nach einer Rauferei in eine Pubtoilette. Liegt man an einem strahlenden Tag im Flussbett und betrachtet den Farbfleck von unten, mischen sich die rote Erde und der blaue Himmel auf der Netzhautpalette zu einem bischöflichen Purpurviolett.

Steigt ein frisch aus dem Desinfektionsbad kommendes Schaf bis auf Brusthöhe ins Wasser, um zu trinken, stirbt alles ab, was bis zu fünfzig Meter weiter flussabwärts ist. Geht es an einem heißen Tag noch tiefer hinein, um sich abzukühlen, klärt es den Fluss auf achthundert Meter Länge.

Es gibt eine Furt. Manchmal finden sich dort Otterfährten und Losung. Einst pflegten Kutschen mit Damen in Krinolinenröcken hier schlingernd durch das Wasser zu rumpeln, es war eine ideale Stelle für faule Straßenräuber. Weil der Fluss so seicht ist, muss es eine Menge Überfälle gegeben haben, die hin und wieder zweifellos einige Hinrichtungen durch den Galgen zur Folge hatten, was wiederum zu allen möglichen anderen Dingen führte, so auch zu vielen in den Gehenkten abgelegten Schmeißfliegenlarven. Und zweifellos steckten manche Nachfahren dieser Schmeißfliegen später im Exmoor an einem Angelhaken.

Damit will ich sagen, dass der Fluss voller Geschichten ist, die keinen Anfang und kein Ende haben. In diesem Fluss aus Geschichten jagen die Otter, und in diesem Fluss jagte ich ihnen hinterher.

*

Ich war tatsächlich immer *hinter* ihnen. Stets hielt ich Ausschau nach ihren schwachen Trittsiegeln im Schlamm oder auf einer Sandbank. Immer wieder schnüffelte ich an ihren kleinen Kothaufen oder betrachtete einen alten toten Fisch, dessen Leber durch ein Loch hinter den Kiemen geschlürft worden war wie ein Milchshake. Ich war ihnen nie voraus oder auf gleicher Höhe mit ihnen. Manchmal bildete ich mir einen lachhaften Augenblick lang ein, ich hätte ihnen aufgelauert; ich wäre vor ihnen da gewesen, und sie wären auf die Bühne spaziert, die ich ihnen gebaut hatte. Denkste. Man sieht sie nur, wenn sie gesehen werden wollen. Ich hasse das. Sie schenken einem nichts – nicht einmal die Illusion von Kameradschaft. Otter verweigern sich einer wechselseitigen Beziehung auf noch empörendere Weise als Katzen. Und ihr quirliges Wesen, ihr rastloses, bebendes, gieriges Töten macht die Sache nicht besser.

Ich jagte ihnen auch im Wasser hinterher.

Es ist wichtig, lange im Wasser zu bleiben. Eine etwa zehnminütige Erfahrung ist qualitativ nicht dasselbe wie eine einstündige. Die neurobiologische Rechenweise ist seltsam. Der Unterschied zwischen zehn Minuten und zwanzig Minuten beträgt nicht zehn Minuten. Falls Sie mir nicht glauben, sollten Sie morgens früh aufstehen und sich im Schneidersitz mit geschlossenen Augen auf ein Kissen setzen und dabei versuchen, an nichts zu denken. Nehmen Sie jeden eindringenden Gedanken zwischen Zeigefinger und Daumen und schnippen Sie ihn weg. Machen Sie das drei Monate lang jeden Morgen. Und sagen Sie mir dann, ob zehn Minuten plus zehn Minuten wirklich zwanzig Minuten sind.

Das ist der Grund, weshalb ich trotz all meines Machogehabes und subkutanen Fetts einen Neoprenanzug tragen wollte. Auch weitere Argumente sprechen für diese elenden Dinger. Im Gegensatz zu mir haben Otter zwar fast kein Fett am Leib, dafür aber zwei Haarschichten: feines Unterhaar und darüber grobes Deckhaar. Sie schließen sehr effizient Luft ein, und da Luft ein sehr schlechter Wärmeleiter ist, haben sie eine hervorragende Wärmedämmung. Neoprenanzüge funktionieren ähnlich. Die Isolationswirkung entsteht vor allem durch die im Neopren eingeschlossenen Stickstoffbläschen. Es ist also durchaus ottergemäß, einen zu tragen.

*

Die Tage waren einfach. Ich tauchte ein, trieb Kopf voran flussabwärts und hielt ab und an inne, um zu tasten und zu grab-
schen.

Doch den größten Teil des Tages verbrachte ich, wie die
Otter, am Ufer liegend. Anfangs, bevor ich den nächtlichen
Fluss entdeckte, legte ich mich hin, damit ich hören und riechen und sehen konnte, was den Tag eines Otters ausmacht. Als
ich später die Nacht kennenlernte, legte ich mich hin, weil ich
von der letzten Nacht im Fluss erschöpft war und wollte, dass
all meine Sinne ordentlich arbeiteten, wenn die Sonne im Wasser versank und die eigentliche Show begann.

Otter haben viele Lieblingsruheplätze. Das ist schon deshalb
notwendig, weil ihre Territorien so riesig sind. Bei ihrer Auswahl
sind sie nicht besonders heikel. Ihre Bedürfnisse decken sich mit
meinen. Sie wollen es trocken und sicher haben und im Ideal-
fall auch ruhig. An einem ererbten Palast mit Gewölbedecken
unter einer uralten Esche liegt ihnen nichts. Ein Abflussrohr
reicht oder eine schattige Couch aus angeschwemmtem Gras
außerhalb der Reichweite streunender Hunde. Und so habe
auch ich in einem Abflussrohr geschlafen, das ein Bauunterneh-
mer vor Rochester wild entsorgt hat, es war voller Kaninchen-
kötel, Windeln und Spritzen. Ein Bullterrier watschelte herein,
er war sichtlich auf Ärger aus. Ich knurrte und hätte ihm fast
den Kopf abgebissen. Ich hoffe, er muss für immer in Therapie.
Aber normalerweise rollte ich mich einen Steinwurf vom Fluss
entfernt einfach zusammen, lauschte mit einem halben wachen
Ohr, ärgerte mich über die quasselnden Wanderer und wartete
auf die Nacht.

Für mich hat der Fluss zwei Jahreszeiten: eine des Lichts und
des Lebens und eine der Finsternis und des Todes. Frühling und
Herbst sind verzweifelte manichäische Schlachtfelder. Der Sommer atmet und pulsiert. Der Winter tut nichts – das Herz der
Welt kommt zum Stillstand. Die Welt röchelt nicht einmal
mehr.

Im Licht planschte ich und lächelte und ließ mich die Strom-
schnellen hinuntertragen, ohne auf blaue Flecken zu achten.
Der Fluss hatte wild wechselnde Stimmungen, aber immer solche, die zu seinem Alter passten.

Sofern die Sonne scheint, sieht man, egal, wo man ist, auf
dem Grund des Flusses ein Mosaik verzerrter Gesichter, eine
kubistische Hölle, in der alle einander angackern. In den jungen, geschwätzigen Oberläufen legt sich Gras auf diese Gesichter wie das Haar verrückter Weiber. Ich habe es mit kalten Fingern gekämmt. Schmerlen hingen daran wie Läuse.

Erreicht der Fluss sein mittleres Alter, werden die Gesichter
eine Zeit lang ausdruckslos, das Haar zieht sich zurück, und
seine Stimme wird zwar niemals wehmütig, verstummt aber hin
und wieder, damit er Luft holen kann. Auf den letzten paar
Hundert Metern vor dem Meer dann die Menopause, eine ent-
würdigende Lebenskrise: Ruskin auf LSD, überall herabhän-
gendes Grünzeug, vernebelnde Gischt – zu viel von allem. Der
Fluss versucht, aus diesen letzten Kilometern von Devon her-
auszuschlagen, was geht. Sobald man dann das Fauchen und
Grollen der Brandung hört, wird er wieder gemäßigter, beson-
nener. Er teilt sich seine Kräfte ein.

Egal, wo man ist, tagsüber spielt sich das meiste Leben an den
Rändern, im Verborgenen ab. Das sichtbare Flussbett ist eine
Wüste. Hin und wieder durchqueren es kühne Karawanen von
Stein zu Stein: Schwärme zitternder Elritzen, vorwärtszuckende
Groppen. Große, selbstgefällig wirkende Bachforellen wogen
im Einklang mit den Wasserpflanzen wie schwankende Kamele
im heißen Sand. Unter den Felsvorsprüngen warten Tausende
kiesfarbene Augen geduldig auf die Dunkelheit.

Nur gelegentlich blüht die Wüste. Einmal war ich mittendrin: als an einem Junitag nach einem bierseligen Lunch im
Staghunters' Inn Eintagsfliegen schlüpften.

Aus der Ferne betrachtet, schienen die Eintagsfliegen der
Atem des Flusses zu sein. Tatsächlich wurde ihnen vom Fluss

der Odem des Lebens eingehaucht. Die Oberfläche der Gumpe war eine bebende Haut aus Fleisch. Ich zog mich gar nicht erst aus. Es waren zu viele Spaziergänger unterwegs, und außerdem schlief ich schon seit Wochen in meinen Klamotten, sie konnten eine Wäsche gut vertragen. Nur aus den Schuhen schlüpfte ich und hängte meine Jacke an einen Ast, bevor ich Kopf voran auf einer Schlammrutsche ins Wasser glitt. Beim Auftauchen umschwirrte eine Fliegenwolke meinen Kopf. Dabei handelte es sich nicht um eine amorphe Wolke, sondern um ein hochorganisiertes Verkehrssystem. Die Eintagsfliegen tänzelten wie Jo-Jos knapp über der sich kräuselnden Wasseroberfläche, wobei jede dieser kleinen Wellen für sie so groß sein musste wie die Monsterwellen für die maskulinsten Extremsurfer in Hawaii. Über dem Fluss gab es feste Korridore, die fünftausend Fliegen pro Sekunde entlangrasten wie disziplinierte Verkehrsteilnehmer, die sich in der Rushhour auf der Autobahn auf der rechten Spur halten. Ich lag eine Stunde lang mit dem Kopf auf dem Mittelstreifen. Als ich ihn ein Stückchen zur Fahrbahn hin verrückte, flogen mir die Fliegen aus der einen Richtung in Mund und Augen; die Fliegen aus der Gegenrichtung prallten sachte gegen meinen Hinterkopf. Eine Stunde nachdem der Fluss die Eintagsfliegen herausgepustet hatte, atmete er sie wieder ein. Ich wusste nicht, ob ich angesichts dieser Mutwilligkeit lachen oder weinen sollte.

Normalerweise hielten sich die Bachforellen im Schatten, wenn ich ihnen im Wasser begegnete, doch sie liebten das Töten mehr, als sie das Strampeln meiner cordbehosten Beine und meiner im Karohemd steckenden Arme fürchteten, und schossen an mir vorbei zur Oberfläche wie Matronen, die sich beim Leichenschmaus nach einer überlangen Beerdigung mit spitzen Ellbogen den Weg zum Büfett bahnen. In der Welt der Forellen waren die Eintagsfliegen ein sie überwölbendes Dach aus Hacksteaks. Stellen Sie sich einmal vor, Ihre Zimmerdecke würde sich unversehens in einen Hamburger verwandeln. Da würden

Sie bestimmt auch nach oben schauen, und genau das taten die Fische und futterten sich durch das Hamburgerdach hindurch.

Irgendwo zwischen dem Bärlauch kauerte frustriert ein großes Ottermännchen, das ungeduldig mit den Füßen zuckte. Fische, die so blindlings und fressgierig auf Beute aus waren wie diese Forellen, waren selbst leichte Beute. Aber da zappelte ein fetter Mensch die Gumpe leer. Ich spürte seinen in der Sonne bitter werdenden Groll. Es ist das einzige Gefühl, das mir je von einem Otter übermittelt wurde.

Als ich mich die Schlammrutsche wieder hochgezogen hatte und am Ufer trocken schüttelte, stellte ich fest, dass jemand meine Jacke geklaut hatte. Ich wünschte ihm viel Glück damit, es überraschte mich und schmeichelte mir, dass jemand den Gestank ertragen konnte. Was bei meinen Schuhen, wenig überraschend, nicht der Fall war. Ich schlappte, noch immer tropfend, den Hügel hoch zum Abendessen. Während ich mich der Moussaka widmete, wurden die Eintagsfliegen, die den Forellen zu viel gewesen waren, in der Brandung der Lynmouth Rocks zu Eiweißmasse verquirlt.

Doch normalerweise passierte bei Tageslicht im Wasser biologisch nicht allzu viel. Ich trieb oben, beobachtete und sammelte Koordinaten; die Tage waren geprägt von den Lidschlägen meiner prüfenden Augen, nicht von zuschnappenden Gebissen, von der Anordnung von Bildern zu einem groben Mosaik, nicht von der Zerstückelung von Tieren.

Wir picknickten und spielten am Ufer Cricket, wobei uns Steine als Bälle dienten und Rotwildoberschenkelknochen als Schläger. Wir schliefen an seichten Stellen, weihten unsere Losungsplätze ein und verteidigten sie, verglichen, welche Maden die Fische, welche die Vögel und welche die Säugetiere vertilgten, aßen eine Menge roher Fischleber und befolgten (eine Woche lang) die Regel, dass es nur Cider zu trinken gab, wenn wir mindestens fünf verschiedene Arten von Zugvögeln gesehen oder gehört hatten. Und wir entdeckten im Flussbett ein kelchförmiges Loch, in dem die noch vollständigen Kadaver eines Steinschmätzers und eines Schwarzkehlchens lagen.

*

Das war die Saison des Lichts. Was stets darüber dräute wie ein Lehrer, der mich bei einer vergnüglichen Ablenkung ertappen wollte, war die Saison der Dunkelheit.

Ich kann nicht mehr so tun, als ob der Winter toll wäre. Lange habe ich versucht, mir vorzumachen, dass das Land nicht tot ist, sondern sich nur ausruht, sich neu sortiert und das noch unfertige Leben in sich hätschelt, und dass ebendas auch mir widerfährt. Aber es klappt nicht mehr. Mag es aus biologischer Sicht auch Unsinn sein, für mich ist das Land tot. Ich empfinde keine Solidarität mehr dafür. Es ist tot und ich nicht, denn sonst würde ich nicht so panisch reagieren. Und dass das Land tot ist, nehme ich ihm übel. Ich habe ihm stets die Treue gehalten, und nun behandelt es mich so! Es geht und stirbt einfach, gerade dann, wenn man es braucht. Natürlich kommt es zurück, aber das ist eine Wiederauferstehung und keine Reanimation. Ich brauche die Erlösung nicht irgendwann, sondern jetzt. Nicht einmal ein schwacher Herzschlag ist zu hören, als ich im Januar mein Ohr an den Waldboden presse. Der Dunst, der aus dem Kar aufsteigt, ist nicht der langsame Atem kalter Bäume, sondern der geruchlose Gestank von längst Verstorbenem.

Es gibt auch im Winter ein gewisses Leben, ich weiß. Wat- und Wasservögel kommen ans Ufer, auf dem Anger sind Rot- und Wacholderdrosseln. Aber sie erinnern an Maden, die sich am Kadaver des Jahres laben; es ist ein scheußliches Treiben. Unterdessen sitze ich mit einem Glas Cider und einem Buch vor dem Kaminfeuer und werde fett und kalt und verbittert. Ich harre aus und mache für jeden Tag einen Strich an der Zellenwand.

Das ist keine gute Voraussetzung, wenn jemand ein Buch über die Natur schreiben will. Ich sollte eine fröhliche Faszination für alle Gesichter der Landschaft vortäuschen und heiter über die Freuden von Stürmen und Frösten und Wollsocken plaudern. Aber das kann ich nicht. Ich bin ein unzulänglicher Autor eines unzulänglichen Buchs. Die Otter bleiben, wenn die Sonne geht, doch ich bin kaum bei ihnen.

Ich habe versucht zu bleiben, ich habe es wirklich versucht. Aber ich tat es nur der Form halber. Und manchmal war es ziemlich anstrengend, die Form zu wahren. Ich trieb und stolperte im Dezember von Badgworthy nach Watersmeet hinunter – stolperte deshalb, weil mir die Propriozeptoren in meinen Gliedmaßen nicht mehr mitteilen wollten, wo sich diese Gliedmaßen befanden. Im Januar stöberte ich zwischen den überfluteten Wurzeln von Uferbäumen herum, weil ich erwartete, dass dort schwerfällige große Fische dösten, aber nichts – nur meine Finger wurden blau. Und da ich wusste, dass die Kälte und der drängende Kalorienbedarf die Otter auf noch ausgedehntere Wanderschaft schicken würden, stapfte ich unermüdlich Flussufer und Wasserscheiden entlang, um mit den Ottern in Kontakt zu kommen – oder wenigstens mit irgendetwas außer mir selbst. Es gelang mir nicht. Ich fühlte mich, als säße ich in der Bodleian Library in Oxford, von E-Mails belagert, das Gehirn zermartert und zermürbt von den Nickeligkeiten des Alltags. Ja, das tat die Kälte des Moors mir an. Mit dieser Quälerei musste Schluss sein, damit mein Gehirn wieder arbeiten und Dinge erfassen konnte. Solange die Sonne nicht zurückkam, gab es nicht einmal den Hauch einer Chance auf Einfühlung oder wenigstens halbwegs anständige Beobachtungen am Flussufer. Doch als sie es dann tat! Als sie es endlich tat, brach sich das euphorische Jauchzen des Depressiven in gewaltig anschwellenden Kadenzen Bahn. Ich war nicht mehr nur ein zweibeiniger Schnüffler oder mit Kot Markierender, ein schlecht gelaunter, stur vor sich hin stapfender Sammler von Adjektiven, sondern wurde zu einem aufblühenden Schamanen, dessen unerträgliche Anmaßung jegliches Zusammenleben mit ihm unmöglich machte.

Doch mit dem Winter kam ich nicht zurecht. Sie sollten sich fünfundzwanzig Prozent des Buchpreises erstatten lassen.

Daraus ziehe ich einen wichtigen Schluss: Ein depressiver Schamane, Jäger oder Naturforscher kann nicht arbeiten. Augenscheinlich kann eine verdüsterte Seele den dünnen Schleier zwischen den Spezies nicht durchdringen. Die Metaphysik dahinter verstehe ich nicht. Aber es scheint, dass man ein intaktes Ich haben muss, um ein anderer zu werden, und Depression untergräbt das Ich über einen kritischen Punkt hinaus. Vielleicht ist es für einen Menschen ja nur eine extreme Form von Einfühlung, ein Tier zu sein – die sich im Grunde nicht davon unterscheidet, ein einfühlsamer Liebhaber, Vater oder Kollege zu sein. Ist man depressiv, kümmert man sich vielleicht einfach zu obsessiv um sein angeschlagenes Ich, sodass man weder die Energie noch die nötige Aufmerksamkeit für Einfühlung aufbringt. Auch die Art und Weise, wie wir meinen, uns um uns selbst kümmern zu müssen, basiert auf völlig falschen Vorstellungen. Ihnen liegt die verheerende Fehleinschätzung zugrunde, dass einem weniger von sich bleibt, wenn man sich selbst verschenkt. In Wirklichkeit (und das wissen wir auch, wenn die Sonne scheint) ist natürlich das Gegenteil der Fall.

Aber vielleicht bevorzugen Sie auch die epische Sprache der Schamanen. Die Reise zwischen den Welten ist anstrengend und für Menschen mit einer Behinderung nicht durchführbar. Erinnern Sie sich an die Vorschriften aus dem Buch Levitikus, dass keiner mit einem körperlichen Makel Priester werden solle? Außerdem beruht die schamanische Welt auf einer Kultur des Gebens, wobei das geforderte Geschenk das einzige ist, das man geben kann, nämlich sich selbst. Die Ottergeister, die das Tor bewachten, werden einen nicht mit ihren Pfoten zu dem opulenten Aalbüfett hereinwinken, wenn man humpelt oder ein bloßes Abbild seiner selbst, mit Lilienblättern und rotem Bändel verziert, vor sich herträgt. Sie wollen das echte Ich.

*

Im Licht des Tages hatte ich meine Lehrzeit hinter mich gebracht und meine Karten gezeichnet. Doch die Nacht, das wahre Leben, wartete noch auf mich. Ich hatte den Moment immer und immer wieder hinausgeschoben. Es ist eine Sache, als Dachs durchs mondbeschienene Farnkraut zu tollen – dabei fühlt man sich nicht anders als ein Pfadfinderwölfling bei seinem ersten Zeltlager. Doch um Mitternacht auf dem Grund einer Gumpe zu liegen, während Dinge aus einer fernen Zeit um einen kreisen, ist etwas ganz anderes. Es ist, wie tot zu sein. Ich musste in den Fluss geschubst oder von der Aussicht auf eine spannende sensorische Erfahrung hineingelockt werden. Der Fluss war nett. Ich wurde gelockt. Nach einem Abend mit Billard und ein paar Bier im Staghunters' Inn tauchte ich in eine von Sternen nur wenig erhellte Dunkelheit ein.

Das Staghunters' ist ein angenehmer Ort mit Geplauder, Klacken, Klirren und Kichern. Als ich meine (neue) Jacke anzog, mich verabschiedete und hinaus zu dem neben der Straße plätschernden Flusslauf trat, veränderten sich meine Ohren: Anfangs waren sie noch klein und befanden sich wie gewohnt an den Seiten meines Kopfes. Fünfzig Meter die Straße hinunter hatten sie die Größe von Kohlköpfen und fingen an, sich zu drehen. Nach weiteren fünfzig Metern reichten sie mir bis zu den Knöcheln, und ich hörte die Wühlmäuse besser als die Eulen. Wieder fünfzig Meter weiter hatten sie sich vervielfacht und sprossen wie Schwammpilze aus meiner Brust und meinen Seiten hervor. Als ich fünfzehn Minuten später durch den Wald hoch zum Kamm kletterte, passte sich meine Netzhaut an und verlieh mir Dachsaugen. Wenn ich nackt in den Fluss springen würde, dachte ich plötzlich, hätte ich doppelte Augenpaare, und der Fluss würde mir dazu einen Haufen neuer Ohren spendieren.

Also überquerte ich in der nächsten Nacht die Brücke und ging den Pfad entlang (wobei ich den Hundehaufen auswich, an die ich mich erinnerte), zog mich bei einer Esche aus, stellte mich auf einen Felsen wie ein allzu wohlgenährtes Opfer, das einem missgünstigen griechischen Gott dargebracht werden soll, und sprang mitten in den Lachsmännchenschwarm hinein. Als ich den Kopf durch die Schicht aus Schaum und Eintagsfliegen wieder herausstreckte, hatte ich eine dicke, wie aussätzig aussehende Haut aus nahtlosen Ohren wie die Facettenaugen von Schmeißfliegen, und jedes saugte Geräusche auf. Das war am Anfang viel zu viel Wahrnehmung für meine Sinne. Mein Gehirn wusste, was es mit Geräuschen anfangen sollte, die seitlich in meinen Kopf gelangten. Aber mit Lautreizen von meinem kleinen Zeh und meiner Schulter konnte es nicht umgehen. Diese Überlastung und die ungewohnten Einfallswinkel machten es benommen, und es begann zu nörgeln, so wie Magen und Bogengänge nörgeln, wenn man mit einem Bauch voller Zuckerwatte auf der Kirmes umhergeschleudert wird. Doch dann riss sich mein Gehirn am neuronalen Riemen, merkte, dass es der Aufgabe gewachsen war, die von den fernen, absonderlichen Außenposten gesendeten Nachrichten zu koordinieren, und blähte sich vor Besitzerstolz. Es verkündete, dass dieser Körper stark und jung sei und sehr wohl in der Lage, mit neuem, merkwürdigem Stoff umzugehen. »Hast du noch nie mit deinem Knie gehört?«, fragte es. »Ha! So was nennt sich Mensch!«

Im Wasser werden Töne viermal schneller übertragen als in der Luft. Wenn man im Wasser ist und sich vor allem aufs Hören und Fühlen verlässt anstatt aufs Sehen, schrumpfen Entfernungen faszinierend zusammen. Ein Flusskrebs, der fünfzig Meter weiter über Kies klackert, klingt, als wäre er nur eine Armlänge entfernt. Das Wasser, das einem in die Ohren gelaufen ist, wirkt wie ein Megafon. Wenn man sich nur auf den Hörsinn verlässt, erscheint alles größer. Diese klackernden Krebsscheren sind monströs. So etwas taucht sonst nur in entsetzlichen Träumen aus dem Jurazeitalter auf. Die nächtliche Gumpe ist etwas Gewaltiges, ein Spielfeld der Mythen und Sagen.

Jeder, der schon einmal gutes Geld ausgegeben hat, um in einem Floating Tank zu liegen (warum tut das überhaupt jemand, wo es doch Flüsse gibt?), weiß, was passiert, wenn man einen Sinn herunterdimmt. Dann werden alle anderen etwas weiter hochgedreht. (Sie auf volle Kraft hochzufahren ist ein Yogaabenteuer.)

In jener ersten Nacht im Fluss benutzte ich eine Taschenlampe. Einmal und nie wieder. Taschenlampen sind etwas Abscheuliches. Sie beleuchten nicht, sie verdunkeln. Sie berauben die Nacht ihrer Farbe und frieren Tiere mitten in der Bewegung ein. Die Stäbchen in unserer Netzhaut, die bei niedriger Beleuchtungsstärke arbeiten, erzeugen schwarz-weiße Bilder. Doch ob durch irgendeine immense Raffinesse der Netzhaut oder durch einen cleveren Rechenprozess im Gehirn, jedenfalls sind die nächtlichen Grautöne so vielfältig wie mittags das Spektrum des Regenbogens. Dabei übersetzen wir nicht nur eine bestimmte Kombination von Grautönen in die Farbkombination, von der wir wissen, dass sie ihr entspricht. Die Mysterien der Neuroalchemie gehen weit darüber hinaus. Unser nächtliches Gehirn gaukelt uns nicht nur in armseliger, aber überzeugender Weise vor, es wäre Tag. Es bewirkt eine umfassende Übertragung unseres Gehirns in das Gehirn eines nächtlichen Wesens – eine der vollständigsten und erfreulichsten Metamorphosen, die wir erfahren können. Wie jeder Gnadenerweis ist auch dieser fragil, und unser Instinkt drängt uns, ihn zu zerstören. Was leicht getan ist. Einmal den Schalter betätigt, und man ist wieder zurück in einer Welt, die gar nicht existiert, weder tags noch nachts. Man ist ein Lithium-Cadmium gesteuertes Geschöpf geworden. Wir haben ein ungesundes Verlangen nach Nichtorten, Nichtessen, Nichtmenschen. Und deshalb kaufen wir Taschenlampen.

Menschen, durch ein kaltes Bad bionisch gemacht, können im Fluss die wunderbarsten nächtlichen Dinge sehen, hören und fühlen (bevor die Kälte ihre periphere Wahrnehmung blockiert). Am Tag ist der Fluss frigide. Zwar wiegen sich die Algen recht hübsch, jedoch wie ein steriles OP-Tuch ohne jede erotische Verheißung. Sie könnten ebenso gut eine Tapete oder eine überkuratierte Ausstellung in einem klinisch ausgeleuchteten, zentralgeheizten Museum sein. Aber nachts greifen sie nach den Beinen und streicheln bis hinauf in den Schritt. Tageslicht spült Farbe aus den Algen, doch wenn die Sonne untergegangen ist, stehlen sich die lüsternen Schwarz-, Rot- und Brauntöne zurück. Im dunklen Wald gerinnt die Nacht; im Fluss diffundiert die Nacht in eine Lösung.

Die erste Flussnacht verdarb mir die Tage am Fluss. Doch nicht einmal die Nacht wog den Winter auf.

*

In meinem ersten Sommer am East Lyn fand ich einen Platz, wo das Wasser durch eine Engstelle in eine tiefe Gumpe strömt. Es fließt dort so schnell, dass es direkt bis auf den Grund der Gumpe spritzt, und trägt die Luft mit sich, die es auf dem steinigen Boulevard vom Moor hinunter gesammelt hat – eine Luft voller Grün und Vogelgesang. Das Wasser trifft am Grund der Gumpe auf den Felsen auf, wirbelt wieder hoch bis zur Oberfläche und windet sich dabei wie eine unergründliche Doppelhelix um die nach unten spritzenden Bläschen. Am ersten Tag hielt ich mein Gesicht hinein und machte mir eine Maske aus Luft, mit flatternden Bändern am Kopf wie silbernen Dreadlocks. Solange sich mein Gesicht im Wasserstrahl befand, hatte ich eine Million Facettenaugen, als wäre ich eine riesige Fliege.

Sie zerteilten das Licht und schossen es mit einer Gewalt auf meine Netzhaut, die meine normale Sicht alt und müde wirken ließ. Ich formte die Bläschen wie ein Töpfer den Lehm auf der Töpferscheibe: Ich verpasste der Helix eine Taille und zog sie in einzelnen Streifen nach oben. In der Saison des Lichts suchte ich die Gumpe andächtig einmal pro Woche auf. Diese Momente wurden zu meinem Sabbat.

Auch Otter nehmen sich Auszeiten von ihrer manischen Hektik. Sie spielen grundlos mit dem Wasser – zumindest wenn allein die Zufuhr von Kalorien und die Maximierung von Reproduktionspotenzial als akzeptable Gründe gelten. Das tun sie allerdings nur im Frühling, wenn das Verhältnis von Input und Output ausgeglichen ist. Dasselbe galt auch für mich.

Als der Frühling mir mein altes Ich zurückgab (wie wunderbar, die Wörter »Frühling« und »Ich« zum ersten Mal seit Oktober wieder in einem Atemzug nennen zu dürfen), krabbelte ich aus der Erde, ein hoffnungsvoller Entflohener aus dem dunklen Lager hinter mir, und schlüpfte, nach Offenbarung dürstend, ins Wasser.

»Du spürst die Veränderung in deinem Gesicht«, knurrte ein schottischer Farmer, den ich kannte. Er sprach über das Wetter oder die Pubertät oder das giftige Tauchbad der Schafe oder Orgasmen. Aber als eine generelle Beobachtung der Welt ist es nicht schlecht. Ich spürte tatsächlich die Veränderung in meinem Gesicht. Es malte sich zwar noch kein Grinsen darauf, aber die Möglichkeit war wieder gegeben.

Otter erfahren die Welt hauptsächlich durch die Veränderung in ihren Gesichtern. Ihre Gesichter sind Meißel, die die Schichten des Flusswassers zerteilen. Sie sind der erste Körperteil des Tieres, der die plötzliche Grenze zwischen dem seichten, warmen Wasser oberhalb von Rockford und dem alten, kalten, grünen Wasser aus den dunklen, schlammigen Becken überschreitet. Das ist so weit nichts Besonderes. Überraschend ist jedoch die Intensität des Gefühls.

Über meinem Schreibtisch hängt der Kopf eines großen Otters, der in den Dreißigerjahren irgendwo in Dorset von Hunden zur Strecke gebracht wurde. Er blickt trotzig und kämpferisch, was er zweifellos war, als sein letzter Versuch fehlschlug, der Umzingelung durch Donnerstöcke zu entkommen, und er sich schließlich umdrehte, um dem laut bellenden Anführer des Rudels die Hoden abzureißen.

Seine kämpferische Ausstrahlung liegt unter anderem an seinen kriegslüstern preußischen Schnurrhaaren. Sie erzählen von Verträgen und Grenzverletzungen, von qualmenden Kanonen und mehrfachen Amputationen. Mit anderen Worten: Sie sind lang, dick und steif.

Und tief in seine Gesichtshaut eingelagert. Bei dem noch lebenden Tier wurzelte jedes Schnurrhaar in einem dicht gewebten Netz aus Sinnesrezeptoren. Von dort aus verliefen dicke Nervenstränge zu diesem fiebrigen Gehirn, das die Informationen miteinander abglich und in ein Bild von der Welt übersetzte. War es eine visuelle Darstellung? Lautete das Resultat in etwa: »Fischig und essbar ein Meter in Richtung Nordnordwest« und war illustriert mit einem Fisch, erzeugt durch ein Summen in der Sehrinde und weitergeleitet an Pfoten, Zähne und Appetit? Ich nehme es an.

Weder Geruchssinn noch Gehör des Otters reichen für etwas anderes als eine solche Kennzeichnung aus, und eine gewisse Kennzeichnung ist unabdingbar. Unter normalen Umständen übersetzen wir ins Visuelle: Der Geruch von Feuer oder einer Frau wird zu einem Gemälde; eine musikalische Kadenz beschwört das Bild von einer Landschaft oder vom ersten Konzertsaal herauf, in dem wir sie gehört haben. Nur in extremen Situationen – und vor allem beim Sex – stockt die Übersetzung, und wir erfahren Berührung oder Geruch oder Geräusch als das, was es ist, als Liebkosung, Moschus oder Keuchen. Am ehesten ähneln wir einem jagenden Otter, wenn wir mit der oder dem Geliebten im Bett sind.

Das Wissen um den nahen Tod ließ bei meinem preußischen Otter als Erstes die Backen im Inneren erzittern. Wie er da im Fluss lag, alles bis auf die Nasenlöcher unter Wasser, hörte er wohl zuerst das Geschwätz über Fährten und Seitensprünge auf dem Land und den Jagdball und wie wenig der Kuchen gemundet hatte, bevor ein Hund aus dem Gehölz unter den Erlen zu bellen anfing. Andere fielen ein – ein dröhnender, bedrohlicher Chor. Ihm wehte vielleicht auch ein Hauch von Königinnenpastetchen und Haarpomade um die Nase und der saure Urin und Kalbfleischrülpser der aufgeregten Hunde. Doch nichts davon war sonderlich wichtig, all das hatte er auch schon früher erlebt. Als sich jedoch die Druckwellen der rasenden Hundebeine am Baum des Eisvogels brachen und im Wasser fortsetzten bis zu diesen Schnurrhaaren, wurde die Lage ernst. Selbst da war erst einmal nur Schläue gefragt – kein Grund zur Panik. Doch als das Wasser hart und direkt an die Backen übertrug, dass die Hundebeine rasend dahinstampften, war es an der Zeit, loszuflitzen und kehrtzumachen und alle anderen Pläne sausen zu lassen. Und als die Backen schließlich klein beigaben und das Sehvermögen die Kontrolle übernahm, war es schon zu spät.

Obwohl Nervenstränge und die entferntere Reizverarbeitung wichtig sind, bleibt die lokale Wahrnehmung in den Backen zweifellos hochintensiv. Der Kopf des Otters muss wie eine ständig angeschwollene Eichel auf der Suche nach immer noch mehr Empfindung drängend in die Welt hinausstoßen.

Es gab nicht viel, was ich tun konnte, um meine Backen zu schulen. Jedenfalls half es nicht, dass ich mir Schnurrhaare wachsen ließ. Mein Gesicht wurde eher gefühlloser. Denn weder waren die schlaffen Dinger in eine reizbare Masse von Nervenenden gebettet, noch bewegten sie sich groß im Wind oder im Wasser oder bei Berührung, sodass sie den Nerven nicht viel übermittelten. Ich war weit besser dran, wenn ich mich möglichst gründlich rasierte, bevor ich in den Fluss sprang, und die Pest dieser betäubenden Rasierwässer auf Alkoholbasis vermied, die vermutlich wie ein Schafdesinfektionsbad alles Leben in der Natur abtöten.

Dennoch kann ich nachvollziehen, wie sich so eine Backenfixiertheit anfühlt. Es ist eine viel intimere Geste, jemandem über die Wange zu streicheln, als nach unten zu greifen und die Genitalien zu berühren. Entsprechend ist ein Kuss erotischer als Geschlechtsverkehr. Jeder weiß, dass Prostituierte nicht küssen: Es gibt ein paar Dinge, die man nicht für Geld kaufen kann.

Ich bemühte mich, bewusster mit meinem Gesicht durch die Welt zu gehen. Ich neigte den Kopf, wenn ich einen Raum betrat. Und versuchte, mich neuen Bekanntschaften nicht mit ausgestreckter Hand zu nähern (obwohl man mir seit meiner Geburt gepredigt hatte, dass Gentlemen genau das tun) und auch nicht mit prahlerisch breitbeinigem Gang (wie es mir in der Privatschule nahegelegt worden war, weil man dadurch unmissverständlich zeigte, dass man ein Mann war, der mit seinen Beinen durch fremde Länder marschieren und Arbeiter in den Hintern treten konnte).

Da ich länger bei den sexfreien, in Mittelschichtskreisen üblichen Wange-an-Wange-Begrüßungen verweilte, galt ich bereits als Sonderling. Ich schmiegte mich an Rasenflächen, Stühle, Türrahmen, Kuchen, Tischdecken, Bäume und Züge. Lange lag ich in Flüssen und betrachtete die Strömung, ich ermahnte mich, auf die Form der Wasserstrudel und -riffeln zu achten, die ich mit meinem Scheitel schuf, und auf die fahrigeren, zornigen, die meine Nase kreierte. Ein Pferdeegel saugte sich an meiner Lippe fest, was ich erst nach einer Stunde bemerkte.

Das alles war ziemlich albern. Kaltes Wasser macht das Gesicht taub, und obwohl ich ein bisschen mehr von meiner Sinneswahrnehmung auf mein Gesicht konzentrieren konnte, schaffte ich es nicht, dass es sich wie Fingerspitzen verhielt – nicht einmal wie meine eigenen Fingerspitzen, die von arktischen Frostbeulen und schottischem Geröll stark in Mitleidenschaft gezogen worden waren.

Allerdings, so wurde mir allmählich klar, konnte ich meine Finger zu Schnurrhaaren machen. Jedes anständige somatotopische Schaubild hätte mir sagen können, dass das ein vernünftiger Ansatz war. Tatsächlich ließ sich die neurologische Welt des Otters damit ziemlich gut nachbilden. Ich konnte meinen Fingern zwar nicht beibringen, die Konturen des Flusses den Druckwellen nach zu decodieren, wie es meiner Vorstellung nach die Sinneshaare der Otter tun. Aber im Allgemeinen arbeiten diese Sinneshaare nicht allein wie eine einzelne Antenne auf einem hohen Berg, sondern im hektischen, blutigen Einklang mit Zähnen und Vorderpfoten.

*

Wir alle haben faszinierende Unterwasseraufnahmen gesehen, in denen Otter mit sinfonischer Eleganz und Grandezza in riesigen Aquarien riesige Fische jagen, genau wie Geparden in der Serengeti die Antilopen (und oft mit derselben Filmmusik), im Zickzack und mit Kehrtwenden in einer Geschwindigkeit, dass sie sich eindeutig durch den virtuellen Raum zwischen den Wassermolekülen bewegen und nicht durch das Wasser selbst. Die Vorstellung endet mit dem triumphierenden Otter, der sich im seichten Wasser abmüht, den toten Fisch in Position zu legen, um dann einen Happen aus seiner Schulter zu beißen beziehungsweise von dort, wo ein Fisch die Schultern hätte.

Vergessen Sie's. Zumindest was die meisten englischen Otter und die meiste Zeit betrifft. Ich habe in den Otterlosungen in Devon kaum je Gräten eines größeren Fischs gesehen. Unsere schwer unter Druck stehenden Otter müssen sich oft mit Option 2 und 3 der Tabelle zufriedengeben. Sie gründeln, drehen mit den Vorderpfoten Steine um und hoffen darauf, dass eine panische Groppe an ihren Schnurrhaaren vorbeistreift. Wie James Williams, der »Ottermann« aus Somerset, beobachtete, ist es eine Art Cricket: Der kleine Fisch prallt in einem bestimmten Winkel vom Schläger ab, und der Fängerotter taucht nach der Beute. An so einer Groppe ist nicht viel dran, aber es gibt viele davon, und das das ganze Jahr über, außerdem verbraucht so ein bisschen Fangen weniger Energie als eine von Tschaikowsky untermalte Jagd nach großem Getier.

Otter grabbeln mit viel Tastsinn. Und ziemlich effektiv. Grabbeln kann ich ebenso wie sie, nur kommt weniger bei mir heraus. Wie jeder habe ich versucht, einen großen Fisch zu fangen, und wie jedem, der nicht mit einem Speer bewaffnet ist, ist es mir misslungen (außer einmal, mit Schwimmflossen in einer Bucht in Kintyre; als ich eine Forelle am Schwanz fasste, hielt ich mich für Gott).

Vor allem grabbelte ich im Badgworthy. Am leichtesten ist es in seichtem Wasser, wo man mit dem Gesicht nach unten liegen und durch einen Schnorchel atmen kann. Oft benutzte ich nur den Schnorchel und keine Maske, weil ich hoffte, dass mein Gesicht und meine Finger dann lebendiger wären. Mehr oder weniger blind drehte ich Steine mit der Nase oder den Händen um. Wenn meine Nase zum Einsatz kam, bildete ich mit den Armen einen Kreis, um die Beute darin zu fangen. Benutzte ich die Hand, schob ich den Kopf direkt an den Stein, um so schon einmal einen der möglichen Fluchtwege zu blockieren, während ich das Ausweichen auf andere mit Bewegungen des freien Arms zu vereiteln versuchte.

Meine Erfolge hielten sich in Grenzen. Es gelang mir, ein paar gefleckte Bachschmerlen zu erwischen und eine aufsässige Groppe. Ein desorientierter Stichling hielt meinen Mund wohl für eine Höhle und schwamm hinein. Seine zuckenden Stacheln kratzten über meinen Gaumen wie die Sonde eines Zahnarztes mit Parkinson. Ich hätte ihn zwischen meinen Füllungen zerdrücken und hinunterschlucken sollen. Aber ich konnte es ebenso wenig, wie ich eine Maus zertreten kann. Mein Unvermögen widerspricht jeder Logik. Schließlich zahle ich gutes Geld dafür, dass andere Menschen brüllende Rinder zum

Schlachthof zerren, damit wir einen Sonntagsbraten haben. Natürlich bin ich nicht der Einzige mit dieser verqueren Logik, was die Sache vielleicht sogar verschlimmert, auf jeden Fall aber uninteressanter macht. Es geht um Distanz und darum, dass Schuldgefühle um ein paar Ecken herum leichter zu ertragen sind; um die kleinen physiologischen Details des Todes, die uns moralisch eher berühren als eine Vielzahl guter Argumente; um die Tatsache, dass physische Nähe eine Beziehung suggeriert, sogar wenn es sich um ein sehr einfaches Tier handelt, und dass fast jede Art von Beziehung das Töten schwerer macht.

Ich habe einmal einen Fisch mit meinen Zähnen getötet, aus Versehen, als ich noch sehr klein war. Es geschah an einem Teich in Yorkshire, wo ich ein Marmeladenglas voll kleiner dahin-flitzender Dinge vor mir hatte, darunter auch eine Elritze.

»Steck sie in den Mund«, sagte Chris. »Trau dich!«

Und ich gehorchte. Ich tat sogar so, als ob ich kauen würde. In einer frühen und dramatischen Illustration des schrecklichen Prinzips, dass man leicht zu dem wird, was man vorgibt zu sein, biss ich sie versehentlich entzwei. Ihre matschigen Innereien voller Mückenlarven und Wasserwürmer glitten mir über die Zunge. Ihr stromschlagartiges Todeszucken ließ mein Zahn-fleisch kribbeln. Ich spuckte sie in den Teich. Noch als sie zap-pelte, schwamm ein Elritzenschwarm heran, um sie zu fressen.

»Cool«, sagte Chris entsetzt.

»Das war gut«, sagte ich noch viel entsetzter.

*

Ich hatte nicht viel Spaß daran, Steine umzudrehen, was haupt-sächlich an meiner Phobie vor Neunaugen lag. Diese Phobie ist ein weiterer Grund, warum ich nicht geeignet bin, dieses Kapi-tel zu schreiben. Denn Otter lieben Neunaugen.

Meine Phobie ist biologisch unbegründet. Im Badgworthy Water gibt es hauptsächlich Bachneunaugen, die nicht an anderen Fischen schmarotzen; und Flussneunaugen, die hier viel seltener vorkommen, haben Besseres zu tun, als sich durch die dicke Hülle eines großen Säugetiers zu bohren. Trotzdem bekam ich das Bild nicht aus dem Kopf: das Festsaugen und diese raspelnden Kiefer, die sich in die Seite fraßen und dann weiter und weiter hinein in die inneren Organe, bis der Wirt stirbt. Dann windet sich das fette Neunauge geschmeidig zwischen den Rippen heraus und ist auf und davon, um zu laichen oder sich einen neuen Wirt zu suchen.

Vedius Pollio überlegte, einen seiner Sklaven zu töten, der einen Becher zerbrochen hatte, indem er ihn in einen Teich voller Neunaugen warf. Der Sklave schrie (ich höre die Schreie bis heute) und bettelte, man möge ihn auf andere Weise umbringen. Erschüttert darüber, setzte Kaiser Augustus, der in der Villa weilte, das Urteil außer Kraft und befahl, auch alle übrigen Becher Pollios zu zerbrechen. Gut so.

Mit derlei Dingen beschäftigte ich mich also, als ich auf dem Grund des Badgworthy Water lag.

Neunaugen sind ein ernsthaftes Argument, die Güte oder Allmacht Gottes anzuzweifeln.

Und so könnte man zu dem Schluss kommen, dass alle, die sie begeistert umbringen, Kämpfer für das Gute sind. Dieser Gedanke hat noch am ehesten warmherzige Gefühle für Otter bei mir geweckt.

*

Im Großen und Ganzen ist unsere Beziehung zu Fischen emotional unkompliziert. Kein Kind liebt Goldfische. Und der Magnat, der Riesensummen für Koi-Karpfen hinblättert, liebt das Preisschild oder den Status oder die damit verbundene technische Ausstattung oder die bloße Idee oder, in seinen besseren Momenten, ihr schwermütiges, langsames Hin- und Herziehen, also das Tempo des Fischs. Doch niemals den Fisch an sich. Wenn ein verzweifelter Otter einbricht und den Herrscher des

Koi-Teichs an seinem goldenen Kopf herauszieht, werden die Kinder nicht sentimental seine sterblichen Überreste streicheln und sie bestatten.

Ein Mann träumt nicht davon, wie er mit seinem BMW Gas gibt, um ein Kaninchen zu überfahren, aber er wird ungeniert eine Makrele am Angelhaken aus dem Wasser ziehen und sie mit einem Lächeln in die Kamera halten (für sie eine Reise so weit und bedeutsam wie für einen Menschen die Raumfahrt zum Jupiter), bevor sie zuckend an Deck erstickt. Derselbe Mann hängt möglicherweise, ohne mit der Wimper zu zucken, einen lebenden Fisch an den Haken und lässt ihn krampfartig mit den Flossen schlagen, weil er hofft, dass ein größerer Fisch anbeißt. Wenn es um Fische geht, mangelt es unserer Spezies von Geburt an merkwürdig und fast vollständig an Vorstellungsvermögen und Empathie.

Bei Krustentieren ist es komplexer. Ja, wir werfen sie mitunter lebend in kochendes Wasser, aber oft murmeln wir dabei leise eine Entschuldigung.

Das ist sehr eigenartig, denn sie sind uns mindestens so fremd wie Fische (und sollten daher ohne Gewissensbisse von uns getötet werden können). Evolutionär gesehen, liegen Äonen zwischen ihnen und uns, trotzdem empfinden wir Mitleid für sie. Dabei sollte man doch denken, dass ihr Chitinpanzer diese Distanz noch untermauert.

Ich glaube, es hat mit den Augen zu tun. Krustentiere zwinkern nicht und haben auch keine Wimpern oder ausdrucksstarke Augenbrauen, aber ihre Augen stehen vor, blicken uns an, winken uns zu. Vielleicht liegt es auch an den Armen, die sie uns aggressiv entgegenrecken, was wir allerdings als Willkommensgruß verstehen. Wir können nicht anders, für uns sieht es aus, als ob sie uns ein Angebot machen. Und daher können wir uns nicht jeder Beziehung zu ihnen verschließen. Möglicherweise reagieren wir ja immer nur auf das, was uns ähnlich ist. Fischaugen sind, im Gegensatz zu unseren Augen, ausdruckslos. Wir glauben, was ausdruckslos aussieht, kann keine Seele haben. Und da Fische auch keine Arme zum Umarmen haben, glauben wir, sie wollten nicht gern in den Arm genommen werden.

Woran es auch liegen mag: Otter kümmert das nicht. Sie brauchen die Kalorien. Wir sind da anders. Oft empfinden wir sogar Mitleid, wenn es richtig kostspielig für uns ist, obwohl wir auch deprimierend gut darin sind, Mitgefühl zu unterdrücken.

In dem Fluss hinter unserem Haus in Oxford und in dem Bach im Wald, wo die Kinder toben, tummeln sich eine Menge Flusskrebse. Einmal brachten sie einen in einer Plastiktüte mit und setzten ihn mir aufs Gesicht, als ich auf dem Küchenboden lag.

Ich hätte gedacht, dass große Flusskrebse einem Otter gewissen Respekt abnötigen, die Scheren ihn zu Vorsicht veranlassen. Aber dieser große Flusskrebs wirkte zögerlich, beinahe sanftmütig. Ja, er piekste mich ins geschlossene Auge, als ich ihn anstupste, und er packte meine Nase und schwang sich, als ich mich bewegte, von meinen Nasenflügeln hoch, um sich zu seiner kriegerisch patriarchalischen Willkommensgeste aufzurichten. Doch das alles war eher mitleiderregend. Seine ganze aufwendige Panzerung und sein Gehabe würden einen Otter nicht im Mindesten beeindrucken, wenn er aus dem Dunkel hervorbräche und den Flusskrebs mit gebieterischer Pfote an den Steinen zerquetschte.

Wir legten ihn in die Gefriertruhe, um ihn zu töten, und die Jungen frittierten ihn in Chiliöl.

*

Wie ich die Begegnung mit dem nächtlichen Fluss vor mir hergeschoben hatte, so schob ich auch das Meer vor mir her. Beide waren für mich wie der Tod. Und ich bin weder alt noch jung genug, um über das Meer zu schreiben. Es ist sowohl zu groß, um es in Worte zu fassen, als auch zu elementar, um einer Beschreibung zu bedürfen.

Das Land war wie ich: nachgeordnet, sekundär, das Ergebnis nachvollziehbarer Kräfte. Das Meer jedoch war anders. Dennoch fragte ich mich, ob ich hier den Ottern vielleicht am nächsten kommen würde, denn den meisten Ottern ist das Meer ebenfalls fremd. Es war schwer, Ottern zu folgen, wenn sie im East Lyn buchstäblich in ihrem Element waren, was aber hauptsächlich daran lag, dass ihr wahres Wesen so schwer fassbar war. Wenn wir uns an einem Ort begegneten, wo wir beide Fremde waren, würden wir einander vielleicht besser verstehen – so wie sich zwischen Flüchtlingen aus unterschiedlichen Kriegsgebieten eine beklommene Kameradschaft entwickelt. Wie auch immer: Ich konnte das Meer nicht ewig hinauszögern.

Und so trieb und krabbelte ich in Richtung Meer, von Watersmeet aus, wo der Fluss vor fetten Forellen wimmelte. Nachts hätte ich ihnen mithilfe der Taschenlampe auflauern können, die ich so selbstherrlich verdammt hatte. Tagsüber konnte ich nicht widerstehen und schnappte nach ihnen wie ein Welpe. Ein Otter hätte sich nicht groß angestellt. Wenn er schon so weit flussabwärts gekommen wäre, hätte er sich beeilt, weil er wusste, dass es gleich hinter dem Klatschen und Schmatzen der Brandung Schwärme schuppiger, saftiger Happen gab.

Im Bristolkanal sind die Gezeiten besonders stark, doch das Land steigt so steil an, dass man es nicht merkt. Sie spielen sich nur im Meer ab. Hier ist das Land, dort das Meer und fast kein Niemandsland dazwischen. Mehrere Stunden am Tag schwappt schaumiges, uneindeutiges Brackwasser ein paar Hundert Meter bis Lynmouth hoch, doch das überspülte Land bleibt Land, genau wie die Wassermarder, die wir Otter nennen, weiterhin Marder bleiben.

Dennoch kratzen, scharren und schaben die Steine, und das Trillern der Vögel wird durchs Wasser übertragen. Aber mitten in der Nacht schwimmen die Otter hinter den Imbissläden vorbei in einen Wald aus Tang, wo ich an einem hellen Märzmorgen wie ein Lkw-Reifenschlauch hinuntertrieb. Die Fische dort glänzen silbrig wie der Mond. Die von einem Otter an der Hafenmündung geknackten Krebse (es klingt wie das Knistern eines Funkgeräts in einem alten U-Boot) stammen von Krebsen ab, die Kinder fraßen, die zu weit auf ihren Luftmatratzen hinausgetrieben waren; die Fischer vertilgten, die zu lang auf ihren letzten Fang gewartet hatten, und auch tote Otter, die vom Moor hierhergespült worden waren. Ich kann mich einreihen: Wir können uns alle gegenseitig fressen.

Das Meer ist anders. Es ist kein Binnengewässer mit Gesteinskrümeln. Land und Meer haben unterschiedliche Herrscher und daher unterschiedliche Gesetze. Im Meer zerrt der Mond ständig an allem. Das Land liegt vom Mond abgeschieden. Bestenfalls vermag der Mond in einer klaren Nacht ein paar Meter weit in Flüsse und Seen vorzudringen. Es gibt durch den Mond bedingte Gezeiten in den Körpern der Frauen, aber nur, weil sie alle Meerjungfrauen sind (»Ja, genau«, sagte Burt). Man sieht Süßwasserfische, die sich im Mondlicht aalen, aber nur, weil es für sie ein besonderer Luxus ist, eine Art Schaumbad. Im Meer gibt es kein Entrinnen vor dem Mond. Man kann so wenig mondlos wie salzlos darin schwimmen.

Wenn Fischotter ans Meer kommen, sind sie dort so zögerlich und verunsichert wie ich. Sie hüpfen am langen, öden Strand von Dunster die Brandung entlang wie kleine Kinder, als wollten sie auf keinen Fall nasse Füße bekommen, aber in diese Angst mischt sich das Entzücken des Urlaubers.

*

»Das macht Spaß«, sagte ein Otterkind, das den East Lyn hinunter und dann mit mir aufs Meer hinausgeschwemmt wurde. »Zumindest eine Zeit lang.« Ich war mir da nicht so sicher, denn inzwischen war ich mehr Otter als das Kleine.

FEUER
FUCHS

Die Londoner U-Bahn ist eine Spritze, die eine Lösung aus Körpern und elektrisierter Luft in die Glieder der Stadt injiziert.

Wer aus der Station Bethnal Green ins Freie strömt, sieht an der Straße ein schmuddeliges Backsteingebäude mit einem betagten Schild: »Komm zu mir, und ich schenke dir Ruhe und Frieden.«

Um die Ecke ist ein Café, das früher von sanften, stammelnden, zurückhaltenden Buddhisten geführt wurde. Nach romantischen Fehlschlägen saß ich öfter dort und sortierte mich bei Zwiebel-Käse-Brötchen neu. Heute ist es ein Treffpunkt schriller, sorgfältig unrasierter Metrosexueller, die inmitten des metallischen Lärms, der entweder Musik sein soll oder von stümperhaft ausgeführten Klempnerarbeiten herrührt, Pinienkerne knabbern. Jeder ist schlank, und keiner ist gerne schlank.

Vor dem Café stieß ich auf meine erste Londoner Fuchslosung, an beiden Enden mit kalligrafischen Schnörkeln verziert und funkelnd vor purpurvioletten Käfern.

Als ich zum ersten Mal hierherkam, war es ein weniger aufdringlicher, mehr in sich ruhender Ort. Die Menschen lebten in diesem Viertel, weil es sich so ergeben hatte, und nicht, weil sie es konnten. Es gab keine zerstörerische Apartheid zwischen Ristretto-Trinkern und Liebhabern von Fleischpasteten mit Kartoffelbrei und Soße.

In jenen Zeiten las ich abends meist in der Globe Road ein Buch und aß Penne all'arrabbiata, dazu leerte ich eine Karaffe mit einfachem Chianti und drehte eine Runde im Park, bevor ich nach Hause ging. Als ich an einem warmen Oktoberabend zwischen Drogendealern und kopulierenden Paaren hindurchsteuerte, sah ich auf dem Rasen neben dem Musikpavillon zwei Füchse. Ruhig und gleichmäßig bewegten sie die Köpfe wie Staubsaugerrüssel über dem Boden hin und her, wobei jeder ihrer Schlenker eine silberne Furche im Tau hinterließ. Ich schlich mich etwas näher heran. Sie beachteten mich nicht. Ich schlich sehr nahe heran: Sie hoben die Köpfe, sahen, dass ich weder ein Hund noch ein Auto war, und schwenkten weiter die Köpfe hin und her. Sie leckten Erdschnaken auf, von denen der Boden übersät war. Denn die Schnaken legten Eier, was geraume Zeit dauerte, außerdem blieben ihre Flügel wegen der Feuchtigkeit am Gras kleben wie Briefmarken in einem Album. Die Füchse mussten sie nur mit der Zunge abstreifen und einsaugen.

Ich kniete mich neben die Füchse und äste ebenfalls. Es schien nichts Barbarisches daran zu sein, so kleine, trockene und reglose Körper zu zerquetschen. Ein Opfer muss Eingeweide haben, um Unwohlsein in Eingeweiden zu erzeugen. Die Oberflächenspannung hielt die Schnaken fest, sodass sie sich kaum rührten. Stellen Sie sich eine kitzelnde Garnierung aus Reispapier vor, die sich in Vanilleglibber verwandelt.

Eine halbe Stunde später waren die Füchse immer noch da und bearbeiteten systematisch ihr Rasenstück unter den Natriumdampflampen, während ich mich steif erhob und in einem ruinierten Anzug nach Hause ging.

Es war nicht das erste Mal, dass ich versuchte, ein Fuchs zu sein. Als ich neun Jahre alt war, kam mein Vater aufgeregt heim. »Schau mal, was hinten im Auto ist! Aber sei ganz vorsichtig.«

Dort lagen in schwarzen Plastikmüllsäcken zwei erst seit Kurzem tote Füchse – ein Rüde und eine Fähe. Sie bleckten die Zähne, als wollten sie knurren, und schienen wütend darüber, tot zu sein. Die Fähe hatte geschwollene Milchdrüsen. Offensichtlich hatte sie Welpen gesäugt.

»Komm nicht an ihre Zähne«, ermahnte mich mein Vater. »Man hat sie mit Strychnin vergiftet.«

Das ist kein schöner Tod. Einmal hatte mir ein Farmer begeistert erzählt, was das Gift bei Maulwürfen anrichtete, und daher verstand ich das bittere, gefrorene Lächeln dieser Füchse. Fast unmittelbar nachdem sie das Gift geschluckt hatten, das wahrscheinlich auf einem toten Lamm ausgelegt worden war, hatten sie zu zittern begonnen, und ihnen war übel geworden. Das Muskelzittern hatte sich immer weiter verstärkt, dann hatten Muskelkrämpfe eingesetzt. Auf einem dunklen Feld in Derbyshire hatten sie wiederholt den Rücken gekrümmt und gestreckt, bis er schier auseinanderbrach, und als schließlich ihr Zwerchfell aufgab, waren sie blau angelaufen, erstickten und starben mit Blut und Schaum vor der Schnauze. Die beiden waren von einer schmerzlichen Schönheit. Von da an unterzeichnete ich all meine Briefe mit einem Fuchskopf.

Wir zogen los, um die Welpen zu finden. Drei Nächte lagen wir im Windschatten eines Fuchsbaus an einem Hang unter einer Plane. Ich kaufte von meinem Geburtstagsgeld ein Hühnchen, nahm es aus, zerlegte es und verteilte es in verlockender Nähe rings um den Eingang des Baus.

Zu jener Zeit dachte ich, ich könnte allem meinen Willen aufzwingen. Und ich wollte unbedingt, dass die Welpen herauskamen. Ich bat (ohne zu wissen, wen oder worum ich eigentlich bat), von diesen erwachsenen Füchsen besessen zu sein, damit ich herausbrachte, wo ihre Welpen waren, oder sie vielleicht überzeugen konnte, dass sie sich gefahrlos herauswagen konnten.

Wir froren, doch wir wollten es unbedingt. Sie tauchten nicht auf. Es war meine erste echte Desillusionierung.

Wäre ich in Japan gewesen, hätten die Fuchsgeister meine Einladung sofort angenommen. Dort hätte man sie gar nicht erst bitten müssen, geschweige denn zweimal. Viele Menschen in Japan sind, oft unwissentlich und oft durchaus glücklich, mit Stiletto tragenden, mit den Wimpern klimpernden Fuchsgeistern verheiratet. Das geht allerdings nicht immer gut, und Fuchsexorzismus ist ein Riesengeschäft. Im täglichen Leben muss man vorsichtig sein, nicht von einem Fuchs betört zu werden. Am größten ist die Gefahr am Telefon, wenn man die Person, mit der man spricht, nicht sehen kann (wahrscheinlich macht Skype es den Fuchsgeistern schwerer), und es wurden Konventionen für das Telefonieren entwickelt, um dem vorzubeugen. So gibt es ein paar menschliche Laute, die Füchse nicht artikulieren können, etwa *moshi moshi,* was zur japanischen Standardbegrüßung zählt. Wenn der Anrufer sie nicht benutzt, sollten Sie auflegen.

Doch diese Derbyshire-Füchse bezogen ihre Metaphysik, genau wie die hiesigen Kaninchen, offensichtlich von ihrem Land, und der Verwaltungsbezirk High Peak gehört eindeutig zum Westen. Hier sind Füchse das klar umrissene andere: Sie würden die Grenze zwischen den Spezies nie überschreiten – außer als Handlanger des Teufels. Dann graben sie sich in die Seele, verpesten sie mit ihrem Gestank und mischen ihren Dung mit den blutigen Federhaufen anderer geplünderter Seelen.

Füchse lassen Desillusionierung zu. Und Tod. Das Haus, mein Zimmer und der Schuppen, in den ich mit meinen Tierhäuten und Formalinflaschen verbannt worden war, strotzten vor Leichen. Wobei ich die Tierleichen nicht wirklich als tot angesehen hatte. Sie waren kleine Inseln der Wildnis, die es glorreich hinter unsere Mauern aus Buntsteinputz geschafft hatten; Krücken zu einem erfüllten Leben, im Gegensatz zu dem all der anderen Leute in unserer Vorstadt. Es hatte nichts mit Auslöschung zu tun. Sie waren reglos und still, aber das hieß bloß, dass man sie leichter studieren konnte, als wenn sie hätten wegschleichen oder -flattern können. Es bedeutete nicht, dass sie aufgehört hatten zu existieren oder dass sie eine Bedrohung für mich oder irgendjemand anderen darstellten, der mir nahestand.

Das änderte sich, als ich elf wurde. Hier ist der Eintrag in meinem Naturtagebuch:

2. Februar
Toten Fuchs gefunden *(Vulpes vulpes crucigera)*, auf einer großen Wiese im Mayfield-Tal. Er war schon ziemlich verwest, und Rigor Mortis hatte schon vollständig eingesetzt.* Merkwürdigerweise ist dieses Exemplar sehr sauber gehäutet worden. Schädel und alles andere am Kadaver waren intakt. Die vielen Maden darauf waren alle tot, wahrscheinlich wegen der kalten Nächte. Wir nahmen den Schädel (einschließlich Unterkiefer und Zähnen) und die Schwanzknochen mit nach Hause und kochten sie, um sie von unerwünschter Materie zu befreien. Dann behandelten wir sie mit Haushaltsbleiche (Chlor).

Darunter eine Faustskizze.

Die Prosa ist verräterisch nüchtern. Ganz offensichtlich fehlt etwas. Und zwar der seelenerschütternde Schock, der mich durchfahren hatte. Dieser Fuchs war auf eine Art und Weise tot, wie es die Strychninfüchse nicht gewesen waren, und tot zu sein war für einen Fuchs eine wirklich ernste Angelegenheit. Abgesehen von Mauerseglern war kein Wesen, das ich kannte, so offensichtlich quicklebendig wie Füchse. Ich hatte sie zusammen mit mageren, drahtigen, durchtrainierten Hunden beobachtet. Selbst wenn die Hunde rasten, schlenderten die Füchse nur. Die besten Hunde rennen mit krummer Haltung, den Kopf gesenkt, die Schultern hochgezogen, Füchse wiederum gleiten dahin.

---

* Was die Leichenstarre betraf, lag ich offenkundig falsch. Die toten Maden deuteten darauf hin, dass die Phase der Leichenstarre längst vorbei war.

Wenn sogar Füchse so unzweideutig getötet werden konnten, war nichts mehr sicher: meine Eltern nicht, meine Schwester nicht und ich auch nicht. Das Grab hatte sich aufgetan.

Und während ich auf diesem kalten Feld stand, kam mir ein anderer Gedanke: Dieser sehr, sehr tote Fuchs ist lebendiger als ein entsprechend toter Hund. So wurde ein ontologischer Snobismus geboren, der Glaube an eine Wesenshierarchie. Manche Wesen waren so mächtig, dass sie sogar einen Herz-Kreislauf-Stillstand überleben würden. Diese Überzeugung machte mich auf Jahre hinaus zu einem unerträglichen kleinen Scheißkerl. Ich habe mich nie davon erholt und ebenso wenig etliche der Menschen, die es damals mit mir aushalten mussten.

Aber warum ist das für dieses Buch relevant? Weil ich spürte, dass ich, wenn ich ein Fuchs sein wollte, vor allem quicklebendig sein musste (ein erbaulicher Gedanke) oder beeindruckend tot (eine eher befremdliche Vorstellung).

*

Füchse trudelten mit dem Pleistozän, also dem jüngsten Eiszeitalter, ein und zogen dann grüppchenweise entlang der Eisenbahnlinien und Abwassergräben in die Innenstädte. Sie sind Tories. Die Anzahl der Stadtfüchse steht in exakter Relation zu den blauen Tory-Rosetten. Und sie mögen Gärten mit einer gewissen Fülle. Manche pendeln – in beide Richtungen. Viele (meine East-End-Füchse allerdings nicht) haben hübsche Häuser auf dem Land mit viel Grün drum herum und kommen wie die Anzug tragenden Männer in die Stadt, weil sich dort schnelle und fette Beute machen lässt. Andere entscheiden sich, unter dem Schuppen eines Anwalts in der Nähe der U-Bahn-Station zu leben, dort ihre Welpen großzuziehen und sich ab und zu auf dem Land zu entspannen und frische Luft zu schnappen.

Das East End von London ist trotz schicker Firmennotebooks und Avocadoschaum keine Tory-Hochburg, hier stehen die Füchse schwer unter Druck. Zwar gibt es Anwälte mit eigenen Schuppen, deren Kinder gern Füchse füttern, aber nur in kleinen Gettos mit polierten Parkettböden, eingemauert zwischen hoch aufgetürmten Betonzellen, in denen die Verzweifelten hausen.

Die Menschen hier haben kleine Gehirne. Kleiner sogar als die der Wilden, von denen sie abstammen. Sie sind in den letzten zehntausend Jahren um etwa zehn Prozent geschrumpft. Da Hunde treu ihren Herrchen folgen, haben sich auch ihre Gehirne verkleinert. Hundegehirne sind etwa fünfundzwanzig Prozent kleiner als die von Wölfen – ihren unmittelbaren Vorfahren. Domestizierung lässt alles schrumpeln.

Wir wissen nicht, wie sich das Leben in der Innenstadt auf Füchse auswirken wird, aber die Stadtfüchse sind weder kleiner noch leichter geworden. Was nicht überrascht. Selbst in den wohlhabenden Vororten, wo sie von Vogel- und Igelfutter sowie von der Wohltätigkeit interessierter Mittelschichtsangehöriger leben könnten, bevorzugen sie es, jagen zu gehen. Wie wir sind auch sie als Multitalente gebaut. So trotzten sie und wir Hitze und Eis, Dürren und Monokultur. Auch wenn es für sie anstrengender ist – und viel mehr Findigkeit und Energie erfordert, als einfach eine Pizza zu holen und süßsaure Soße zu schlürfen –, haben sie sich für das Auflauern und Anspringen, das Erkunden und das Einstellen auf immer wieder Neues entschieden. Wir haben das nicht getan. Daher werden wir uns in einigen wenigen Generationen in sklerotische Superfachidioten verwandelt haben, jeder in einer so engen Nische, dass sich unsere Glieder nicht strecken und unsere Gehirne nicht mehr um die Ecke denken können. Ich wette, dass die Gehirne der Füchse aufgrund ihrer Entscheidung noch groß und scharfsinnig und ihre Beine wie Stahldraht sein werden, wenn wir uns schon nicht mehr vom Sofa hochhieven können.

*

Es ist leicht, dem Rhythmus der Stadtfüchse zu folgen. Denn sie sind dämmerungsaktiv. Aus Neigung und wie es brillanten physiologischen Generalisten geziemt, leben sie an der verwaschenen Scheidelinie zwischen Tag und Nacht. Hier im East End gibt es allerdings keine richtigen Nächte, nur schmutzig graue Tage und zwielichtige Nächte. Für diese Füchse heißt Dämmerung nicht, dass das Licht schwächer wird, sondern dass der Verkehr abnimmt. Geräusche und Erschütterungen überlagern die Photonen.

Sobald die Taxis den Großteil der Banker abgesetzt haben, wagen sich die Füchse heraus. Sie suchen ein großes Gebiet (wahrscheinlich mehr als einen Quadratkilometer) nach Futter ab und zeigen dabei das für Füchse typische Verhalten der Zwischenbevorratung. Sie suchen oder jagen, legen einen Zwischenvorrat an (normalerweise vergraben sie ihre Beute nur halbherzig und oberflächlich) und machen dann weiter mit Suchen, Jagen und Vergraben, um irgendwann zu ihren Nahrungsverstecken zurückzukehren. Unter Asphalt lässt sich schwer etwas vergraben: Meine Füchse schieben das Fressen unbeholfen unter Paletten und Kartons, in denen große Flachbildschirme geliefert wurden. Wenn das Territorium schließlich durchkämmt ist, suchen sie sich aus, was sie brauchen (die Leckerbissen zuerst), und gehen danach nach Hause.

Der Rückgang des Verkehrs und das Schwinden des Tageslichts fallen mehr oder weniger zusammen. Lastwagen holpern die Old Ford Road entlang; Porsches schnurren zur Canary Wharf; Busse rumpeln nach Westen, um Menschen in ihrem klimatisierten Komfort mit offenen Küchen und temperierten Wasserspendern abzusetzen. Die Füchse lecken sich unterdessen die Reste des indischen Blumenkohlcurrys vom Vortag von der Schnauze und rollen sich unter dem Schuppen zusammen.

*

Je korrekter man gekleidet ist, umso schwerer ist das Fuchs-
dasein. Noch nie hat mir jemand vorgeworfen, ich sei zu gut
angezogen, aber selbst ich habe schnell gemerkt, dass ich in diesem Fall lieber noch schmuddeliger und abgerissener daher-
kommen sollte als sonst. Jemand in fleckenlosen Hosen und
einem Pullover ohne Löcher sieht wie ein Verbrecher aus, wenn
er einen aufgerissenen Müllsack durchwühlt. Ist man aber dreckig, erschöpft und gebeugt, schert es keinen. Die Menschen
sehen durch einen hindurch. Je schmuddeliger man ist, desto
durchsichtiger wird man. Auf allen vieren an einem Müllbeutel
schnüffelnd, ist man unsichtbar. Außer für die Behörden. Aber
selbst in ihren Augen ist solches Treiben weniger anstößig als
Schlafen.

Ich wurde unter den Rhododendronbüschen wachgerüttelt.

»Guten Tag, Sir.«

»Guten Tag.«

»Kann ich Ihnen irgendwie helfen, Sir?«

»Nein danke. Es ist alles in Ordnung.«

»Darf ich fragen, was Sie hier tun?«

»Ich mache nur ein Nickerchen, Officer.«

»Ich fürchte, Sie können hier nicht schlafen, Sir. Sind Sie
sicher, dass alles in Ordnung ist, Sir?«

»Ja, danke. Warum kann ich hier nicht schlafen?«

»Es ist verboten, das wissen Sie doch bestimmt. Sie haben das
Grundstück widerrechtlich betreten. Die Eigentümer können
nicht dulden, dass hier jemand einfach schläft.«

(Einfach schläft?)

»Ich glaube nicht, dass ich damit einer Immobilienverwal-
tungsfirma, die in Panama registriert ist, einen materiellen Schaden zufüge.«

»Wollen Sie einen auf Schlaumeier machen, Sir?«

Darauf fiel mir nichts Markiges mehr ein. Der Polizist erwartete auch gar keine Antwort. Er wechselte das Thema.

»Warum haben Sie hier geschlafen, wenn ich fragen darf?«

»Natürlich dürfen Sie fragen, aber meine Antwort wird Ihnen vermutlich nicht gefallen. Ich versuche, ein Fuchs zu sein, und«, ich redete schneller und versuchte, meinen Blick von dem Polizisten abzuwenden, um nicht zu sehen, wie der Rest seines guten Willens rapide schwand, »ich will wissen, wie es ist, wenn man den ganzen Tag Verkehrslärm hört und nur Knöchel und Waden sieht anstatt die ganzen Menschen.«

Die letzte Bemerkung war ein sehr, sehr schlimmer Fehler. Ich wusste es, kaum dass ich es ausgesprochen hatte. Für ihn bedeuteten Waden und Knöchel und das Verbergen in immergrünem Gestrüpp eine Perversion von solchem Ausmaß, dass sie mit jahrelangem Knast geahndet werden sollte. Aber ich sah ihm auch an, wie er damit kämpfte, die richtige Schublade für meine Verderbtheit zu finden, und sich den ganzen Papierkram ausmalte. Unsicherheit und Arbeitsbelastung triumphierten über seinen Instinkt, und er raunzte mich an: »Verschwinden Sie, *Sir*«, die Kursivschrift war ihm von den Lippen abzulesen, »und kommen Sie auf den Boden der Tatsachen zurück.«

»Genau das«, sagte ich, »versuche ich.«

Er beäugte mich mit strengväterlicher Miene, als ich mir die Blätter vom Pullover klaubte und nach Hause ging.

Danach schlief ich feige unter einer Plane in meinem Garten.

*

Manchmal schlafen Füchse auf dem Mittelstreifen einer Autobahn. Dreitausend Fahrzeuge pro Stunde kreischen vorbei und wirbeln in öligen Strudeln Staub, Gummi, Deodorant und Erbrochenes auf, mit elektrischem Brummen und jeder Menge Pferdestärken. Ich habe am Rand einer Hauptverkehrsstraße unter einem Baldachin aus Ampfer und Wiesenkerbel geschlafen, um mich von Lärm und Herzrasen quälen zu lassen, und war dennoch schockiert über die mechanische Brutalität der Kolbenstöße. Selbst die rücksichtslosesten reißenden Tiere –

beispielsweise wilde Hunde, die in einer Art Tauziehen eine Babygazelle zerfleischen – nehmen sich neben der Unerbittlichkeit eines Busses oder Zugs sanftmütig und gesittet aus.

Ein Fuchs kann eine quiekende Wühlmaus auf hundert Meter Entfernung hören, den Flügelschlag von Saatkrähen über einem Feld sogar einen halben Kilometer weit. Zehn Meter entfernt von einem beschleunigenden Laster zu liegen muss für ihn eine apokalyptische Erfahrung sein – als wäre er mitten in einen Tornado geraten. Selbst die schniefende, schnarchende, brummende, summende, stöhnende, sich hin und her wälzende Innenstadt tief in der Nacht ist eine Rummelplatzkakophonie.

Es ist die Anpassungsfähigkeit des Fuchses, die mich so einschüchtert. Ich kann eine ausgeprägte Reizempfindlichkeit bei Tieren intellektuell oder zumindest poetisch erfassen. Aber ausgeprägte Reizempfindlichkeit *und* extreme Toleranz – das ist schwer. Und dabei handelt es sich nicht um eine bloß notgedrungene Toleranz um des Überlebens willen, so wie bei den Dachsen, die sich vielleicht mit einem eher suboptimalen Bahndamm abfinden, weil geeignete Habitate schwer zu finden sind. Füchse scheinen ihre Ungeheuerlichkeit geradezu zu genießen, sie gehen regelrecht damit hausieren, wie prächtig sie unter unverkennbar erbärmlichen Bedingungen gedeihen, und lehnen meine lauten Ökoloblieder auf sie ab. Darüber bin ich nicht nur verstimmt, sondern verblüfft. Im Gegensatz zu mir sind sie die wahren Weltbürger, und ich nehme ihnen übel, dass sie mich übertrumpfen. Außerdem verstehe ich nicht, wie sie das anstellen, sowohl physisch als auch emotional. Man würde doch erwarten, dass ein durch und durch kosmopolitisches Geschöpf ein paar kostspielige Kompromisse eingeht: leichte Einbußen des Hörvermögens zugunsten schärferen Augenlichts oder weniger Geruchssinn für bessere Sicht. Generalisten können unmöglich große Spezialisten sein, oder? Doch, das können sie. Und ich ziehe ehrfürchtig den Hut vor ihnen.

*

Ich habe das East End gehasst. »Dieses Viertel ist ein Frevel«, schrieb ich verbittert in ein Notizbuch.

Es wurde als Flüchtlingslager im Marschland errichtet und ist jetzt ein Getto, aus dem zu entfliehen sich nur wenige leisten können – entweder sind sie zu arm oder zu reich dazu. Wenige würden es heutzutage ihre Heimat nennen und kaum jemand ohne bedauernden Unterton. Auch leben nur wenige Menschen tatsächlich hier. Ihre Gedanken werden ihnen aus dem Weltraum heruntergebeamt, ihr Essen lassen sie aus Thailand und allen möglichen Tand aus China einfliegen, während ihre Möbel in Stahlcontainern per Schiff aus Schweden kommen. Ich nehme an, das ist im Grunde nicht so weit weg. Schließlich sind wir alle aus Sternenstaub gemacht.

Obwohl auch Füchse aus Sternenstaub gemacht sind und Thai-Chicken-Curry essen, sind sie hier wirklich zu Hause. Sie kennen den Geschmack jedes Quadratzentimeters Beton; sie haben jede sprießende Flechte in einer Höhe von etwa zehn bis fünfzig Zentimeter betrachtet; sie wissen, dass unter der Veranda von Nummer 17A Mäuse nisten und Hummeln neben der Zedernholzterrasse von Nummer 2B. Sie haben die faden Seitensprünge von Mrs S. miterlebt und wie Mr K. zum Sterben weggekarrt wurde und dass sich die Psychosen der M.-Zwillinge von belanglosen Hänseleien über den Gartenzaun hinweg zu etwas sehr viel Schlimmerem auswuchsen. Sie kennen die Flugschneisen der Jumbojets und der Graugänse. Unter dem Schuppen schmiegen sie sich an Austern, denen die viktorianischen Bewohner hier einst ihren Typhus verdankten. Nacht für Nacht durchstreifen sie fast acht Kilometer dieses Gebiets, und das mit hellwachen Sinnen.

Aber sie sind niemals lange hier. Stadtfuchs zu sein ist ein anstrengendes, gefährliches Unterfangen. Alljährlich sterben sechzig Prozent der Londoner Füchse. Achtundachtzig Prozent der Füchse in Oxford sterben vor ihrem zweiten Geburtstag. Todesfälle sind etwas Alltägliches für sie. Die Chance, dass ein Fuchselternpaar, das zum ersten Mal Welpen großgezogen hat, lange genug überlebt, um ein zweites Mal Junge zu bekommen, liegt bei lediglich sechzehn Prozent. Und sie wissen nicht nur, dass es Trauerfälle gibt, sie fühlen es auch – offenbar genauso wie ich, und machen ähnliche Geräusche.

David Macdonald, der von seiner Wohn- und Wirkstätte in Oxford aus einige der bedeutendsten Studien über das Verhalten von Füchsen geleitet hat, hielt selbst Füchse. (Er bemerkte einmal, dass seine Vermieterin unerwartet große Schwierigkeiten hatte, die Wohnung nach seinem Auszug weiterzuvermieten. Nicht jeder teilt meine beziehungsweise seine Vorliebe für den Geruch von Fuchsurin.) Eine seiner Fähen war in die rotierenden Schneideblätter eines Rasenmähers geraten. Ein Bein hing nur noch an einem Gewebefetzen, und Macdonalds bestürzte Frau hob die Füchsin auf und trug sie zum Auto. Währenddessen versuchte der Gefährte der Füchsin, sie fortzuziehen, und schaute dem Wagen nach, als er mit ihr losfuhr.

Am nächsten Tag holte die Schwester der Fähe ein Maul voll Futter aus einem ihrer Vorratslager und rannte damit davon, dabei winselte sie, wie Füchse es tun, wenn sie ihre Welpen füttern. So hatte sie seit über einem Jahr nicht mehr geklungen. Sie brachte das Futter zu der Graskuhle, wo am Abend zuvor ihre Schwester verletzt worden war, und vergrub es unter den blutverkrusteten Halmen.

Hier spiegelt sich das Pathos meiner eigenen Geschichte wider, was der Grund dafür war, warum ich bei Füchsen mehr zum Anthropomorphismus neigte als bei meinen sonstigen Tieren. Und ich bin sehr viel zuversichtlicher als bei den anderen Tieren, dass ich sie richtig verstehe.

*

Füchse und Hunde sind sehr, sehr unterschiedlich. Es sind verschiedene Gattungen. Ihre Wege haben sich schon vor etwa zwölf Millionen Jahren getrennt – das Auseinanderklaffen zeigt sich in der Zahl ihrer Chromosomen: Haushunde (die von den Wölfen abstammen) haben achtundsiebzig Paare, Rotfüchse vierunddreißig bis achtunddreißig. Sie müssen Ihrem Pudel also nicht die Pille verabreichen, wenn ein lüsterner Fuchs um ihn herumscharwenzelt. Dennoch gibt es etwas, was man über Füchse lernen kann, indem man Hunde studiert.

Hunde sind darauf spezialisiert, gut mit Menschen auszukommen; im Lauf der letzten fünfzigtausend Jahre fand ein rigoroser Selektionsprozess in dieser Hinsicht statt. Füchse können das nicht: Die Evolution hat sie in andere, weniger beschauliche Gefilde gedrängt. Doch es ist durchaus plausibel, dass Füchse zumindest annähernd über das intellektuelle Potenzial von Hunden verfügen. Wenn dem so ist, können wir durch die Beobachtung von Hunden und ihrem Können die eine oder andere Vorstellung darüber gewinnen, welche mentalen Ressourcen Füchsen zur Verfügung stehen.

Hunde sind Meister der Nachahmung und verstehen sich glänzend darauf, Bindungen einzugehen. Sie imitieren menschliche Handlungen wie ein sechzehn Monate altes Baby, beobachten ganz genau, wohin Menschen schauen oder auf was sie zeigen, lesen viele ihrer sozialen Fingerzeige und wollen mit ihnen zusammenarbeiten.

Manche Hunde haben ein sehr gutes Gedächtnis. Man sollte vorsichtig damit sein, aus spektakulären Tricks von Ausnahmeerscheinungen auf die Norm zu schließen, aber die Enden einer Glockenkurve sagen durchaus etwas darüber aus, wo die Mitte liegt. Betrachten wir also Rico, einen Border Collie, der ab 1999 im deutschen Fernsehen zu sehen war. Er kannte schließlich die Namen von über zweihundert Spielzeugen, die er bei Nennung ihres Namens brachte, und lernte und erinnerte sich so schnell an Wörter wie ein junges Menschenkind. Wenn unter seinem alten Spielzeug ein neues auftauchte, erkannte er es in einem Prozess, der etwa wie folgt abgelaufen sein muss: »Die anderen kenne ich, aber das hier habe ich noch nie gesehen: Also muss es das neue Teil sein.« Hatte er das neue Spielzeug einen Monat lang nicht gesehen, wählte er es bei der Hälfte seiner Versuche korrekt aus. Der neue Name war Teil seines Lexikons geworden, er schien neue Wörter nach einer Art Chomsky'schem Strukturmuster einzusortieren. Ein anderer Hund, Betsy, die in einem ungarischen Labor getestet wurde, hatte ein Vokabular von mehr als dreihundert Wörtern.

Dass solche Fähigkeiten und Neigungen offensichtlich Konsequenzen emotionaler Art haben (hoppla, jetzt ist mir dieses Wort doch hineingerutscht), liegt auf der Hand.

Wenn Hunde von ihrem Besitzer getrennt werden, leiden sie an Trennungsangst. Kehrt er zurück, rasen sie hinaus, um ihn zu begrüßen, springen an ihm hoch und tänzeln um ihn herum – genauso wie ein Kleinkind, das mit seiner Mutter wiedervereint wird. Oben in den Mooren von Howden im Derbyshire Peak District, wo ich mich als Junge oft herumtrieb, blieb ein untröstlicher Schäferhund namens Tip fünfzehn Wochen lang beim Leichnam seines toten Herrchens.

Ich kann nicht glauben, dass Füchse ihren Arbeitsspeicher so komplett anders genutzt haben als Hunde, daher vermute ich, dass diese Eigenschaften auch in ihren Köpfen Niederschlag gefunden haben. Wir wissen, dass Füchse ein gutes Gedächtnis haben: Sie erinnern sich Wochen später nicht nur daran, wo sie ihr Futter versteckt haben, sondern auch, um welche Art von Nahrung es sich handelt – »Dort links von der Eiche mit dem verdrehten Stamm liegt eine Rötelmaus; eine Feldmaus ist unter den Nesseln«, erzählen sie einander. Wir wissen, dass sie ein bestimmtes, ihnen eigenes Vokabular haben, das sie mithilfe ausgeklügelter Methoden erzeugen (mindestens achtundzwanzig Gruppen von Lauten, die auf vierzig Grundformen basieren), und dass der Ruf eines individuellen Fuchses als solcher erkannt wird und nicht nur als der eines x-beliebigen Fuchses: Bei einem Experiment reagierte ein gefangener monogamer Fuchsrüde nur auf Tonaufnahmen seiner Gefährtin.

Diese Fähigkeiten der Füchse zeigen sich zwangsläufig in ihrem Beziehungsverhalten, was ebenso für die entsprechenden Fähigkeiten der Hunde gilt. Nur dass diese Beziehungen normalerweise (der Fall des Hundeherrchens ist eine große Ausnahme) mit Tieren, das heißt mit anderen Füchsen, bestehen. Und wer wollte das in Zweifel ziehen, nachdem er Macdonalds Geschichte von der verletzten Fähe gehört hat?

Hier ein anderes Beispiel. Ein Fuchsrüde hatte sich einen Dorn in die Pfote getreten und bekam eine Blutvergiftung. Die ranghöchste Fähe der Gruppe gab ihm Futter, solange er krank war. Das ist höchst ungewöhnlich: Normalerweise verteidigen erwachsene Füchse erbittert ihren Futterbestand.

Zweifellos handelte es sich um reziproken Altruismus. Die Fähe erwartete auf irgendeiner Ebene ein ähnliches Entgegenkommen, falls sie krank wurde. Aber mit diesem Begriff ist nicht gesagt, dass keine emotionale Komponente im Spiel wäre. Natürlich sind auch meine Liebe zu meinen Kindern und die Opfer, die ich ihnen bringe, zu einem gewissen Teil darwinistisch motiviert: Ich will, dass meine Gene triumphieren und der Nachwelt erhalten bleiben. Dennoch bin ich ehrlich besorgt, wenn sich meine Kinder verletzen, selbst wenn dadurch ihre Fähigkeit zur Reproduktion nicht eingeschränkt wird; und meine Verzweiflung über ihren Tod würde weit über den bloßen Kummer hinausgehen, dass sich meine genetischen Ambitionen zerschlagen haben. Ich bevorzuge die leichte, offensichtliche Lesart von Macdonalds Geschichte und der Lektion, die uns die Hunde lehren: Füchse sind beziehungsfähige, mitfühlende Geschöpfe. Und wenn Sie jetzt noch so laut »Beatrix Potter« schreien, ist mir das trotzdem egal.

Soweit wir wissen, erstrecken sich dieses Beziehungsverhalten und das Mitgefühl eines Fuchses vorwiegend auf andere Füchse, mit denen er gemeinsame Interessen hat. Das sagt der Neodarwinist, und er hat zweifellos recht. Doch ist man erst einmal imstande, Mitgefühl zu empfinden und Bindungen einzugehen, wird es schrecklich schwer, alles sauber getrennt in den entsprechenden Schubladen zu lassen. Immer wieder quillt es heraus und gilt dann auch evolutionär irrelevanten Individuen und Spezies. Leute schenken Eseln und hungernden Kindern Geld, obwohl sie von ihnen nie etwas zurückbekommen werden. Sie spenden es sogar heimlich und berauben sich damit der Chance, Beifall zu erhalten und für ihre Menschlichkeit gefeiert zu werden. Einem Nazi mit eigenen Kindern fällt es schwerer, die Kinder anderer niederzumetzeln, als einem ohne enge Beziehung zu Kindern.

Das sage ich mir also, während ich neben den Füchsen vor den Erdschnaken knie. Diese Füchse haben die Fähigkeit, Verbindung zu mir aufzunehmen, und umgekehrt ebenso. Und es gibt keinen Grund, warum sie das nicht wollen sollten. Immer mal wieder habe ich (manchmal mehrere Sekunden lang) Füchse angesehen und sie mich (in einem Wald in Yorkshire; auf einer Klippe in Cornwall; in einem Orangenhain in Haifa; an einem Strand auf dem Peloponnes), und ich habe gedacht: Ja! Es gibt eine rudimentäre Sprache, in der wir uns verständigen können. Wir müssen nicht so unerreichbar füreinander sein wie die Erde und die Milliarden Lichtjahre entfernten Baby-Boom-Galaxien.

Auch wenn diese langen Sekunden verstrichen sind, kann ich immer noch zu dem Fuchs sagen: Hör mal – wir beide haben Körper, die genauso nass werden, wenn die vom grauen Meer herziehenden Wolken abregnen, und wir beide sind *hier*! *Ich* bin hier! *Du* bist hier!

Ich und du!

Dann ist es normalerweise Zeit, in den Pub zu gehen.

*

Als ich im East End wohnte, ließ ich die all'Arrabbiata oft sausen, um mich stattdessen nachts bei den Mülltonnen herumzutreiben und mich durch ihren Inhalt zu wühlen. Eine Fuchsnase findet trotz einer dicken Plastikschicht problemlos heraus, ob irgendetwas Lohnendes darin ist, aber meine Nase scheiterte schon an ganz dünnem Plastik. Ich musste die Säcke öffnen.

Lediglich die instinktive Phobie vor dem Speichel meiner eigenen Spezies ließ mir das Verzehren von Speiseresten als unappetitlich erscheinen. Also mogelte ich. Und streute Gewürzmischungen auf alles. Das schien das Essen absurderweise zu sterilisieren oder zumindest zu personalisieren und damit die Bedrohung durch die sabbernden anderen zu entschärfen.

Zuerst versuchte ich, ein Vorratsversteck anzulegen wie die Füchse. Das gab ich angeekelt auf, als ich zu einem Reisvorrat in einer Aluschachtel zurückkehrte und dort drei braune Ratten vorfand, die mit der Schnauze darin wühlten wie Ferkel in ihrem Trog. Ein Fuchs, der etwas auf sich hält, hätte sie als Vorspeise verputzt.

Die Ausbeute war gut, wenn auch langweilig. Wenn sich das East End nicht von der übrigen westlichen Welt unterscheidet, dann wird dort ein Drittel aller gekauften Nahrungsmittel weggeworfen. Es gab keinen Mangel an Pizza, Chicken Tikka Masala, gebratenem Eierreis, Toast, Pommes und Würstchen. Aber wenig anderes. In der buntesten aller englischen Gesellschaften isst jeder das Gleiche wie alle anderen, und das die ganze Zeit. Füchse schlagen sich selbst hier viel besser als die Menschen. Sie futtern Pizza, Chicken Tikka Masala, gebratenen Eierreis, Toast, Pommes, Würstchen, Feldmäuse, Rötelmäuse, Hausmäuse, allerlei überfahrene Tiere, wilde Früchte der Saison und eingeflogenes, von den Jahreszeiten unabhängiges Obst aus Südamerika und Afrika, Engerlinge, Raupen von Nachtfaltern, Käfer, Rattenschwanzmaden aus Abwasserrohren, Regenwürmer, Kaninchen (wilde oder aus nicht genug gesicherten Ställen), langsame, selbstgefällige Vögel, Gummiringe, Glasscherben, Fast-Food-Verpackungen, Gras, um Darmparasiten zu binden und therapeutisches Erbrechen herbeizuführen, und alles mögliche andere. Als Katzenkiller tun sie sich aber leider nicht hervor.

Während ich an den Mülltonnen herumlungerte, lauschte und beobachtete ich. In den Häusern und Wohnungen fand ich, was ich auch in den Säcken fand: Uniformität. Jeder gab sich mit der mehr oder weniger identischen kulturellen Kost zufrieden. An einem nieseligen Septemberabend stand ich auf dem Gehweg, aß eine liegen gelassene Pastete und schaute von draußen durch die Fenster. Am Flackern erkannte ich, dass dreiundsiebzig Haushalte Fernsehen schauten und davon vierundsechzig (vierundsechzig!) dasselbe Programm.

Kein Fuchs schaut je dasselbe an wie ein anderer Fuchs. Selbst wenn eine Familie sich zusammengerollt aneinanderschmiegt, haben die Füchse entweder die Augen geschlossen und träumen von Hühnerställen, einer Mäuseschwemme oder frittierten Zwiebelringen. Oder aber sie sehen jeder aus einer etwas anderen Perspektive in die Welt, wobei ihre Wahrnehmung aufgrund der leicht unterschiedlichen Vorlieben für bestimmte Gerüche und Geräusche variiert, was wiederum bedingt ist etwa durch Zementstaub in der Nase, wenn einer an einer Baustelle herumgeschnüffelt hat, oder durch eine unterschiedliche Ohrenstellung oder durch elterliche Instruktionen aus der Welpenzeit.

Auch wir haben verstopfte Nasen und nehmen unterschiedliche Positionen im Raum ein, aber weil wir so unsensible, unaufmerksame Geschöpfe sind, spielt das keine Rolle: Wir merken die Unterschiede nicht. Zwar haben wir höchst empfindsame Hände, aber wir fassen die Welt mit dicken Handschuhen an und beschweren uns dann gelangweilt über ihre Formlosigkeit.

*

Ich war drauf und dran, London zu verlassen, aber das Vertrauen der Füchse in die Stadt und die Intensität ihrer Bindung rührten mich und ließen mich noch einmal darüber nachdenken. Vielleicht, überlegte ich, würde ich die Stadt lieben lernen, wenn ich sie erst einmal richtig sah und ihr so nahekommen konnte wie die Füchse. Alles zu hassen ist ermüdend. Ich hoffte, die Füchse würden mir zu einer Auszeit verhelfen.

Als ich hier wohnte, war ich gewissermaßen betäubt. Wie einer der in einem Psalm besungenen Götzen hatte ich Augen und sah nicht, hatte ich eine Nase und roch nicht, hatte ich Hände und griff nicht, hatte ich Ohren und hörte nicht. Ständig wurde mir gesagt, dass hier der Ort sei, an dem sich alles abspiele, dass hier das wahre Leben tobe. Manchmal konnte ich schwach erspüren, dass hier tatsächlich etwas geschah, aber es wirkte weit entfernt, verschwommen und gedämpft auf mich, als würde ich sehr, sehr tief in trübes Meerwasser hinabschauen.

Dann, noch immer blind und ohne Hör- und Geruchssinn, begann ich, den Füchsen zu folgen. Schließlich nahmen sie mein Halsband zwischen ihre Zähne und schwammen mit mir zu vier Inseln. Auf diesen Inseln funktionierten meine Sinne. Ich konnte dort Dinge fühlen und beschreiben. Das restliche Atlantis des East End blieb versunken. Hätte ich mich länger dort aufgehalten und mit den Füchsen ausgeharrt, hätten sie mir vielleicht noch mehr Inseln gezeigt oder wären sogar mit mir getaucht. Oder sie hätten den Rest von Atlantis gehoben, sodass ich mir dort ein Bier hätte kaufen und es trinken oder über die Hügel rennen und das mythische Land unter meinen Fußsohlen hätte spüren können.

Ich bin nie irgendwo anders hingekommen als zu den Inseln und habe nie wirklich verstanden, wie das East End tickt. Vielleicht liegt der Genius Loci in den Meerestiefen zwischen meinen Inseln, auf ewig außerhalb meiner Reichweite. Doch indem ich mir selbst meine Inseln beschrieb, zeichnete ich eine Karte des Archipels, und so ein Archipel ist etwas ganz Eigenes: Es kann eine Nation sein, der man innig zugetan ist.

Mehr als alles andere wollte ich innige Zuneigung empfinden. Ich hatte das Grollen so satt. Hätte ich geglaubt, Zuneigung zu einem Ort sei etwas anderes als Verständnis für die Füchse, die diesen Ort bewohnten, dann hätte ich mich für die Zuneigung anstatt für das Verstehen entschieden. Doch meine Überzeugung, dass dies ein und dasselbe war, wuchs mit jedem Schnuppern, mit jeder Krabbelbewegung und jeder Müllsackplünderung.

Es war nicht so, dass ich auf den Inseln etwas Bestimmtes erlebte, das besser war als die Betäubung anderswo, aber dennoch nicht so gut wie normales Erleben. Ganz und gar nicht. Ich gelangte zu der Überzeugung, dass die Füchse das Wahre sahen, rochen und hörten und dass auch ich auf den Inseln, zu denen sie mich brachten, das Wahre erlebte. Die Füchse liehen mir ihre Augen, ihre Ohren, ihre Nase und ihre Pfoten. Aber nur auf den Inseln.

Die Füchse waren die wahren Einheimischen des East End. Sie bewohnten den Ort in einer Art und Weise, wie ich es ohne ihre Hilfe nicht konnte, doch wie es dem eigentlichen Wesen des Ortes entsprach. Ich hingegen wohnte dort so, wie es mein eigenes Wesen und meine Sicht des Ortes widerspiegelte. Ich spazierte mit einem Spiegel vor mir herum, beschrieb mich in meinem Notizbuch selbst und nannte es Naturschilderung.

Wenn man in Fuchsaugen blickt, sieht man darin kein Spiegelbild seiner selbst. Füchse haben vertikale Pupillen, die sich menschlichem Narzissmus verweigern. Springen Sie nun auf die andere Seite und blicken Sie durch diese Fuchsaugen auf eine Pfütze erbrochenes Curry oder auf einen Igel oder auf den Strom der SUVs, mit denen die Kinder zur Schule gebracht werden. Wieder ist da kein Spiegelbild Ihrer selbst. Sie sehen die Dinge an sich oder zumindest eine genauere Annäherung an die Dinge, wie Sie sie mit Ihren langweilig Sie selbst reflektierenden Augen nicht zu sehen bekommen würden. Augen sind als Organe der sinnlichen Wahrnehmung konzipiert. Und im Fuchskopf sind sie das auch wirklich. Wir hingegen machen sie zu kognitiven Werkzeugen und ruinieren sie damit. Das liegt nicht daran, dass der Fuchs weniger Bewusstsein hätte und sich daher weniger zwischen seine Netzhaut und sein mentales Bild eines Igels schieben würde. Sein Bewusstsein ist weniger mit toxischem Ego und Mutmaßungen kontaminiert.

Nichts von diesen Fuchsinseln war aus einer Höhe von mehr als einem halben Meter über dem Boden zu erkennen. Eine konnte ich sogar nur mit der Nase erfassen.

Und das waren die Inseln:

Insel 1

Es gibt eine Menge Geschäfte, die alles Mögliche verkaufen, auch noch mitten in der Nacht. Dort riecht es nach Ghee, nach Seife und Kardamom, nach Koriander und Feuerzeugbenzin. Die Besitzer sterben nie und regen sich nie auf. In einer Gasse neben einem dieser Läden stapelten sich Kisten mit Zollstempeln aus Barbados, Bangladesch und auch einige von Pazifikatollen. Unter diesen Kisten war die Luft weich, süßlich, feucht und alkoholgeschwängert. Ich trieb auf einem Floß aus gärenden Früchten dahin. Die Wespen waren zu besoffen, um mich zu stechen, als ich mich auf sie rollte.

Ich lag auf dem Bauch, wie Füchse es normalerweise tun. Ein, zwei Meter vor mir befand sich eine Mauer, an der die Feuchtigkeit etwa dreißig Zentimeter hochgestiegen war. Die übrige Mauer, die sich bis zu den blähenden dünnen Stoffsegeln an der Mastspitze eines Taxiunternehmens hinauf fortsetzte, war trocken wie alter Toast und genauso interessant. Doch ziemlich weit unten am Boden gab es eine Welt sich windender Wunderdinge: Nacktschnecken bildeten filigrane silberne Muster; Asseln wälzten sich vorwärts und ruderten in der Luft, ähnlich wie Babytrilobiten sich im Kambrium aus der Ursuppe gestrampelt hatten; mit bronzenen Schilden gerüstete Tausendfüßler schlängelten sich dahin, als wären sie ein Legionärstrupp, der gegen eine Feste bärtiger Goten zog; Flechten wuchsen so, wie Schorf wachsen würde, wenn der Heilungsprozess in den Händen von William Morris läge; Moos glich Achselhaar.

Ein Spalt in einer Kiste aus Lesotho gestattete einen Blick in ein Badezimmerfenster: Die Frau war hinreißend, der Mann war es nicht. Warum blieb sie bei ihm? Aber das war kein Fuchsgedanke. Wenn ich den Kopf senkte, war da ein Blumenkohl, mit grünem Schimmel überzogen und beinhart wie eine Rosskastanie im Mai.

Auf meinem Floß gab es Würmer: dicke, eingelegte Würmer mit breiten, sattelartigen Gürteln gleich fetten Eheringen von ewige Treue Schwörenden. Ein Fuchs hätte sie zwischen den Zähnen hindurchgeschlürft wie Spaghetti, jeder 2,5 Kalorien wert – ein Zweihundertvierzigstel des sechshundert Kalorien hohen Tagesbedarfs eines erwachsenen Fuchses. Obwohl die meisten Füchse Regenwürmer fressen, scheinen sich manche auf Würmer spezialisiert zu haben, wie Erde und Wurmborsten in ihrem Kot vermuten lassen. Es ist eine sichere, gemütliche Art, seinen Lebensunterhalt zu bestreiten, ähnlich einem Notar.

Insel 2

Im Park gibt es eine Stelle, an der Beton auf Asphalt trifft. Wo Wasser in den Beton eingedrungen und im Winter gefroren ist, ist er gesprungen. Die Sprünge bilden ein üppiges Geäst. Sturzfluten, für uns unsichtbar, aber für Blattläuse reißende Gewässer, haben diese Spalte mit Dreck voller Spulwurmeier aus dem nicht in Plastiktüten entsorgten Hundekot gefüllt, der neben dem Spielplatz liegt. Und die von den Außenspiegeln der Zementlaster und Lieferwagen aufgewirbelte Luft hat Grassamen und tapfer wucherndes Jakobskreuzkraut – dessen Vorfahren vermutlich das eine oder andere Pferd in Kent getötet haben – in die Erde gesät.

Wenn man barfuß auf die Trennlinie tritt, merkt man, dass der Beton hart und mit scharfen Kanten übersät ist wie eine Käsereibe. Er ist abweisend gegenüber allem. Die Sonne verlässt ihn so schnell, wie es ihr Lauf gestattet. Der Asphalt hingegen ist warm und weich, selbst wenn es kühl ist. Bei Hitze versuchen seine Ranken aus Teer, die Füße zu umschlingen, und hinterlassen Tattoos in Form schwarzer Besenreiser auf den Fußsohlen.

Füchse haben absurd empfindsame Pfoten. Diese Stadtfüchse sind es gewohnt, jede Nacht acht Stunden lang die Straßen entlangzuschnüren, dabei fühlen sich ihre Ballen an, als hätte man Samt in Milch getränkt und ihn dann über Nacht im Ofen getrocknet, um eine zarte Kruste zu erhalten. Wie ihre Gesichter haben auch ihre Pfoten Sensoren, die über das Fell hinausragen: Auf den Zehenknochen wachsen kleine, steife Härchen, die in einen summenden Bienenstock aus Nerven gebettet sind. Als der Biologe Huw Lloyd bei einem jungen Fuchs, der vor seinem Kamin schlief, sacht diese Härchen berührte, zog der Fuchs die Pfote zurück, ohne aufzuwachen. Wollüstig werden diese Härchen vom Gras jeder Wiese gestreichelt, die ungezähmter ist als ein gepflegter Sportplatzrasen. Stellen Sie sich vor, wie Sie beim Gehen von hochgewachsenen Distelblüten angenehm in den Nasenlöchern gekitzelt werden. So fühlt sich der Fuchs, wenn er im Frühling durch den Wald läuft.

Das alles scheint ein bisschen zu viel des Guten. So perfekt müssten Füchse wirklich nicht sein. Trampelnde, klumpfüßige Huftiere, mit Nervenenden in Hornschuhen, tänzeln völlig zufriedenstellend über unebenen Grund und Felsvorsprünge. Man könnte doch erwarten, dass die natürliche Selektion ein bisschen geiziger mit ihren Gunstbezeigungen gegenüber Füchsen ist.

Nach unserer Vorstellung sprießen kleine Bäume aus dem Boden und entfalten dann entweder ein Dach wie Pilze, oder sie verjüngen sich wie Karotten. Doch so ist es nicht. Selbst der schmalste Baum führt unter der Erde ein ausschweifendes Leben. Die Teile oben im Licht sind lediglich die Küchen für die Nahrungszubereitung.

Das erkennt man irgendwann, wenn man auf dem Erdboden liegt. Ich habe einen Baum drei Stunden lang beobachtet, bevor es mir auffiel. Er hatte hängende Schultern, die auf einen blassen Körper unter dem Asphalt verwiesen.

Der Baum hatte sich erhoben, die starre Oberfläche im Garten aufgebrochen und sich dann ermattet an den Zaun gelehnt, vom Gewicht seiner Krone nach unten gezogen, so wie ein Betrunkener vom Gewicht seines schweren Schädels auf den Wirtshaustisch gezogen wird. Ameisen, Käfer und Ohrwürmer, alle auf ihren streng kontrollierten Straßen, strömen über seine Schultern – Bäche irisierenden Wassers mit Beinen. Sie waren unterwegs, um sich von toter oder lebender Materie zu ernähren: Es ist immer das eine oder das andere, ohne dass die Grenze klar zu ziehen ist.

Ich konnte nicht auf allen vieren zwischen Bäumen durchs East End galoppieren. Dazu gibt es nicht genug Bäume dort. Aber ich habe es oft anderswo nach besten Kräften getan. Die echte Fuchsaugensicht auf Bäume erhascht man, wenn man mit Karacho einen bewaldeten Hang hinunterschlittert. Wie die meisten Raubtiere haben Füchse frontal ausgerichtete Augen und sehen Käfer daher mehr oder weniger so wie ich. Allerdings hätte ich die Baumarten im Lauftempo schneller bestimmen können als sie. Für sie sind Bäume dunkle Säulen, die ihnen mit dieser unvermittelten, nicht wirklich vorhersehbaren Gewalt begegnen, wie wir sie am ehesten vom Schlingern dieser nachgeahmten Motorräder in einer Spielhalle her kennen. Die Computersimulation fühlt sich zwar nicht wie Fahren an, hilft aber, sich wie ein Fuchs zu fühlen. Ich versuchte, wie ein Fuchs auf den Baum im Garten zuzurennen. Ich schlug mir die Knie auf, und die Nachbarin aus dem Nebenhaus zog die Gardine zurück und fragte nervös, ob alles in Ordnung sei.

Insel 4

Ich lag in einem Hinterhof und drehte mit der Nase ein altes Stück Pizza um. Wie es den Ratten, den Vögeln und den Füchsen hatte entgehen können, weiß ich nicht. Jedenfalls hatte es lange genug herumgelegen, um Spuren vom Wetter etlicher Wochen in sich aufzusaugen. Es hatte seit einer Woche nicht mehr geregnet, aber die Pizza war feucht. Über die Peperoni zog sich eine dicke grüne, pelzige Schicht. Auf einer Seite sah man die Abdrücke menschlicher Zähne, die pelzige Schicht war hier dünner: Wahrscheinlich hatten sich die Streptokokken des menschlichen Kusses, der eine konzentrierte Lösung davon bietet, eine Schlacht mit dem Schimmel geliefert. Die untere Seite war ein U-Bahn-Netz, die Tunnel bereits brechend voll mit rempelnden Rüsselkäfern wie eine U-Bahn-Station zur Rushhour. Schwarze Käfer (die mir stets zu mechanisch vorkommen, um Nahrung zu brauchen, was doch ein Bedürfnis für Wesen aus Fleisch und Blut ist) dirigierten die Massen.

Doch was mich wirklich faszinierte, war der Geruch. Das Pizzastück wies mehrere Geruchsschichten auf: oben immer noch metallische Tomate und das Fett von unglücklichem Schwein, mit Sporen versetzt (die gar nicht nach Tod rochen, was sie doch tun sollten); unten teigiges, gärendes Getümmel. Tomate und U-Bahn waren etwa drei Zentimeter (es war eine amerikanische Pizza) und zwei Wochen voneinander entfernt. Doch ich – und das war der Punkt – hatte sie in einer einzigen Millisekunde in der Nase.

Beim Riechen werden Zeitintervalle zusammengeschoben und gebündelt. Die Pizza war dafür ein triviales Beispiel. Wenn man an einem Brocken Schiefer aus dem Präkambrium schnuppert, werden einem mehrere Milliarden Jahre auf einmal an die neurologische Haustür geliefert. Doch wird die Empfindung in diesem Fall nur schwach sein, denn die meisten Geruchsmoleküle haben sich inzwischen auf andere Körper und Strukturen verteilt, und die verbliebenen sind in eine Art archaische Klarsichtfolie eingewickelt.

Wenn ein Fuchs die Bethnal Green Road hinunterschnürt, atmet er mit jedem Atemzug einen bestimmten Augenblick in der Historie der letzten fünf, fünfzig oder fünfhundert Jahre ein. Und er lebt in diesen Jahren, mehr als auf dem Asphalt oder zwischen den Mülltonnen. Die durch das Riechen komprimierte Zeit ist die wahre geografische Umgebung des Fuchses.

Das Pizzastück war nicht gehaltvoll genug, um selbst als Insel zu firmieren. Es war ein Wegweiser – ein frisches, im Wasser schwimmendes Stück Holz, das kundtat, dass eine Insel nicht weit sein konnte. Und diese Insel, von der es stammte, war ein morscher, mit Schwamm durchsetzter Baumstumpf neben einer zerrissenen Mülltüte. Wie Lackmus hatte er die Flüssigkeit aus der Tüte aufgesaugt, und wie Lackmus offenbarte er die wahre Natur der Tüte und aller Tüten, die vor ihr gewesen waren. Und zwar mittels Geruch: Ihre Natur war historisch und anthropologisch und kommerziell und verdorben und unbekümmert und ängstlich und alles andere, wofür es Adjektive gibt. *Und ich roch alles auf einmal.*

Ich glaube, er war einmal eine Linde gewesen. Aber der Name war vom Regen weggewaschen, von den Wespen weggebissen, von der Currysoße aus der Tüte übertüncht. Weil das Holz so porös war, eignete es sich als sichere und geräumige Bank für die Erinnerung an Dinge. Vielleicht war der Baum vor einem Jahrhundert gepflanzt worden, womöglich ohne dass die Planer einen Grund dafür hätten nennen können. Es gab keine Sprache für Beweggründe wie »das unter dem schwarzen Jackett schlagende wilde Herz befriedigen«. Etwa ein halbes Jahrhundert später ist der Baum dann gestorben, als man ihm die verzweigten Wurzeln abhackte, die sich allzu neugierig in den Nachbarsgarten vorgewagt hatten.

Nachdem er gestorben war, fing er an, Gerüche zu sammeln. Als er noch lebte, roch er vor allem nach sich selbst.

Ich schob die Tüte beiseite und schlief mehrere Nächte neben dem Baum, die Nase in seinen Kuhlen vergraben.

Dort durchlief meine Nase drei Stadien. Zuerst erschnupperte sie den alten Baum und formte aus dem Geruch einen Kadaver. Dann zerlegte sie den Geruch (es ist eine große, empfindsame Nase) und analysierte die Bestandteile. Eine Komponente war Diesel, vielleicht aus den Siebzigern; die Nase legte sie in eine Schale, um sich später näher damit zu beschäftigen. Dann ging die Nase weiter zurück und nahm Witterung von einem Sturm auf, der zur Zeit der Sueskrise aus Russland herübergefegt gekommen war; auch dieses Teilstück legte sie beiseite. Da diese Brocken nun nicht mehr im Weg waren, nahm sie Fahrt auf: Menstruationsblut vom letzten Monat; ein beherzter Versuch, ein Kinderzimmer aufzuhübschen; ein überambitionierter und nicht gut angekommener Versuch, klassisch vietnamesisch zu kochen; einige offensichtlich befriedigende Safer-Sex-Begegnungen. Und Bohnen. Jede Menge Bohnen. Alles wurde in die Schale gelegt.

Dann wanderte die Nase, stolz auf ihre Sezierkünste, von einer Komponente in der Schale zur nächsten.

Und allmählich dämmerte ihr die Erkenntnis, dass Sezieren Verpfuschen bedeutet. Sie setzte die Bestandteile wieder zusammen. Erneut entstand der Geruch, den sie beim ersten spontanen Schnuppern wahrgenommen hatte: die komplette Schale auf einmal; ein ganzes Jahrhundert in einem Augenblick.

So macht es meiner Vermutung nach ein Fuchs. Allerdings durchläuft er in einem solchen Moment eine viel längere Zeitspanne als ich und lebt auch viel mehr darin als ich. Klar, er konzentriert sich auf das, was ihn besonders interessiert, so wie ich in einer neu eröffneten Kunstgalerie an einem faszinierenden Bild hängen bleibe. Dennoch tastet er in einem Augenblick das gesamte Jahrtausend ab, so wie ich die Galerie vollständig visuell abtaste. Aus diesem Jahrtausend entscheidet sich der Fuchs dann für die Koteletts von letzter Woche oder die Wühlmaus von vor einer Minute.

Nur Nasen sind zu derartigen Zeitreisen imstande. Zwar unternehmen auch unsere Augen und unsere Ohren Reisen, was wir aber nicht bemerken, denn Licht und Geräusche sind sehr schnell. Wir sehen Sterne funkeln, deren Licht Hunderte von Jahren alt ist, das sich auf der Palette unserer Netzhaut mit dem nur winzige Bruchteile einer Nanosekunde alten Licht der Imbissbude nebenan mischt. Aus dieser Mischung malen wir uns ein Bild der Welt, das wir Wirklichkeit nennen. Tatsächlich aber ist es ein Cocktail aus manchmal radikal unterschiedlichen Zeiten, geschüttelt und gerührt von unserem Ich.

Dies also waren meine Inseln: ein Obstfloß, ein Betonrandstreifen, ein Baum und ein Baumstumpf. Füchse haben mich dorthin gebracht.

Was die Ästhetik angeht, gefiel mir die Sicht des Fuchses mehr als meine eigene aus dem Bus oder dem Arbeitszimmer. Sie war schöner und wesentlich interessanter. Was die Kartografie betrifft, glaube ich inzwischen, dass der Fuchs das East End weit akkurater vermessen hat als ich, denn er berücksichtigt mehr Informationen: Er sieht detailgenauer und umfassender, sowohl die Haare auf den Ameisenbeinen als auch – in einer Orgie des spontanen olfaktorischen Holismus – alles, was seit der Erschaffung der Welt verschüttet, ejakuliert und gekocht wurde oder wuchs. Jawohl.

Die Füchse zeigten mir ein London, das so alt und tiefgründig war, dass man dort leben und es auch mögen konnte. Sie handelten ein wackliges Friedensabkommen zwischen mir und dem East End aus und tatsächlich sogar eines zwischen mir und anderen verkommenen, elenden, kaputten menschlichen Orten. Es war ein großes Geschenk.

Allerdings konnte ich nur Inseln kennenlernen, keine kompletten Landschaften. Zwischen ihnen, unter der Meeresoberfläche, wand und krümmte sich verschwommen die Stadt. Meine metaphorischen Meeresfüchse hingegen sehen immer klar.

*

Zeitreisen sind keine reine Poesie. Füchse nutzen sie zum Jagen. Wenn das Quieken einer Wühlmaus von irgendwoher auf eine Seite des Fuchsmedians trifft, erreicht das Geräusch seine Trommelfelle zeitlich leicht versetzt und mit leicht unterschiedlicher Intensität. Ein bisschen elementare Trigonometrie, viel Erfahrung und eine Menge vergeblicher Sprünge – schon kann das Gehirn eine grobe Standortbestimmung vornehmen. Obwohl es komplizierter ist (was ein evolutionärer Vorteil für reine Töne erzeugende Beutetierarten ist), denn selbst kontinuierliches Sinustonstöhnen kann geortet werden: Zu einem bestimmten Zeitpunkt erreicht ein jeweils anderer Teil der Schallwelle das eine beziehungsweise das andere Ohr – so kann ein Wellenkamm aufs rechte Ohr auftreffen und ein Wellental auf das linke. Anhand dieser Diskrepanz lässt sich das fiepende oder stöhnende Wesen lokalisieren. Aber nur bis zu einem gewissen Grad. Wenn der Fuchs den Kopf still hält, ortet er den Ton nicht als einen Punkt im Raum, sondern als anmutig geschwungene Fläche, die bei dem Stöhnlaut beginnt und über dem Fuchskopf endet. Beim Beutesprung kann der Fuchs nicht alle Punkte dieser Fläche schneiden. Das muss genauer gehen, und das tut es auch: mittels zweier Methoden.

Zum einen bewegt der Fuchs den Kopf oder die Ohren. Die Fläche zwischen dem Stöhnen und seinen Bewegungen bewegt sich ebenfalls, das Stöhnen aber bleibt an Ort und Stelle. Indem der Fuchs die ursprüngliche Fläche mit der neuen vergleicht, kann er die Möglichkeiten eingrenzen. Nach mehreren Kopf- oder Ohrdrehungen hat er bereits annähernd genug Gewissheit, um den aufwendigen Sprung zu wagen. Aber er verfügt noch über ein weiteres erstaunliches Instrument der Feinjustierung.

Um angemessen würdigen zu können, wie erstaunlich dieses Instrument ist, genügt es, wenn Sie im ekelhaftesten Park, den Sie kennen, einen Spaziergang machen und den Hunden beim Kacken zusehen. An einem normalen Tag richten die Hunde ihren Körper dabei von Nord nach Süd aus, dann ist das Magnetfeld der Erde ausbalanciert. Das ist es jedoch nicht immer. Es gibt Böen und Stürme, wenn das flüssige Gestein, auf dem wir alle surfen, herumgeschleudert wird. Doch an einem ruhigen Tag im Hades richtet sich das Gedärm unserer Hunde nach dem Erdmittelpunkt.

Wir wissen nicht, ob das für Füchse ebenfalls gilt, aber es ist sehr wahrscheinlich. Sie sind ganz sicher ans Magnetfeld der Erde gekoppelt. So bevorzugen sie beim Sprung auf kleine Säugetiere eindeutig die nordöstliche Richtung – in diesem Fall ist es sehr viel wahrscheinlicher, dass sie ihre Beute erwischen. Bei Sprüngen in nordöstlicher Richtung beträgt die Erfolgsquote dreiundsiebzig Prozent, bei Sprüngen nach Südwesten (also hundertachtzig Grad entgegengesetzt) sechzig Prozent, Sprünge in irgendeine andere Richtung sind nur in achtzehn Prozent aller Fälle zielführend.

Der Trick (den sie als bisher einziges bekanntes Beispiel aus dem Tierreich anwenden) besteht darin, das Magnetfeld für die Berechnung der Entfernung zu nutzen, nicht zur Berechnung der Position oder der Richtung. Das ist ein entscheidender Unterschied. Vieles in der normalen Umwelt des Fuchses macht eine Entfernungsmessung unmöglich. Die Geschwindigkeit von Geräuschen hängt von Temperatur und Luftfeuchtigkeit ab, was die trigonometrische Gleichung verzerrt. Auch schlängeln sich Geräusche im Slalom zwischen Grashalmen hindurch, prallen von Zweigen ab, werden vom Boden geschluckt oder vom Wind fortgetragen. Auf gut ausgetretenen Wühlmauspfaden gibt es nur selten verräterisch schwankende Grashalme, und falls doch, verwischt eine Brise die Spuren. Zu lange oder zu kurze Sprünge bedeuten Kraftverschwendung, und möglicherweise gibt es keine Chance für einen zweiten Versuch.

Deshalb findet der Fuchssprung in einem festen Winkel zum Erdmagnetfeld statt (idealerweise zwanzig Grad neben den magnetischen Norden). Der Fuchs erkennt den Winkel, in dem das Geräusch auf sein Ohr trifft. Wo sich die magnetische Linie und die Geräuschlinie kreuzen, da hockt die Beute. Woher wussten die englischen Dambuster-Piloten, wann sie ihre Bomben auf die Talsperren und Staudämme im Ruhrgebiet abwerfen mussten? Sobald sich die beiden Scheinwerferstrahlen auf der Wasseroberfläche trafen, hatten sie den richtigen Abstand zu den Staumauern und klinkten aus. Genauso gehen die Füchse vor, wobei der eine Scheinwerfer das Geräusch und der andere das Magnetfeld ist, und statt Bomben zu werfen, strecken sie explosionsartig Knie- und Achillessehnen und hundert oder noch mehr hungrige Muskeln, vollgepumpt mit Blut und Lymphflüssigkeit.

Was mag das für ein Gefühl sein, seine Peilung so direkt von der Erde zu bekommen? Ich bestimme Geräusche, wie es die Füchse tun, indem ich den Kopf bewege. Aber wie ist es, ein Gespür für die Nordostausrichtung im Blut zu haben? Es würde jeden Schritt in einen größeren Zusammenhang rücken – und eine Verbindung zu allem anderen schaffen. Ich wäre ein wahrer Weltbürger und nicht nur ein Bewohner des Fleckchens Erde, das ich gerade verdrecke.

Einmal saß ich im Pub und hörte ein paar älteren Damen zu, die sich darüber unterhielten, wie die Welt den Bach heruntergehe. Die Jugend war – natürlich – nicht mehr das, was sie früher einmal gewesen war. Aber in einer interessanten Hinsicht.

Nicht, dass die jungen Leute nicht faul, ungewaschen, moralisch fragwürdig, respektlos oder drogensüchtig waren – das selbstverständlich auch. Aber vor allem waren sie übersensibel gegenüber Magnetfeldern.

»Sie glauben, dass Kirchen und all so was entlang von Magnetlinien gebaut wurden. Mit Verbindungen zu alten Bergen und so ein Zeug.«

»Nein!«

»Wenn ich's Ihnen sage! Sie behaupten, dass es überall im Land Kraftlinien gibt und dass die Menschen in alten Zeiten darüber Bescheid gewusst und darauf gebaut haben.«

»Nee, oder?«

»Doch. Ich frage mich sogar, ob ich nicht gerade selbst auf einer sitze. Mein Po kribbelt.«

So ging es dann in einem fort: Hintern und Brüste kribbelten; über unförmige, elektrisch geladene Unterhosen wurde gewitzelt; das aus Benidorm stammende Feng-Shui-Arrangement auf dem Kaminsims bedurfte einer kritischen Bewertung. Die Damen gackerten bis in die Nacht, während ich betäubendes Bier trank, das ich wider Erwarten brauchte, und versuchte, mich »Grünmantel« zu widmen.

Die von ihnen verachteten Enkel haben recht – fragen Sie irgendeinen Fuchs, einen Buschmann, einen Hund in Hockstellung oder jemanden aus der Zeit vor der verfinsternden Dämmerung der Moderne. Magnetismus erdet die Menschen wie Bestattungen und das Säen. Wir sind magnetische Kühlschrankbuchstaben: Wenn wir die Haftung verlieren, ist alle Hoffnung dahin, dass aus uns etwas Sinnvolles entsteht. Im Jungpaläolithikum ohne Magnetgespür zu sein hieß, der Welt hilflos und blind gegenüberzustehen. Man wusste nicht so genau, wo man war. Und daher auch nicht, warum und wer man war.

Das zumindest schrieb ich, selbstgerecht und pubertär, in mein mit Bierflecken übersätes Notizbuch. Ich war ja nicht magnetischer als diese Frauen. Irgendwann in den letzten tausend Jahren hatten sich meine Vorfahren ebenso wie die ihren die Füße abgehackt und die Augen ausgestochen. Aber zumindest bildete ich mir nicht ein, dass diese Frauen oder ich deswegen etwas Besseres wären.

Vielleicht übertreibe ich. Wenn ein Fuchs den Winkel von zwanzig Grad, gemessen vom magnetischen Norden, für effizientes Töten nutzt, ist das nicht transzendentaler, als wenn eine Tischtennisspielerin ihr Handgelenk für einen optimalen Topspin dreht. Aber eben auch nicht *weniger*. Was mich unterm Strich schlussfolgern lässt, dass ich nicht übertreibe. Denn die Verbindung zwischen einer Weltklasse-Tischtennisspielerin und der Platte ist zweifellos etwas Wundersames. Für mich ist es eine Holzplatte. Für die Sportlerin ist es eine Bühne, auf der außerordentliche Dinge geschehen können, ein Rahmen, in dem Muster von einzigartiger Schönheit entstehen. Was nur durch die Verbindung zwischen der Spielerin und der Platte möglich ist.

Und so bleibt meine Welt für mich unmagnetischen Wicht weit hinter dem zurück, was sie sein könnte, so wie ein paar Holzplanken bei Weitem keinem Tischtennistisch nach internationalen Turnierstandards entsprechen. Füchse spielen Tag und Nacht Tischtennis.

*

Die Kirchhöfe und Kanalufer in diesem Teil des East End waren zu ordentlich. Es gab zwar Wühlmäuse, aber ich brauchte längeres Gras, um sie zu jagen. Ich musste durch brusthohes Gras waten können, bis ich ihre Pfade, diese chlorophyllgedeckten Gänge, gefunden hatte. Dann konnte ich stehend über ihnen verharren wie ein jagender Turmfalke.

Bei der Mäusejagd können Füchse aus dem Stand heraus bis zu drei Meter weit springen. (Auf mich umgerechnet, wären das etwa acht Meter.) Sie springen auch hoch – vielleicht um einen besseren Überblick über das Jagdgebiet zu bekommen, so wie ja auch ein menschlicher Rotwildjäger auf einen erhöhten Platz klettert, um das Revier zu überschauen –, wobei der Fuchs sein Ziel bereits per auditorischer und magnetischer Ortung ausgemacht hat und nur noch eine Feinjustierung für den finalen Sprung braucht.

Als ich auf Mäusejagd war, gab es für mich keinen Grund, hoch zu springen. Naturbedingt liegt meine Augenhöhe deutlich über dem Scheitelpunkt selbst des athletischsten Fuchssprungs. Aber meine Ohren waren nutzlos. Mäuse können in einer großen Frequenzbandbreite fiepen, manche Quieker sind auch für mich noch zu hören, andere liegen weit im Ultraschallbereich. Im höheren Frequenzbereich hören Füchse viel besser als ich. Am besten funktioniert ihr Gehör aber bei etwa dreitausendfünfhundert Hertz, da kann ich noch gut mithalten. (Menschliche Ohren sind zwischen eintausend und dreitausendfünfhundert Hertz am feinhörigsten, sind aber auch erstaunliche audiologische Allrounder: In mehr als neunzig Prozent der Fälle können wir Geräusche zwischen neunhundert und vierzehntausend Hertz exakt lokalisieren, und selbst bei vierunddreißigtausend Hertz – weit über dem hörbaren Frequenzbereich selbst der Allerjüngsten von uns – gelingt es uns noch in zwei von drei Fällen.)

Die Füchse gehen nach folgender Methode vor: auskundschaften, wo die Wühlmauspfade sind; auf ein Quieken lauschen; Kopf und/oder Ohren bewegen, um eine Kreuzpeilung zu erhalten; falls nötig, durch Lauschen auf einen tieferen und damit leichter hörbaren Ton wie das Rascheln trockener Blätter ergänzen; die Entfernung magnetisch messen; springen; winzige visuelle Korrekturen vornehmen; töten.

Meine Methode war: auskundschaften, wo die Wühlmauspfade waren, und mich breitbeinig darüber stellen; warten, ob sich ein Grashalm bewegte oder etwas raschelte; mich unvermittelt und hoffnungsvoll fallen lassen und mit dem Gesicht in

Mäusekötteln landen; danebengreifen; mich abwischen; den aussichtslosen Versuch unternehmen, einer Gruppe besorgter Mitbürger, die sich argwöhnisch in der Nähe zusammengeschart hatten, mein Tun zu erklären; abhauen, bevor die Polizei eintraf.

Damit brachte ich Stunden zu. Es wurde zu einer Obsession. Dabei war ich nie auch nur annähernd erfolgreich; und ich wurde nie besser. Bei etwa fünf von mehreren Hundert Sprüngen erhaschte ich einen Blick auf meine Beute – wie sie arrogant zur Seite auswich und spöttisch davonrannte. Eine drehte sich sogar tatsächlich nach mir um. Man würde es ja schon aus anatomischen Gründen für unmöglich halten, dass eine Wühlmaus höhnisch grinsen kann. Doch das geht. Ich habe es gesehen.

Das Leben kleiner Säugetiere ist in Morseschrift geschrieben: Punkte und Striche. Sie flitzen zwischen den Punkten hin und her und ziehen damit Striche. Dann halten sie zitternd inne (und machen aus dem Punkt eher einen Strichpunkt), um sich ein detailliertes Bild von der Situation zu machen.

Ich bin gerade vom Flussufer zurückgekommen, wo ich Spitzmäuse beobachtet habe. Sie rennen ein paar Sekunden hin und her, warten drei, flitzen zwei, warten drei und so weiter. In den Pausen fragen sie sich, wie sie es über den nächsten Haufen Laubstreu schaffen sollen, und vielleicht (eigentlich ist das kein großer Schritt), ob sie es überhaupt schaffen werden.

Die meisten Raubtiere lassen sich von ihrer Beute täuschen oder passen sich zumindest ihrem Rhythmus an. Füchse nicht. Bei einem Fuchs gibt es kein Stakkato. Ihnen gelingt es mehr als jedem anderen Tier, sie selbst zu sein. Sie gehen keine Kompromisse ein, weder was die Beute noch was den Ort angeht. Ein im brodelnden Innern einer Stadt lebender Fuchs hat in etwa dieselbe Lebenserwartung wie einer, der in einem Buchenwald oder auf einem Berg zu Hause ist. Er beharrt auf unnötiges Jagen und wird nicht an einer Erkrankung der Herzkranzgefäße sterben. Er wird weiterhin durch und durch Fuchs bleiben, wohingegen vollständig urbanisierte Menschen Gefahr laufen, nicht optimal menschlich zu sein.

Die Fuchsartigkeit des Stadtfuchses ist umso spektakulärer, weil er so oft schwer verletzt wird – von Autos natürlich. Das ist eine Folge seines selbstbewussten Fuchsseins: Warum sollte er vor so merkwürdigen Raubtieren fliehen? Die Straße ist sein Zuhause, warum sollte er weichen? Gerumpel und Licht lösen weder Ängste noch Fluchtinstinkte in ihm aus.

Ein heldenhaftes Experiment zeigt, wie viel Schmerz die Mischung aus Schreck, Widerspenstigkeit und gebieterischer Gelassenheit birgt, die das kurze, aber funkelnde Dasein eines Stadtfuchses ausmacht. Der Held hat mehr als dreihundert tote Füchse von den Straßen Londons gekratzt und sie den Fliegen hingelegt. Mehrere Monate später – und vermutlich um etliche Freunde ärmer – konnte er sehen, dass 27,5 Prozent von ihnen geheilte Brüche aufwiesen, die meisten davon zweifellos von rasenden Stahlkolossen verursacht, die von zersetzten Pflanzen aus Karbonwäldern angetrieben wurden.

Wir wissen nicht, wie Füchse mental mit körperlicher Versehrung umgehen, aber ich habe eine Menge Hunde gesehen, die verwirrt auf die zersplitterten Knochen am Ende ihrer Beine starrten. Rasch fingen sie an, diese Enden zu lecken, als wären sie neugeborene Welpen. Sie gingen also mit dem einen rätselhaften blutigen Ding, das da aus ihrem Körper gekommen war, genauso um wie mit anderem, was blutig aus ihnen herausbrach. Und hießen es in der Welt willkommen.

Ich habe die zersplitterten Enden meiner Knochen betrachtet. Und sie nicht willkommen geheißen. Röhren spritzten mir Blut in die Augen, bis sie sich ohne mein Zutun von selbst verschlossen. Wir werden stets und ausschließlich von Prozessen am Leben gehalten, die ohne unser Zutun ablaufen. Wenn man eine Herzzelle auf einen Objektträger legt, zieht sie sich weiterhin im Takt des Stocks eines toten Dirigenten zusammen, der nicht einmal wusste, dass er dirigierte.

Füchse werden nicht nur von Fahrzeugen überfahren, auch der Zahn der Zeit nagt an ihnen. Fünfunddreißig Prozent der Londoner Füchse leiden an Spondylosen, krankhaften Veränderungen ihrer Wirbelkörper und Bandscheiben. Fünfundsechzig Prozent der Füchse im dritten Lebensjahr haben Arthritis in der Wirbelsäule; die wenigen, die das Greisenalter von sechs Jahren erreichen, leiden alle daran. Wenn sie auf Zäunen balancieren wie junge rumänische Olympionikinnen auf dem Schwebebalken oder sich aus einer Hecke auf eine Ringeltaube stürzen oder quecksilbergleich an ein Kaninchen heranschlängeln, tun sie das mit einem so kaputten Rücken, dass man sie, wären sie Büroangestellte, berufsunfähig schreiben würde. Sie müssen sich darauf freuen, tagsüber unter dem Schuppen liegen zu können, und bestimmt erfüllt die nahende Nacht sie mit demselben resignierten Grauen, mit dem ein Mann, der seine Büroarbeit wichtiger nimmt als seinen Ischiasschmerz, morgens den Wecker läuten hört.

*

Unter dem Dach meines Baus döste ich Tag für Tag endlose Stunden dahin: schwitzend, schaudernd, unruhig, niemals entspannt. Ich wollte mir damit die Perspektive aneignen, die der Fuchs unter dem Schuppen hatte. Ohne Blick in den Himmel. Aus dieser niedrigen Höhe wirkte die Horizontale abschüssig, ein Abflussrohr leitete die Welt rasch zu einem Punkt, wo sie verschwand. Die vertikale Perspektive hingegen drehte einem den Magen um – sobald man die Augen hob, war da nur noch Mauer. Wir lebten in einem Brunnen, Licht sickerte von oben durch ein unsichtbares Geflecht aus Nebel und Abgasen herein.

Wir wissen nicht viel über die Farbwahrnehmung von Füchsen, aber vermutlich sind sie rot-grün-blind. Was hier allerdings kaum einen Unterschied macht. All diese Leute, die finden, dass Blumen vulgär übertrieben sind, wollen hier doch nichts anderes als ein Grau in Grau – zumindest ist es die Farbe, die die vorherrschenden Westwinde und eine homöopathisch dosierte Sonne nach einer Saison von den Pastelltönen übrig lassen.

Wenn ein Fuchs eine Weile mit seiner Wühlmaus gespielt hat wie meine Kinder mit den Erbsen auf ihren Tellern und ihr schließlich den Kopf abbeißt, ist ihr Blut lediglich ein dunkelgrauer Schatten auf grauem Gras.

Schrundig und stinkend wälzte ich mich unaufhörlich unter der Plane hin und her, während ich meine Umgebung beobachtete und lauschte.

Beim Beobachten unterschied ich mich gar nicht sehr vom Fuchs. Tagsüber entspricht seine Sehschärfe auf kurze Entfernungen mehr oder weniger meiner, allerdings brauchen seine Augen mehr Anreize als meine, damit sein Interesse geweckt wird.

Im Zentrum seiner Netzhaut herrschen eher Zapfen als Stäbchen vor, und Zapfen können Bewegungen viel besser wahrnehmen als Formen. Solange ein junges Kaninchen sich still verhält, ist es mittags sogar im Sichtbereich eines Fuchses ziemlich sicher. Ein Mann mit Gewehr, der sich sehr, sehr, sehr langsam hochstemmt, wird den Fuchs am Tag wahrscheinlich erwischen, selbst wenn sich seine Silhouette vom Himmel abhebt. Die Silhouette (nicht unsichtbar, aber nicht wahrgenommen) wird als Teil des Hintergrundrauschens im Fuchsgehirn weggefiltert; Aufmerksamkeit ist ausschließlich neu entstehenden Geräuschen vorbehalten.

Meine Augen erkennen Formen tagsüber besser als der Fuchs, und mein Gehirn ist auch interessierter daran als seines. Obwohl die Langeweile der Tage erdrückend war, hatte ich doch mehr Unterhaltung als er. Ich brauchte keinen Käfer oder einen schnell huschenden Schatten, obwohl mir auch diese willkommen waren. Mir genügte ein Kiefernzapfen, eine krause Flechte oder die korinthische Kannelierung einer eisernen Mülltonne.

Meine runden Pupillen waren zum Staunen gemacht und wie geschaffen, um in die Welt vorzudringen und alles Neuankommende bereitwillig aufzunehmen. Nur mein Gehirn, durch die letzten paar Jahrtausende schüchtern und zurückhaltend geworden, überprüft an der Pforte erst einmal jedermanns Referenzen und lässt nur die Bekannten und nicht bedrohlich Wirkenden herein.

Ein Fuchs legt der Welt vermutlich weniger kognitive Hindernisse in den Weg, weil die physischen Eigenschaften seiner Pupillen für ihn eine größere Rolle spielen. Nachts sind sie rund wie meine, denn dann sammelt er alle Anhaltspunkte, die ihm Wald und Straße bieten können. Tagsüber sind sie skeptischer und kritischer: vertikale Schlitze wie strammstehende Wachposten, die das Licht effektiver fernhalten können. Sie arbeiten mit den Lidern zusammen, um die optimale Menge an sichtbarer Welt auszutarieren.

Die Füchsin und ich hörten manchmal dieselben Sachen: Faustschläge (sie fragte sich bestimmt, ob es zum Abendessen einen Kadaver geben würde); hysterisch fröhliche Menschen im Radio; körperloses Hacken, Knirschen, Schleifen, Grollen, Surren und Klingeln. All das war interessant für mich, doch beinahe nichts davon für die Füchsin. Für sie war kaum etwas, was sich über ihrem Kopf abspielte, der Aufmerksamkeit wert. Sie hatte im Lauf der Evolution gelernt, sich nicht vor Räubern aus der Luft fürchten zu müssen (nicht einmal der beeindruckendste Adler ist eine große Bedrohung), und der gelegentliche tödliche Schuss aus dem Schlafzimmerfenster eines Bauernhauses ist nicht so signifikant, dass er die evolutionäre Entwicklung in Richtung Angst vor donnernden Himmelsgöttern lenkt. So hat sie das leise Rascheln der Pappeln (das unsereiner erst nach Stunden hört), das pulsierende Wummern einer Waschmaschine, das rauflustige Scharren und Trillern der Stare unter der Dachtraufe wahrscheinlich bemerkt und (mit der gleichen Achtsamkeit, an der ich jahrelang mit überkreuzten Beinen, verkrampft und erfolglos gearbeitet hatte) sofort als unbedeutend verworfen.

Die Bewegung trockener Blätter neben dem Komposthaufen, für mich ein zartes Knuspern, klang für sie hingegen, als würde ein scharfer Fingernagel direkt neben ihrem Ohr über eine Trommel kratzen. Ihre Aufmerksamkeit richtete sich vom Allgemeinen (oder dem Allgemeinen unter 1,50 Meter) auf diese Blätter, genau wie ein Meister der Meditation seine Aufmerksamkeit umdirigiert und ganz auf den Atem richtet.

*

Mein Fuchssein fiel größtenteils in die Zeit, als ich noch keinen Nachwuchs hatte. Damals fand ich es spaßig. Heute wäre es sogar noch spaßiger, denn ich würde viel mehr zu sehen bekommen. Die Kleinen würden mir die Schuppen von den Augen kratzen, und darunter kämen vertikale Pupillen zum Vorschein. Menschenkinder sind viel mehr Fuchswelpen als irgendetwas anderes. Meine legen sogar Vorratslager an wie Füchse (hinter Büchern und unter Teppichen finden sich kleine Häuflein Gummibärchen), und das aus denselben Gründen (kleine Mägen und eine apokalyptische Fantasie, die ihnen suggeriert, dass es morgen entgegen allem Anschein nichts zu essen gibt).

Zudem scheint ihr Gedächtnis, was ihre Lager angeht, ebenso gut oder schlecht wie das von Füchsen zu sein.

»Wo hast du die Gummibärchen hingetan?«

1. und 2. Woche: »Hinter den Lego-Eimer.«

3. Woche: »Hinter den Lego-Eimer? Ja, ich glaube schon. Oder vielleicht neben die Penisköcher?«

4. Woche: »Welche Gummibärchen? Bitte: welche Gummibärchen?«

Wenn sie jedoch etwas ausbuddeln mussten, war die Erinnerung besser in ihren Köpfen verankert. Im Exmoor hatten wir Bohnen- und Tomatenkonserven vergraben, und obwohl diese viel weniger interessant waren als Süßigkeiten, erinnerten sich die Kinder noch drei Monate später exakt an die Stellen – auch wenn ihre Erinnerungsfähigkeit, wo welche Dose lag, nach vierzehn Tagen auf das Fuchs- beziehungsweise Süßigkeitenniveau abgesunken war.

Ich möchte nicht, dass sie sich ändern. Sie haben alles, was sie brauchen, um anständig zu leben, und nichts Überflüssiges. Auch in dieser Hinsicht sind sie wie Füchse. Ich habe Angst vor ihrer Evolution; insbesondere fürchte ich, dass es eine Assimilation an eine weniger vertraute Welt sein wird – eine Welt, in der Sensibilität unmöglich ist.

Dasselbe befürchte ich für die Rotfüchse der Innenstadt, obwohl es beruhigend wenige Hinweise darauf gibt. Falls eine solche Entwicklung bevorsteht, müssten wohl schon erste Anzeichen davon sichtbar sein. Denn gemeinsam sind Genetik und Evolution ein schnelles und starkes Team. Aber Gefahr droht den Füchsen noch immer. Schließlich hat man in nur vierzig Generationen bei Silberfüchsen die Eigenschaft »Freundlichkeit gegenüber Menschen« künstlich selektiert, sodass kalte, knurrende Giftpakete jetzt bellen und mit dem Schwanz wedeln. Erst winseln sie ängstlich, wenn ein Mensch auf sie zukommt, und dann lecken sie ihm die Hände.

Möge Gott oder Darwin meine Kinder vor vergleichbaren Zuchterfolgen bewahren.

*

Ich hasse Katzen. Aus tiefstem Herzen. Es ist nicht diese leidenschaftslose Abneigung, die jeder hegen sollte, der etwas für Vögel, kleine Säugetiere und Vernunft übrighat. Mein Hass ist elementar und steht in keinem Verhältnis zu dem Schaden, den die Biester anrichten. Und er steigert sich von Jahr zu Jahr.

Niemand mag eine Katze wirklich als Katze. Eitel, kalt und grausam, ist das Tier schon an sich unsympathisch. Um eine Katze zu mögen, muss man sie in etwas verwandeln, das sie offensichtlich nicht ist – und sie als Geliebte, als Postamtsvorsteherin oder als alte Schulkameradin verkleiden. Katzen sind am besten in den Händen wirklich miserabler Tierpräparatoren aufgehoben.

Ich wünsche ihnen nichts Böses. Ich wünsche mir, dass es sie nicht gibt. Die Entfernung ihrer Reproduktionsorgane ist mir ein religiöses Anliegen. Und zu meiner großen Enttäuschung ist nur bei 0,4 Prozent der Stadtfüchse von Oxford Katzenfell in den Exkrementen enthalten – und das stammt wohl meistens von überfahrenen Tieren.

Der Geruch von Katzenurin macht mich wahnsinnig. Ich weiß nicht, was zuerst da war, der Katzenhass oder der Abscheu vor ihrem Urin, aber jetzt kann ich beides nicht mehr auseinanderhalten. Und als ein Kater die Plane markierte, die über meinem Fuchsbau lag, passierten schreckliche Dinge in meinem Kopf.

Ich legte ein Hühnerbein auf die Plane und schob mich darunter. Wenig später spürte ich, wie der Kater meinen Rücken hochkletterte. Das Hühnerbein lag auf meiner Schulter. Ich wollte ihm diese kaltschnäuzige Gelassenheit austreiben. Also wartete ich, bis ich wusste, dass der Kater die Zähne ins Hühnerbein geschlagen hatte, dann schoss ich mit einem Grollen nach oben, als wäre der Vesuv ausgebrochen. Ich hörte ein befriedigendes Kreischen, und der Kater sprang davon, mit großen Sätzen und einer Neurose, die kein noch so teurer Tierverhaltenstherapeut würde heilen können.

Ich jagte ihm durch den ganzen Garten (der diese Bezeichnung nicht verdient) hinterher. Er sprang über ein paar Bretter. Ich auch. Er setzte über einen Blumentopf hinweg. Ich auch. Er sprang auf einen Zaun und flitzte ihn entlang. Ich auch. Er tat es mit der Eleganz eines Balletttänzers. Ich nicht.

Ich fiel zwischen eine Mauer und einen Schuppen, plumpste zu Boden und keuchte und fluchte. Einen Moment lang blieb ich dort liegen. Dann sah ich in vertikale Pupillen, keine zwei Meter entfernt, in einem scharf geschnittenen roten Kopf. Das

Hühnerbein ragte auf einer Seite aus der Schnauze der Füchsin wie ein Zigarrenstumpen. Sie hielt meinem Blick stand, das heißt, sie fixierte eher mich als ich sie. Als sie dann beschloss, mich aus ihrem Bann zu entlassen, schlenderte sie in eine Ecke des Gartens und zu einer nicht vorhandenen Tür hinaus.

*

Die Füchse haben mir London für eine Weile zurückgegeben. Sie hätten mir noch mehr gegeben, wenn ich sie darum gebeten hätte. Aber es schien mir unfair, sie zu drängen. Sie haben in den wenigen vor Leben strotzenden Jahren, die ihnen die Statistik gewährt, anderes zu tun. Ich konnte ihnen nichts geben. Sie brauchten mich nicht, weder meinen Hausmüll noch mein Mitgefühl, noch meine Fantasien von einer wilden Kameradschaft. Diese Überflüssigkeit, und die Erinnerung an lächelnde Augen über einer Hühnerhaxe, schenkten mir die einzige Zuversicht, die ich habe: dass alles gut werden wird.

ERDE 2
ROTHIRSCH

Rotwild ist dazu bestimmt, von Wölfen gejagt zu werden.

Wolf zu sein ist leicht. Und so wurde ich einer.

Es begann damit, dass ich in eine Gesellschaft hineingeboren wurde, die blökte: »Akkumulation ist gut, Verzicht ist schlecht.« Dann ging ich auf eine Schule, die vermessen genug war, einen Pflichtkurs in Wirtschaftsliberalismus namens »Der gesellschaftliche Reichtum« vorzuschreiben; außerdem durften wir an Donnerstagnachmittagen mit aus dem Zweiten Weltkrieg stammenden Repetierbüchsen auf anstürmende Kommunisten ballern und bekamen Leistungsabzeichen, wenn wir sie zwischen den Augen trafen.

Anschließend besuchte ich eine altehrwürdige Universität, die – wie mir die Steine und ein gelegentlich betrunkener Dozent verrieten – deshalb so altehrwürdig war, weil in jeder Generation durch ein Naturgesetz der Schwerelosigkeit die Exzellenz ganz nach oben schwappte und selektiven Umgang mit anderer Exzellenz pflegte, um noch mehr Exzellenz hervorzubringen. Und so würde es sein auf immerdar, bis die Erde voll der Erkenntnis des Adam Smith war, so wie das Wasser das Meer bedeckte. Nach sechs Jahren Mittelmäßigkeit wurde ich in einem eichengetäfelten Raum mit Blick auf den Fluss Cam zu einem Glas trockenem Sherry eingeladen. Ein Fellow der Royal Society in schwarzem Talar bat uns, Platz zu nehmen.

»Gentlemen, Sie sind im Begriff, Cambridge zu verlassen. Nun mag es durchaus sein, dass die Sanftmütigen einst das Erdreich besitzen werden, aber mein Rat an Sie lautet: Solange sie keine Anstalten machen, ernsthaft Anspruch darauf zu erheben, trampeln Sie ruhig auf ihnen herum.«

Solcherart gewappnet, stolzierten wir in die Welt hinaus. Beziehungsweise, was mich betraf: Ich *schlich* hinaus, nunmehr Wolf qua Statut, aber nicht aus Überzeugung.

Um Statuten zu ändern, muss man das System umkrempeln, und dafür war ich lange Zeit zu beschäftigt. Ich besorgte mir das Rüstzeug, um wölfische Verpflichtungen zu übernehmen. Dazu gehörten berufliche Würdigungen, wissenschaftliche Arbeiten, Mädchen und Waffen. Doch mehr als alles andere bedeutete es, im September den Schlafwagen von Euston nach Inverness oder Fort William zu nehmen.

Ich liebte ihn. Und liebe ihn noch heute. Im Speisewagen des Caledonian Sleeper herrscht eine beglückende Apartheid. Weil es zu gefährlich ist, das Gewehr im Schlafabteil zu lassen, muss man es mit sich führen, während man sein Haggis aus der Mikrowelle isst und mitleidige Blicke auf die unbewaffneten Touristen wirft, die vor ihrem Salat sitzen.

Die Pirschjäger verbindet eine verkrampfte, obszöne Kameradschaft: Wir verachten die anderen noch mehr, als wir uns gegenseitig hassen und misstrauen. Mit hochgezogenen Augenbrauen quittieren wir den Fauxpas eines nach sozialem Aufstieg strebenden Bauerntölpels, der in Unkenntnis der Regeln nach einem Glenfiddich fragt (weil er davon mal in einem Inlandsflugmagazin gelesen hat) anstatt nach einem Island Malt. In wortlosem Einvernehmen spotten wir über ihre funktionellen wasserdichten Jacken, ihre leichten, atmungsaktiven Hosen, ihre bequem geschnürten Stiefel und besonders über ihre Ernsthaftigkeit. Alle haben ihre Landkarten ausgepackt. Sie tippen Koordinaten in ihre GPS-Geräte und berechnen die Entfernungen zwischen den Hütten. Ganz anders wir: Wir brauchen keine Navigationshilfen. Wir gehen, wohin wir wollen, und knallen die Hirsche da ab, wo es uns verdammt noch mal passt. Dabei lassen wir unerwähnt, dass wir keine Karten brauchen, weil wir auf den Berg geführt werden, und zwar von professionellen Jagdführern, die uns weitaus mehr Verachtung entgegenbringen, als selbst wir für diese freundlichen, abgehärteten und auf sich selbst vertrauenden Naturburschen erübrigen können, die wahrscheinlich in der Zeit, in der wir ein überteuertes Bier im White Horse am Parsons Green trinken, einen Triathlon absolvieren. Nein, wir sind die Wölfe. Sie sind das Wild. Wir fressen sie. Schön, dass sie so brav mitspielen und Grünzeug futtern.

Als der Zug ruckelnd die nördlichen Midlands erreicht, sind die Touristen durch den Gang entschwunden, um früh schlafen zu gehen. Sehr klug von ihnen: Man kann ja nie wissen, wann sie vor einem von uns Reißaus nehmen müssen.

Bevor sie gegangen sind, waren die Verhältnisse klar: Es gab die Wölfe, und es gab die Beutetiere. Jetzt jedoch fassen wir die anderen Wölfe näher ins Auge – die Leittiere, die künftigen Leittiere, die Mitläufer. Der Kerl dort hat einen nagelneuen Gewehrkoffer; ich wette, er ist ziemlich neu dabei. Und der da hat mit seiner Riesenbrille den Hirsch nicht scharf im Visier, sobald Nebel aufzieht. Und schau dir nur diese Ärmchen an: Er wird nie eine Büchse ruhig halten können, nachdem er drei Stunden in der Kälte auf der Lauer gelegen hat. Das Mädchen ist ja ganz hübsch, sieht aber zu wasserstoffblondiert aus, um eine Gegeneinladung in unser Jagdhaus zu bekommen. Außerdem kann sie bestimmt nicht singen, spielen, rezitieren oder sonst etwas beitragen, was nach dem Dinner im Salon gefragt wäre.

Nicht immer gelingt die Selbsttäuschung. Doch zumindest vor meinem geistigen Auge sehe ich jemanden in der Ecke sitzen und Wasser und Tee trinken, lakonische und ironische Sprüche auf den Lippen, neben sich ein reichlich ramponiertes Gewehr; er trägt verwaschene Klamotten, hat die Füße in den knöchelhohen Wildlederschuhen frech auf den Sitz gelegt, liest Sophokles im Original und ist rundum glücklich, wenn er Hirsche töten und essen kann.

Als wir in Fort William ankommen, sind sämtliche Unterschiede zwischen den Wölfen irgendwo unterwegs auf der Strecke geblieben. Nur die natürliche Aristokratie des lächelnden Sophokles-Lesers bleibt, beständig wie die Unbeständigkeit des Wetters in den Highlands. Wir werden ausgespien, zerknittert, steif und ängstlich, und in alte Land Rover verfrachtet.

Weil es solche und solche Wölfe gibt, gibt es auch solche und solche Jagdhütten. Manche (etwa von Deutschen, von Amerikanern oder von Agenturen mit komplizierten Mietverträgen) haben Teppiche und Tapeten mit Schottenmuster, eine makellose Kiesauffahrt, Flachbildfernseher und Bratenjus. Andere haben eine kleine Speisekammer, ein Fass Bier in der Küche, einen Trockenraum mit Holzofen und Bratensoße. Wenn ich zum Töten ging, wohnte ich immer nur in letzteren Hütten, Diana sei's gedankt.

Für das gebührend fleischhaltige Frühstück nimmt man sich Zeit. Dann fährt man vielleicht mit dem Boot über einen Loch zu einem abgelegenen Uferstück, um die Jagd amphibisch zu beginnen, oder holpert mit dem Wagen auf die andere Seite eines Hügels, wo der Wind günstiger steht, oder man lauert gleich hinter der Einfriedung und robbt noch in Sichtweite der Küchenfenster über den Boden.

In meinen Wolfsjahren habe ich mit meinen explodierenden Zähnen so manches Tier erlegt. Ich weiß nicht, wie viele. Ich habe nie Buch darüber geführt. Zuweilen dachte ich, mit einer Chronik ließen sich diese Tage so festhalten, dass ich weiterhin in ihnen leben könnte, was mich wiederum davon abhalten würde, sie wirklich zu erleben, wenn sie real geschahen. Und manchmal schien es mir, als würde eine rein berichtsmäßige Darstellung meines Tuns so grundlegend am Wesentlichen vorbeigehen, dass ich es mir gleich sparen konnte.

Was genau das Wesentliche daran war, wusste ich allerdings selbst nicht. Und weiß es bis heute nicht. Aber schon damals hatte die Jagd für mich etwas Anstößiges. Nicht weil es ungerecht war, aus dreihundert Meter Entfernung ein Tier umzubringen, das ich nur durchs Zielfernrohr sah und nie mit einem Speer hätte erlegen können. Es ging auch nicht um die Tatsache des Tötens, denn wie viele Tiere zum Abschuss freigegeben sind, ist für jedes Revier geregelt: Eine bestimmte Anzahl von Hirschen musste nun mal getötet werden. Vielmehr hatte es etwas mit der Wechselbeziehung zu tun, also mit Nähe und mit diesen teleskopischen dreihundert Metern. Was ich da tat, war ein schrecklicher, ungehöriger, intimer Eingriff: Ich verformte ein Ökosystem. Ich beendete etwas und setzte etwas anderes in Gang. Und dabei war ich nicht einmal vor Ort, um mich dieser Verantwortung zu stellen, sondern machte gerade mal aus der Entfernung den Zeigefinger krumm. Ich sah nicht, was es bedeutete, wenn sich eine Kugel im Zickzack ihren Weg durch den Brustkorb bahnte, wenn sie an Rippen abprallte und Blutgefäße zerfetzte. Ich war nicht dort, um es zu erklären, die Bürde des Bedauerns auf mich zu nehmen, die auch die Bürde eines Hochgefühls ist. Ein Hirsch ist ein furchtsames, wundervolles Werk der Schöpfung. Ich hatte es achtlos und mühelos zerstört. Etwas Geschaffenes »ungeschaffen« zu machen (ich glaube, hier lässt mich meine Logik im Stich) ist eine gottlose Tat. Mir ging langsam auf, dass sich in der Kaschrut, den jüdischen Speisevorschriften, mit ihrem Abscheu vor Blut eine alte, unhistorische Denkweise ausdrückt, nämlich dass wir einst alle Vegetarier waren und zu nichtmenschlichen Geschöpfen in einer Beziehung standen, die wir für unser Wohlergehen brauchten. Wenn ich auf dem Berg neben einem erlegten Hirsch stand, überkam mich eine ontologische Übelkeit wie einen Chassiden mit Blutwurst im Mund. Ich fühlte mich besudelt, und ich wollte keine schmutzigen literarischen Fotos von mir, für späteres Amüsement bestimmt, in einer Schublade herumliegen haben.

Da ich also nicht Buch darüber geführt habe, sind mir nur allgemeine Erinnerungen ans Jagen geblieben: eine aus vielen Strängen gewobene Chimäre, auf vielen Bergen entstanden. Doch stammen die Stränge, die die Geschichte des Rothirschs ergeben, einzig und allein vom Rothirsch selbst; Rehe, Zebras, Gnus, Blessböcke oder Kuhantilopen sind nicht enthalten. Umgekehrt gilt das allerdings nicht. Einige raue braune Haare des Hirsches von Conaglen verleihen dem Zebra Farbe. Rothirsche sind etwas Besonderes. Sie sind mehr sie selbst als die anderen Huftiere, die ich erlegt habe. Sie wachen mit Argusaugen über die Besonderheit ihres Todes.

Und so läuft die Pirschjagd auf den Rothirsch ab (wobei ich entscheidende Details über Begierden, Brotzeiten und natürlich Fehlschüsse weglasse):

Du begibst dich zu einer Zielscheibe vor ein paar Sandsäcken. Ein dünner Mann in Tweed mustert dich skeptisch, solange du nicht bewiesen hast, dass du auf eine Distanz von zweihundert Metern drei Kugeln in einem Umkreis von fünf Zentimetern platzieren kannst. Schaffst du es nicht, kannst du gleich den nächsten Zug zurück nehmen. Ein Weiterleben ist möglich, aber sinnlos; jedenfalls wird das Leben nie wieder dasselbe sein. Du bist kein Jäger.

Gelingt es dir indes, nickt dir der dünne Mann zu und steckt das Gewehr in die Tasche zurück, dann geht ihr zusammen zum Berg. Erleichtert über deinen Schießerfolg, bist du in redseliger Stimmung. Doch das wird nicht honoriert. Du magst zwar ein Jäger sein, aber in der Hierarchie des Rudels stehst du ganz unten.

Außerdem ist der hagere Jagdführer beschäftigt. Beim Gehen sucht sein Blick ständig den Berg ab. Du tust es ihm gleich, doch es ist nicht dasselbe. Du versuchst dich aufmerksam und scharfsichtig zu geben und verweilst gelegentlich kurz, um mit Kennermiene die Falte an einem Kar zu bewundern, doch darauf fällt niemand herein.

Ihr bleibt beide stehen. Dein Begleiter holt sein Fernglas heraus. Du kramst deines hervor. Ihr sucht beide den Berg ab. Schließlich sagt der Führer: »Zwei schöne Hirsche, aber ein Kahlwildrudel davor. Kein Durchkommen.« Du tust so, als könntest du die beiden Hirschböcke mit den hinderlichen Hirschkühen davor ebenfalls sehen, und nickst. Der Führer rupft eine Handvoll Gras aus und wirft es hoch, um festzustellen, wie der Wind steht. Dann fasst er wieder den Berg ins Auge und saugt scharf Luft ein. Er setzt sich auf ein Grasbüschel, packt ein Messingfernrohr aus und hält es sich vors Auge, den Ellbogen zur Stabilisierung aufs Knie gestützt. »Da ist ein geeigneter Hirsch am Fuß des Geröllhangs«, sagt er. »Das könnte gehen.«

Damit habt ihr, wenn auch unausgesprochen, einen gewieften Plan ausgetüftelt. Ihr klettert in die Schlucht hinunter, die zum Bergkamm führt. Da der Wind aus der Richtung des Hirsches weht und ihr außerhalb seines Blickfelds seid, könnt ihr diesen Teil schnell hinter euch bringen. Das solltet ihr auch, denn das Wetter kann rasch umschlagen, und Hirsche lassen sich von jeder Kleinigkeit verschrecken.

Bevor die Schlucht in die Anhöhe übergeht, müsst ihr wieder raus. Eine alte, wachsame Hirschkuh hat die Umrisse des Horizonts stets im Kopf, wie unsereiner einen Ohrwurm. Eine kleine Abweichung von der Melodie oder ein auch nur leicht verstimmter Akkord entgeht uns nicht. Bei ihr ist es genauso. Schließlich klettert ihr aus der Senke heraus und ins Niemandsland. Auf allen vieren zu kriechen ist jetzt noch nicht notwendig. »Aber bleiben Sie unten«, ermahnt dich der Führer, und du folgst ihm langsam und gebückt. Abrupt bleibt er stehen, und du, einen Schritt hinter ihm und beflissen, alles richtig zu machen, prallst gegen ihn. Er fährt herum und packt dich an der Jacke, damit du hinter ihm bleibst. Die Hirschkuh hat »aufgeworfen«, das heißt, sie hat den Kopf gehoben und schaut jetzt genau in die Richtung des Führers. Dabei wirkt sie nicht glücklich. Eine spannungsgeladene Minute lang mustert sie ihn. Dann senkt sie den Kopf und äst weiter. Doch der Führer verharrt regungslos, und das aus gutem Grund. Nur ein paar Sekunden später wirft sie erneut auf und blickt ihn unverwandt an. Das ist ein alter Trick. Der erste Blick hat sie nicht zufriedengestellt. Wenn da etwas Verdächtiges ist, so ihr Kalkül, wird es annehmen, sie sei beruhigt, und sich wieder bewegen, sodass sie es bei einem zweiten Blick ertappt. Dieses Spiel wiederholt sich auf eurem Weg zum Geröllhang noch mehrmals. Ihr müsst auf die Drehung ihres Halses achten und innehalten, bevor sich ihr Blick fokussiert.

Der Hirsch äst am Fuß des Hangs. Er verlässt sich darauf, dass ihn die weiblichen Tiere warnen. Etwa dreihundert Meter von dem Hirsch entfernt wuchert Rispengras auf dem Gelände. Das kann von Vorteil wie von Nachteil sein: So kann es beim letzten Anrobben Deckung bieten, aber auch einen freien Schuss verhindern. Zwischen euch und dem Gras gibt es auf etwa dreihundert Metern ziemlich wenig Deckung.

Du legst dich bäuchlings hin, deine Genitalien schrammen über den Boden. Dummer Stolz und Unfolgsamkeit haben schon so manchem Hirsch das Leben gerettet. Euer Plan sieht vor, dass ihr euch ungefähr mit der Geschwindigkeit von Kontinentalplatten vorwärtsschiebt, denn da die Hirsche mit der gleichen Geschwindigkeit bewegt werden, löst ihr eingebauter Bewegungssensor nichts aus.

Ein Aas suchender Rabe wird auf euch aufmerksam und gleitet tiefer, um euch näher zu beäugen. Als er sieht, wie sich deine Hand zentimeterweise vorantastet, dreht er ab. Die Hirschkuh bemerkt die Veränderung seiner Flugbahn. Es ist ein Kräuseln auf der stillen Oberfläche ihrer Welt, das ihr nicht gefällt. Wieder fährt ihr Kopf in die Höhe und erstarrt, und wie eine Puppenspielerin lässt sie auch die Köpfe der anderen hochschnellen. Aber ein Alarm aus zweiter Hand wirkt nicht so stark wie selbst empfundener Argwohn. Dank des für uns günstigen

Windes senken sich die Köpfe der anderen Tiere nach ein paar Minuten wieder, nur die alte Hirschkuh ist noch nicht zufrieden. Sie schaut euch geradewegs an. *Mensch, hört die denn das Gras wachsen?* Du schaust zu Boden, weil du denkst, sie könnte dein Blinzeln bemerken, dann erwiderst du ihren Blick. Sie hebt den Kopf noch ein Stück höher, und ihre Nasenflügel blähen sich. Vielleicht ist etwas von deinem Geruch von den Felsen zurückgeprallt und auf den Hang gewirbelt worden. Nach einer Ewigkeit gibt ihre Nase endlich auf, und sie widmet sich wieder dem Gras. Doch sie steht jetzt so, dass sie euch direkt im Blick hat.

Ihr gebt ihr noch fünf Minuten, dann kriecht ihr wieder voran, ungefähr einen Zentimeter pro Jahrhundert. Jetzt gilt es abzuwägen: das Risiko, entdeckt zu werden, wenn man sich schneller bewegt, gegen das Risiko einer sich verändernden Windrichtung. Es genügt bereits eine Drehung von zehn Grad oder in die Schlucht hinunter, und die Kuh bemerkt euch. So kommt ihr nie nah genug an den Hirsch heran. Eine über Bande gespielte Billardkugel ist schon unberechenbar genug, aber bei diesem Spiel purzeln Duftspuren in anschwellenden und abflauenden Böen auf einem steinernen Tivolibrett herum. Und nein, dieser Satz ergibt keinen Sinn, aber das ist mir egal: Hier geht es um Leben und Tod, und wenn man da keine Metaphern durcheinanderwürfelt, schreibt man verkehrt darüber. Angesichts all dieser Unwägbarkeiten wirst du den Hirsch nur erlegen, wenn Gott es so will, und bilde dir bloß nicht ein, dass er dir damit eine Gunst erweist.

Der Kopf der Hirschkuh geht hoch – runter – hoch – runter. Was auch immer du tust oder nicht tust, ist irrelevant. Wenn der Hirsch todgeweiht ist, dann ist es so. Zum Beten ist es zu spät, für dich wie auch für ihn, und in Gegenden wie diesen funktioniert Beten ohnehin nicht. Nein – dein Handeln ist nicht völlig bedeutungslos, du kannst etwas tun, was wehtut. Das ist die einzige Währung, die hier draußen zählt.

Also presst du deine Wange an den Fels, bis du das Gefühl hast, als wäre alle Haut abgewetzt, was dir eine gewisse Klarheit verschafft, und obendrein hat es den Effekt, dass die Kuh den Kopf unten behält. Noch hundert Meter bis zu dem Grasstück, wo alles passieren wird. Es wäre gut, schon dort zu sein, aber du hegst die Hoffnung, dass sie dich vorher wittert. Keinen Schuss abzugeben ist wesentlich besser, als danebenzuschießen, und du triffst garantiert nicht: Deine Finger sind taub, und du bist nicht gut genug. Wobei du »gut« nicht im Sinn von »guter Schütze« meinst, sondern im moralischen Sinn. Schau dir dieses Ding an: was für ein prächtiger, langer Hals. Und jetzt schau dir deine weißen Beine an, entblößt, wo der Berg dir die Socken heruntergezogen hat. Du bist erbärmlich, und erbärmlich heißt unwürdig. Mit derart dürren weißen Beinen hat man es nicht verdient, ein Geschöpf mit so einem Hals niederzustrecken. Deine Beine sind dürr und weiß, weil sie nie etwas Heldenhaftes vollbracht haben, und sie haben nichts Heldenhaftes vollbracht, weil sie dürr und weiß sind, und die Ethik, die hier draußen gilt, alter Junge, ist eine homerische oder gar keine.

Du bist am Gras angelangt. Dafür, dass du zum Töten hier bist, war es nicht unangenehm genug. Es gab auch vergnügliche Augenblicke, und ihretwegen wirst du den Schuss verziehen. Hoch auf die Ellbogen. Der Verschluss deiner Büchse macht einen ohrenbetäubenden Lärm. Bestimmt ist alles zwischen hier und Inverness aufgeschreckt. In der Kammer sitzt eine glänzende Patrone. Leg den Sicherungshebel noch nicht um; da ist ein Heidekrautzweig, der sich im Abzug verfangen könnte. An der Schulter anlegen. Der Hirschbock hat sich bewegt, steht jetzt mehr mit dem Hinterteil zu dir. Womöglich erwischst du ihn nur am Bein oder reißt ihm die Gedärme auf. Waffe runter. Wenn er sich jetzt hinlegt, ist alles vorbei, und es sieht ganz danach aus. Aber der Wind hat gedreht, die Sterne meinen es gut mit dir und die Hirschkuh auch. Sie ist nervös und steckt die anderen mit ihrer Unruhe an. Sie ist im Begriff wegzulaufen. Ihre Keulen senken sich tiefer, um mit einem Sprung das Weite zu suchen. Das bemerkt sogar dieser schnöselige, selbstgefällige Hirsch. Er dreht sich.

Weil du Haut und Blut dort auf diesem Fels gelassen hast und weil das anscheinend schon reicht und dir gnädigerweise keine Zeit mehr bleibt, ist alles Weitere einfach. Anbacken, entsichern, im Visier die Vorderläufe, anheben, bis du die Brust siehst, und abdrücken und immer weiter drücken. Du drückst die Kugel durch die Luft über die ganze Strecke bis zur linken Herzkammer; sie wird nicht fliegen, wenn du nicht weiter drückst. Stell dir vor, wie du im Herz des Hirsches sitzt. Zieh die Kugel zu dir herein. Oder wink sie herein, langsam, aber entschieden.

Ein dumpfer Knall und ein Wanken. Es sieht nicht nach viel aus, aber die Herzkammer ist zerfetzt, und die Kugel lässt das Herz gelangweilt hinter sich und wandert weiter. Der Hirsch hustet. Was als Reaktion irgendwie unangemessen erscheint. Immerhin ist es das Gewaltigste, was einem Hirsch je widerfährt. Das hätte mehr als ein prosaisches, alltägliches Husten verdient.

Der Hirsch ist hinüber. Auch das ist unwürdig: Wegzulaufen bringt letztlich nichts. Man muss der Situation ins Auge sehen, und wo könnte man das besser tun als hier, wo sich ein Gewitter über dem Meer zusammenbraut, der Rabe wieder herbeiflattert, um einen Schnabel voll Gedärm zu stibitzen, und im Radio des Land Rovers gerade die Siebzehn-Uhr-Nachrichten beginnen? Das aus dem Heidekraut herausragende Geweih gleicht eher einem Baum als einer Waffe. Als ihr zu ihm gelangt, sitzt eine Fliege auf seinem Auge. »Gut gemacht«, meint der Jagdführer, und wenn du noch einen Funken Anstand im Leib hast, fragst du dich, wovon er eigentlich redet.

Wir verzichten auf die Mörder-Macho-Fotos (ich und ein totes Tier, das besser ist als ich, außer dass es tot ist und ich seltsamerweise nicht). Ein Messer, das du noch nie zuvor wahrgenommen hast, schneidet in den Bauch, und die Gedärme quellen heraus wie dicke heiße Schlangen. Noch während sie zappeln, machst du dich auf zu deinem Bad, vergisst, wie es wirklich war, und übersetzt den Tag in etwas, was du bei der Dinner-Konversation zum Besten geben kannst.

Als der Gong zu Tisch ruft, ist der Hirsch tot und hat nie gelebt, und du, mein Freund, bist ein tüchtiger Jäger, stehst im einsamen Glanz am Ende der Nahrungskette; in hellem Sonnenlicht hockst du auf der wackligen Spitze einer ökologischen Pyramide, und auch der Sophokles-Leser ist da, lächelt und klatscht verhalten.

*

Man kann noch auf eine andere Art Wolf sein. Im Exmoor-Nationalpark gibt es einen uralten Rotwildbestand von etwa dreitausend Tieren, die mit Hetzhunden bejagt werden.

Ich nahm am Freitag den Zug nach Taunton und verbrachte eine unruhige Nacht mit der Frage, wie ich mit einem Genickbruch zurechtkommen würde, stand dann sehr früh auf, um auf einem regengepeitschen Rastplatz Bekanntschaft mit einem riesigen Pferd zu schließen, und trabte schließlich einem Horn hinterher durchs Moor, zu beschäftigt, um Angst zu haben.

Durchschnittlich jeden zweiten Tag trieben die Hunde an irgendeinem Bach einen Hirsch in die Enge, wo er erschossen wurde. Und bei jedem Zentimeter des durchschnittlich zwanzig Kilometer langen Ritts lernte ich wieder etwas längst Vergessenes: wie man sich als Menschenkind fühlt. Auf dem Rücken eines Pferdes war ich im Vergleich zu meiner normalen Körpergröße etwa um so viel größer, wie ich als Sechsjähriger kleiner gewesen war. Mein wallendes Serotonin ließ Ginster und Heidekraut psychedelisch anschwellen. Alles wurde neu bei jedem wogenden Schritt in diesem übermütigen Wordsworth'schen Blutfest. Das zitternde Horn aus der Tiefe des Tals, ein bewaldetes Dreieck wie eine Scham, tönte: »Huuuuuuuh! Er ist tot! Er ist tot! Er ist tot!« – »Auf dass wir leben können!«, schallte das Echo vom feuchten Fels zurück. Es war alles eine ziemlich komplizierte Angelegenheit rund um Tod und Sex und Kindheit. Ich versuchte, nicht zu viel darüber nachzudenken.

Irgendwann zwischen damals und jetzt entwickelte ich eine Vorstellung davon, wie Zeit funktioniert; wie lange es dauert, bis Menschen sich verändern und Gewohnheiten sich verfestigen; in welchem Verhältnis die Intensität eines Erlebnisses zu dessen scheinbarer Dauer steht. Während einer ratternden Zugfahrt zurück nach Oxford fing ich an, auf der Rückseite eines Arbeitspapiers über den moralischen Stellenwert des Embryos einige abstruse metaphysische Berechnungen anzustellen. Auch wenn Rothirsche mitunter bis zu zwanzig Jahre alt werden, ist fünfzehn schon ein recht hohes Alter. Nehmen wir an, dass fünfzehn Hirschjahre das Äquivalent zu achtzig Menschenjahren sind. Demnach entspricht ein Hirschjahr 5,33 Menschenjahren. Gehen wir weiterhin davon aus, dass ein Hirsch in einem Hirschlebensjahr (konservativ gerechnet) fünfmal so viel lebt wie ein Mensch in einem Menschenlebensjahr, dann verwendet er fünfmal so viel Aufmerksamkeit auf seine Umwelt, wobei zu berücksichtigen ist, dass Hirsche, relativ gesehen, weniger schlafen. Daraus folgt ... Es war alles Unsinn. Ich zerknüllte das Blatt und warf es weg. Mir blieb nichts als die bloße, nicht quantifizierte Überzeugung, dass mich Rothirsche beschämten und dass ich, der ich eine höhere Lebenserwartung hatte, von ihnen lernen sollte, früher aufzustehen und bei Nacht durch Wald und Heide zu wandern – eine schräge, aber recht pragmatische Schlussfolgerung.

Da ich zu dem Ergebnis gelangt war, Rothirsche lebten intensiver als ich, hätte mich mein Jägerdasein wohl mehr beunruhigen müssen. Ich hätte folgern müssen, dass das Töten von Hirschen moralisch fragwürdiger war, als ich gedacht hatte. Ich tat es aber nicht, weil niemand stets moralisch konsequent ist und ich schon gar nicht. Außerdem hatte ich zu viel Spaß dabei.

*

Ich wurde nicht durch ein Damaskuserlebnis geläutert, etwa weil ich sah, wie eine von mir angeschossene Hirschkuh das Blut in ihren Nüstern in den Schnee schnaubte und versuchte, zu ihren Gefährten in den Wald zu entkommen; oder weil ich beobachtete, wie eine gejagte Hirschkuh ihr hinterherlaufendes Kalb mit der Schnauze hochhob und ins Farndickicht warf, damit die Hunde es nicht fanden; oder weil ich das Foto von einem strahlenden Bankertrottel bewundern sollte, wie er in den Highlands neben einem Zwölfender kniete, den er zweimal angeschossen hatte und den ein angewiderter Jagdführer erlösen musste; oder weil ich über die Männer von Porlock las, die an Jagdtagen in ihren Booten bereitstanden, um das Rotwild, das ins Meer hinausschwamm, zu jagen, mit Lassos einzufangen und den Tieren die Kehle durchzuschneiden; oder weil ich beim Abendessen in der Jagdhütte alten Burgunder trank und mich vergeblich als Held zu fühlen versuchte, nur weil ich aus reinem Dusel einen tödlichen Kammerschuss abgegeben hatte; oder weil ich in Gänsedaunen eingemümmelt im Bett lag, von goldgerahmten Patriarchen in Knickerbockern beäugt, und dem Regen lauschte, der oben am Berg auf den Rücken eines Hirsches prasselte, den ich am nächsten Tag nach einem Kedgeree-Frühstück erlegen wollte.

Solche Augenblicke waren hilfreich, aber den Ausschlag gab die Politik. Zwar trugen die Erlebnisse ihren Teil zu meiner politischen Haltung bei, aber nicht so sehr, wie es hätte sein sollen. Um zu erkennen, dass es nicht in Ordnung war, wenn Tiere zu Opfern gemacht wurden, musste ich erst einmal begreifen, dass Menschen ebenfalls Opfer waren. Nachdem ich erfahren hatte, wie Kinder von Aktionären niedergetrampelt oder von

CEOs verwundet und sterbend zurückgelassen worden waren und wie der Tod still und heimlich vom Tal heraufschlich und sich auf Schussweite meiner eigenen Familie näherte, ging mir dieser Zusammenhang auf. Erst als Linker konnte ich mit Herzblut über vergossenes Hirschblut schreiben.

Allerdings hielt ich nach wie vor an dem Hirngespinst fest, ich hätte dank meiner Erfahrung als tüchtiger Jäger etwas über meine Beutespezies erfahren. Ich irrte mich gewaltig.

*

Ich traf Matt, einen Stuckateur aus Dunster, vor dem White Horse in Stogumber. Seit Generationen jagte seine Familie Füchse und Hasen im Exmoor-Park und in den Quantock Hills, und auf der Ladefläche seines Transporters saßen einige der besten Bluthunde des Landes. Einer von ihnen, Monty, sollte mich jagen.

»Lass ihn an deinen Stiefeln schnuppern«, sagte Matt. »Ich wette, er hat dich aufgespürt, bevor du zu schwitzen anfängst.«

Also rannte ich los, an einem Feld mit jungem Mais entlang. Weil es geregnet hatte, stieg jetzt warmer Dampf aus meinen Fußabdrücken auf. Es war ein schlechtes Wetter für einen Hirsch auf der Flucht.

Ich würde nicht getötet werden, trotzdem erschien mir dieses Gejagtwerden als etwas sehr Wichtiges. Es offenbarte mein neurotisches Naturell. Ein Kieselsteinchen in meinem Schuh, das ich normalerweise ignoriert hätte, schwoll riesig und bösartig an – es hatte sich mit dem Universum verschworen, um mich zu vernichten. Die niedrigen, trockenen Zäune wurden hoch und glitschig. Das Herz schlug mir bis zum Hals und schien dort einen Kloß zu bilden, der verhinderte, dass die dunstige Seeluft in meinen Blutkreislauf gelangte. Während ich dahinhastete, herrschte ringsum spöttische Unaufgeregtheit. Das Feld wirkte in seiner Ruhe brutal und heimtückisch. Gemächlich krabbelte ein Käfer einen Maisstängel hinab. Ich hasste ihn für seine müßige Gleichgültigkeit.

Das waren die ersten paar Hundert Meter, als Maisblätter meine Beine umschlangen und einzig das kitzelnde Klopfen in meinem Hals den Rhythmus vorgab. Dann stolperte ich aus dem Feld hinaus und schlug ein langsameres Tempo an. Mein Herz zog sich zwischen die Rippen zurück, und die Luft strömte wieder ungehindert in meinen Brustkorb und hinaus. Noch immer war der Wald von einer enervierenden Betulichkeit, doch er wollte mir nichts Böses. Alles schien eine eigene Stimme zu haben, und im Großen und Ganzen klangen diese Stimmen wohlwollend. Die Brennnesseln entschuldigten sich dafür, dass sie meine Beine gestreift hatten, und versicherten mir, bei den überhängenden Lefzen Montys, der mir im Zickzack folgte, weitaus gründlichere Arbeit zu leisten.

Doch dann kamen mir Zweifel an der Gunst des Waldes. Eine Rabenkrähe, die nach aller Regel hätte aufflattern müssen, als ich an ihr vorbeistürmte, blieb auf ihrem Ast fünf Meter über meinem Kopf sitzen und beobachtete mich. Ich sah mich mit ihren Augen: gebeugt und keuchend. Eigentlich hatte ich gedacht, Krähenaugen seien völlig schwarz, aber diese waren leuchtend rot. Mir ging der absurde Gedanke durch den Kopf, dass sie wartete, bis ich tot war, um dann ein paar Häppchen abzubekommen. Es war eine nicht sehr hirschtypische Betrachtungsweise.

In anderer Hinsicht – vor allem unbewusst – verhielt ich mich durchaus wie ein gejagter Hirsch. Meine Nebennieren schütteten Cortisol und Adrenalin aus. Das Cortisol verlieh mir Durchhaltevermögen. (Wegen seiner Immunsuppression hatte ich jedoch am nächsten Tag ein Virus am Hals – buchstäblich.) Das Blut wurde von meinen inneren Organen zu den Beinen umgelenkt. Obwohl ich mich vor Erschöpfung gebückt vorwärtsbewegte, blieb ich von Zeit zu Zeit stehen, reckte den Hals und schnupperte instinktiv. Hätte ich bewegliche Ohren gehabt, hätten sie sich aufgestellt und ausgerichtet. Zwar suchte ich – wie Hirsche auch – nach Wasser, um mich abzukühlen und meine Duftspur zu verwischen, dennoch wählte ich stets die Route mit dem trockensten Untergrund. Ich wusste (aus einer Zeit lang vor meiner Geburt und nicht weil ich in Büchern darüber gelesen oder Jagdhunde beobachtet hatte), dass sich Geruchsspuren auf trockener Erde nicht gut halten, und wenn doch, dann werden die Partikel eng umschlossen, sodass schnüffelnde Nasen wenig davon finden.

Anders als ein Hirsch sehnte ich mich danach, den Wald hinter mir zu lassen. Hetzhunde haben oft große Mühe, Hirsche ins Freie zu drängen; mitunter brauchen sie Stunden. Immer wieder machen die Hirsche kehrt, verstecken sich in Mulden oder stellen sich den Hunden kampflustig entgegen.

Auch für mich wäre es sinnvoller gewesen, im Wald zu bleiben. Gerüche prallen an Bäumen ab wie Kugeln in einem Flipperautomaten und verwirbeln wie Wasser in den dunklen, mit weißem Schaum bedeckten Strudeln des East Lyn River. Dort Duftspuren zu lesen fällt sogar der bestausgebildeten Nase schwer. Unter freiem Himmel hinterlässt man eine regelrechte Schleimspur im Gras, die in die Richtung des Flüchtenden weist. Woher er kommt und wohin er läuft, lässt sich leicht erschließen. Sicher, der Wind kann Geruch verwehen, aber normalerweise wird die Spur nur um ein paar Meter in Windrichtung verschoben und bleibt noch klar erkennbar.

Meine Vorliebe für die Weite war daher merkwürdig. Vermutlich wollen wir dort enden, wo unsere Entwicklung stattgefunden hat; entsprechend bekundet eine überwältigende Mehrheit der Menschen den Wunsch, zu Hause zu sterben. Unsere Entwicklungsgeschichte spielte sich im ostafrikanischen Flachland ab. Wie bei den meisten Leuten drückt sich diese unklare Neigung auch bei mir in vielerlei Neurosen aus: in einer Angst vor Dunkelheit und Höhlen (obwohl ich wie alle anderen die ersten Eindrücke meines Lebens in einer völlig dunklen, pochenden Höhle gesammelt habe, in der ich so geborgen war wie später nie mehr); in dem Bedürfnis, nachts die Vorhänge offen zu lassen, damit ich die Bewegung der Sterne sehen und mich vergewissern kann, dass die Welt ihren normalen Lauf geht; in dem Unbehagen, das mich in Räumen ohne natürliches Licht befällt; in der Überzeugung, dass Maden, die etwas unter der Erde fressen, widerlicher sind als solche, die dasselbe im Hellen tun; im Schaudern beim Anblick von Särgen. Ein Privathospiz in Berghanglage kann viel höhere Preise verlangen als eines am Stadtrand. Es ist auch kein Zufall, dass Küstenorte voll von Rentnern sind, die sich nach einem weiten Blick sehnen, wenn die Sonne untergeht. Und an all dem ist Tansania schuld.

Nein: Ich würde nicht sterben. Aber das konnte ich meinen Nebennieren nicht vermitteln. Sie trieben mich weiter durch den Mais. Mein Atem war ohrenbetäubend laut, alles andere ausgeblendet.

Mit Stille hatte ich nicht gerechnet. Ich hatte ein heiteres Duett zwischen bellenden Hunden und rasselnden Lungen erwartet. Das wäre eine dem Drama angemessene, würdevolle und tröstliche Hintergrundmusik gewesen. Aber hinter mir gab es überhaupt keine Geräusche: kein knurrendes Totengeläut aus schwabbellippigen Mäulern.

Die Stille war kaum auszuhalten. Auch das ist ein Vermächtnis aus der Savanne und eine weitere Ursache für meine Abneigung gegen den Wald. Aufgrund meiner neurologischen Konstitution gehe ich davon aus, dass Gefahren, Chancen und Möglichkeiten für mich recht deutlich erkennbar sind. Ich bin weit- und vorausschauend, habe Zebraherden, Wolkenbewegungen und wogendes Gras im Blick. Zwar gibt es in der Ebene auch Dinge, die ich nicht sehen, hören oder riechen kann, aber die sind berechenbar. Es ist gut möglich, dass dort drüben in dem hohen Gras Löwen lauern: Also mache ich besser einen Umweg, um mich an das Zebra anzuschleichen. Mein Talent besteht nicht darin, die Gefahren zu erkennen, sondern im

Geiste mögliche Reaktionen darauf vorwegzunehmen; ich verstehe mich auf schmerz- und risikolose Optimierung.

Aber als ich keuchend über dieses Feld in Somerset lief, fehlten mir die notwendigen Daten für meine Berechnungen. Weil ich es dank meiner physiologischen Konstitution vermeiden kann, den Ruhmestod auf freiem Feld zu sterben, habe ich eine ausgeprägte Neigung dazu, eher dort als sonst wo mein Leben zu lassen. Meine heroischen Metaerzählungen sind entstanden, um meine physiologischen Gegebenheiten zu rechtfertigen. »Und wie stirbt ein Mann denn besser«, fragte Horatius, als er die Römer anfeuerte, die Brücke gegen die anstürmenden Etrusker zu halten, »Als im Kampf mit der Gefahr, / Für die Asche seiner Väter, / Für der Himmlischen Altar?« Das ist die poetische Konsequenz, wenn man die Fähigkeit besitzt, Zebras von ferne zu sichten und eine mögliche Bedrohung durch Löwen abzuschätzen. Wir sind Geschöpfe mit einem ausgeprägten Gesichtssinn. Wir wollen Dinge »ins Auge fassen« – darin sind wir gut. Wenn das nicht geht, geraten wir in Panik. Panikreaktionen sind typisch für uns, wenn wir nicht das tun können, worin wir gut sind. Deshalb sind Büromenschen, die eigentlich die natürliche Veranlagung haben, verwundete Kudus zu erjagen, ständig gestresst, ängstlich und mit Medikamenten vollgepumpt.

Es gab keinen Hund, den ich hätte ins Auge fassen können, und das machte mir Angst. Dagegen halfen auch Adrenalin und Cortisol nicht. Tatsächlich wirkten sie sogar nachteilig, genau wie bei den an Bluthochdruck leidenden Lohnsklaven. Sie stählten meine Muskeln, aber lähmten meinen Verstand.

Ich wusste, dass ich nicht gewonnen hatte. Diese Hunde sind ebenso wenig aufzuhalten wie der Lauf der Zeit. Sogar wenn eine Duftfährte bereits vierundzwanzig Stunden alt ist, können sie ihr noch folgen. Sie haben es nicht eilig. Ihre Gesichter sehen so albern aus, dass man schon nicht mehr darüber lachen kann. Mit List oder Ablenkung ist ihnen nicht beizukommen.

Sie arbeiten ihren Auftrag Stück für Stück ab, berechnen, prüfen nach. Sie gehen ganz unaufgeregt zu Werke, daher besteht keine Aussicht darauf, dass sie einen Fehler machen, wie das bei ausgelassenen, blutrünstigen Foxhounds durchaus vorkommen kann. Foxhounds berauschen sich am Geruch und sabbern vor Aufregung. Bluthunde sabbern zwar auch unentwegt, aber aus Gewissenhaftigkeit. Während Foxhounds als charismatische Staatsanwälte auftreten, geben sich Bluthunde als langweilige Anklagevertreter, deren Nasen meistens in den Prozessakten stecken. Falls ich ein schuldiger Angeklagter bin, möchte ich unbedingt einen flamboyanten Ankläger haben.

Monty holte mich am Rand eines weiteren Maisfelds ein. Als ich ihn bemerkte, war er noch zehn Meter entfernt. Kaum hatten mich seine Augen unter den schweren, rolloartigen Lidern erspäht, wandte er sich auch schon wieder ab. Sein Job war erledigt, das Häkchen auf dem Arbeitszeiterfassungsbogen gemacht. Gemächlich zottelte er zu Matt zurück, der ein paar Minuten später eintraf.

Die Stille war nicht nur zermürbend gewesen, sondern auch verletzend. In Oxford fahre ich mit einem scheppernden Fahrrad herum, und ich habe mir vorab zurechtgelegt, was ich sage, wenn mich die Leute nicht hören und mir nicht ausweichen:

»Aus dem Weg! Ich bin ein rasendes mächtiges Stahlgebilde, und ich mache so viel Krach, dass sich all eure Vorfahren schon in einem Kilometer Entfernung flach auf den Bauch gelegt und ihre Assagais umklammert hätten, während ihnen das Herz gegen die Rippen gehämmert hätte, dass ihnen schier der Brustkorb platzte. Aber ihr kriegt es nicht mal mit, wenn ich einen Meter hinter euch bin! Euch ist so viel abhandengekommen, so viel. Doch ich helfe euch auf die Sprünge. Ich werde euch daran erinnern, dass ihr lebendig sein könnt, indem ich diese riesige, gewaltige Hupe betätige, und dann ...«

In dieser Hinsicht neige ich zu fanatischem Eifer. Ich nutze jede Gelegenheit, um in den Vierteln von Oxford herumzuradeln, die von großen, beschaulichen Herden sinnesberaubter Touristen abgegrast werden, in der Hoffnung, ihnen bewusst machen zu können, was eigentlich noch in ihnen steckt.

Monty hatte es geschafft, das Gleiche mit mir zu machen. Bei einem Rothirsch wäre ihm das nicht gelungen. Doch ich war froh um diese zutiefst demütigende und Angst einflößende Erfahrung. Hätte man mich nach einer acht Kilometer langen Hatz durch südenglisches Gras- und Heideland zum Tuten eines Jagdhorns erlegt, hätte ich dabei nichts über das Dasein als Beutetier gelernt. Es wäre wie ein Hunderennen gewesen – ein Wettkampf zwischen zwei Raubtieren –, bei dem ich verloren hätte. Die Beute zu sein hat nichts Ruhmreiches.

Für gewöhnlich werden große Beutetierarten schnell getötet. Wenn sich die Jagd der Wölfe auf Karibus über Stunden hinzieht, ergibt das zwar spektakuläre Fernsehbilder, ist aber nicht die Regel. Normalerweise stürmen Wölfe zwischen den Bäumen hervor, jagen dem potenziellen Opfer ein paar Hundert Meter nach und töten es dann oder geben auf. Es ist für sie einfach eine energetische Kosten-Nutzen-Rechnung.

Im Gegensatz zu Wölfen geben Hetzhunde nicht auf. Dieser Sachverhalt liefert das fundierteste Argument dafür, warum Hirschhetzjagden mit Hunden abzulehnen sind: Rothirsche sind von Natur aus keine Langstreckenläufer. Diese Fähigkeit brauchten sie auch kaum. Sie verstehen sich auf kurze Sprints. Aber im Exmoor bejagte Hirsche laufen durchschnittlich mehr als neunzehn Kilometer und etwa drei Stunden lang. Das, so die Hetzjagdgegner, ist mutmaßlich mit großen körperlichen Schmerzen verbunden. Wenn man auf Hundertmeterläufe spezialisiert ist, tut ein Halbmarathon richtig weh. Ob es einen Nachweis für einen derartigen physiologischen Tribut gibt, ist Gegenstand lauter und erbitterter Debatten.

Man kann sich darüber streiten, was die hohe Milchsäureanreicherung für das subjektive Schmerzempfinden eines Hirsches bedeutet und ob die geplatzten roten Blutkörperchen artefaktischer Natur sind. Die Diskussion der physiologischen Folgen ist wichtig, aber ich bin mir nicht sicher, ob sie viel zu der ethischen Debatte beiträgt. Natürlich wirkt sich eine Verfolgungsjagd auf die Physis aus: Das Tier wird in die Enge getrieben, wenn und weil es sich vollkommen verausgabt hat. Der Preis dafür ist eindeutig höher, als wenn ein Hochgeschwindigkeitsprojektil das Herz eines äsenden Hirschs zerfetzt. Und dieser physiologische Tribut muss »emotionale« Entsprechungen haben. (Die Anführungsstriche können Sie sich gerne auch wegdenken.) Ein fliehender Hirsch hat viel mehr Adrenalin im Blut, seine Neuronen glühen auf Hochtouren wie elektrische Heizstäbe, während die Botschaften geradezu hindurchrasen. Ob das schmerzhaft ist, kann Ansichts- und Definitionssache sein. Die Trennlinie zwischen Schmerz und Genuss ist oftmals dünn und manchmal unsichtbar. Schmerz kann Wonne erzeugen: Wenn der erschöpfte Hirsch über einen Weidezaun setzt und sich dabei ein paar Muskelfasern reißt, bekommt sein Hirn eine euphorisierende, schmerzstillende Dosis körpereigener Opioide.

Ich bin Langstrecken gelaufen: manchmal achtzig Kilometer am Stück, am nächsten Morgen gleich noch viel weiter, und alles, was ich brauchte, habe ich auf dem Rücken getragen. Der kakophonische Schrei der Muskeln wird von einem meisterlichen Mozart'schen Gehirn zu wunderschönen Harmonien orchestriert – wunderschön deshalb, weil sie im Einklang mit den Frequenzen der übrigen Wildnis sind. Wenn ich blutend und mit Krämpfen und Blasen in den Schlafsack kroch, sagte ich mir immer: »Dazu sind Beine also da, und so fühlt es sich an, lebendig zu sein!«

Mag sein, dass ich ein perverser Masochist bin, was mich nicht unbedingt zu Aussagen über Hetzjagden auf Rothirsche qualifiziert. Vielleicht aber doch.

Lieber wäre ich dort draußen umgebracht worden, nach fünfundzwanzig herzrasenden Kilometern und allen nur erdenklichen Finten, nachdem ich die Hunde durch Fell zerfetzenden Ginster gelockt hatte, als Läufer gewogen und zu leicht befunden worden war und eine gute Gelegenheit schmerzlich vertan hatte, während körpereigenes Heroin mir das Bewusstsein aus dem pochenden Schädel zu saugen begann und boshafte Fantasien mir vorgaukelten, dass ich einen Hund in Stücke riss und dabei einen letzten Blick aus salzverkrusteten Augen auf die neblige walisische Landschaft warf – lieber das als wiederkäuen, ein dumpfer Schlag und Schluss.

Aber vielleicht sehe das nur ich so. Ein schneller Tod ohne Reflexion (offenbar vorzugsweise ein verhängnisvoller Herzinfarkt beim Essen) scheint das zu sein, was sich alle wünschen. Das liegt derzeit im Trend. Vor ein paar Generationen beteten die Menschen noch darum, nicht plötzlich zu sterben: Sie beteten um Zeit, um sich im größeren Zusammenhang zu sehen, um Abschied zu nehmen, um die Gelegenheit zu haben, Bilanz zu ziehen und erinnerungswürdige Gesten zu machen. Jetzt beten wir, all das möge uns erspart bleiben: Wir wollen ohne Vorwarnung ins Nichts katapultiert werden. Sehr seltsam.

Rothirsche hingegen machen sich keine großen Gedanken über ihr Ableben. *Timor mortis* sollte man nicht als weiteren Punkt auf die Anklageschrift gegen Hirschjäger setzen. Gejagte Hirsche sind ängstlich, aber man kann Angst auch ohne konkreten Grund haben; tatsächlich gibt es noch eine Menge anderer Gründe, warum man sich vor scharfen Zähnen hüten sollte, nicht nur aus Angst vor der individuellen Auslöschung.

Die Unruhe, der Krach und die Enge des Schlachthauses werden von Kühen und Schafen, die ihrem Tod entgegengehen, als beängstigend empfunden. Allerdings wirken die Tiere nicht sonderlich leidend und unternehmen auch keinen augenscheinlichen Ausbruchversuch, wenn ihnen der Bolzen- oder Kugelschussapparat am Schädel angesetzt wird. Ist ein Kamerad aus ihrer Herde soeben auf der Weide verstorben, grasen sie ringsum fröhlich weiter. Pferde verhalten sich in Gegenwart anderer, schwer verletzter Pferde völlig normal, selbst wenn diese größere Wunden haben, stark bluten und Knochen herausragen. Ein totes Pferd auf der Koppel beschnuppern sie nur kurz und wenden sich dann wieder ihrem Fressen zu. Wenn Schafe und Schweine betäubt und abgestochen werden, nehmen das ihre Artgenossen anscheinend ganz ungerührt hin. Wird in Freigehegen gehaltenes Rotwild geschossen, erschrecken die anderen Tiere zwar durch den Knall des Schusses, aber der Anblick der Kadaver scheint ihnen nichts auszumachen, bis so viele von ihnen tot herumliegen, dass sie das Gewehr (nicht den Tod, der ihnen daraus entgegenspringt) als Bedrohung für sich selbst begreifen. Ungeniert verzehren sie die Kartoffeln, die den toten Hirschen aus dem Maul gefallen sind – sofern nicht sichtbar Blut daran klebt. Rothirsche sind darauf programmiert, Gefahren zu meiden, aber in ihrer Definition von Gefahr fehlt eine Kategorie für die eigene Existenz, daher kennen sie keine existenzielle Angst.

Die Angst vor dem eigenen Tod und Mitgefühl beim Tod anderer ist nicht dasselbe: Vermutlich bringen Psychopathen in Todeszellen ihre Nächte nicht geruhsam zu. Aber es besteht ein offenkundiger Zusammenhang. Würden Hirsche beim Anblick toter Artgenossen erschrecken, wäre das immerhin die *Voraussetzung* dafür, dass wir ihnen subjektive Angst vor der eigenen Auslöschung zusprechen könnten. Da dies aber nicht der Fall zu sein scheint, ist es schwierig, eine Diskussion darüber zu eröffnen.

Das soll nicht heißen, dass der Tod von Artgenossen emotional unbedeutend ist. Pflanzenfresser pflegen Beziehungen untereinander, die zweifellos eine emotionale Komponente haben. Ein Tier zu töten, mit dem der Überlebende sein Leben geteilt hat, heißt, ein Ökosystem zu zerstören. Was zwangsläufig zu Unruhe führt. Allerdings scheint eine solche Unruhe bei Wiederkäuern, Pferden und Schweinen nicht durch schockiertes Mitgefühl ausgelöst zu werden. Ja, es spricht wenig dafür, dass sie überhaupt empathisch empfinden. Sie sind Maschinen, Inseln, kalte Genträger.

Auch wenn die Untersuchung tierischer Empathie häufig mit methodischen Problemen einhergeht, weist doch einiges darauf hin, dass manche Arten zu echtem Mitgefühl in der Lage sind. In einem Experiment konnten sich Rhesusaffen, Ratten und Tauben durch Ziehen an einer Kette Nahrung verschaffen, was sie aber in vielen Fällen unterließen, wenn dadurch ein Artgenosse einen Stromschlag bekam. Bei den Rhesusaffen war dieses Verhalten noch ausgeprägter, wenn sie das Opfer kannten oder selbst schon einen solchen Stromschlag erlitten hatten. Hat unter Schimpansen ein Kampf stattgefunden, werden die von der Gewalt Betroffenen (nicht etwa die Aggressoren) von den anderen danach ausgiebig getröstet (was möglicherweise auch bei einigen weiteren Säugetier- und Vogelarten der Fall ist). Gebrummelte Erklärungen wie »reziproker Altruismus« oder »Verwandtenselektion« ändern nichts an der Realität und der Intensität der Gefühle, die mit diesem Verhalten einhergehen.

Wenn aber Tauben, Saatkrähen und Ratten empathisch sind, mag es verwundern, dass es größere und imposantere Wiederkäuer nicht sind. Man könnte meinen, so ein stattliches Tier mit braunen Augen und langen Wimpern, das lange Zeit gewissenhaft und aufopferungsvoll sein einziges Kalb umsorgt, müsste zu mehr in der Lage sein. Vielleicht liegt es daran, dass der Tod für sie, mehr als für jede andere Spezies, Teil ihrer körperlichen Beschaffenheit ist. Sie werden geboren, um Nahrung zu werden. Sie *sind* Nahrung, und sie sind dafür *gemacht*. Der Tod ist ihnen nicht fremd, er ist kein Angreifer, den man fürchten müsste.

C. S. Lewis bemerkte, wenn die Reduktionisten recht hätten, sollten sich die Menschen nicht über den Tod beklagen, wie sie es häufig tun. Vielmehr sollten sie ihn frohgemut als etwas hinnehmen, was so natürlich sei wie das Atmen. »Beschweren sich die Fische darüber, dass das Meer nass ist?«, fragte er. Die menschliche Klage über den Tod war für ihn ein Hinweis darauf, dass der Mensch nicht für das Sterben gemacht ist. Bei Rothirschen, so wäre zu folgern, verhält sich das anders, denn sie nehmen den Tod klaglos hin.

Bei der Moralität geht es zumindest teilweise um die Erfüllung naturgegebener Erwartungen. Es ist moralisch weniger verwerflich, einen Pflanzenfresser zu essen als einen Fleischfresser. Denn für Pflanzenfresser ist dies ein erwartbares Ende, für Fleischfresser nicht.

In jeder Kultur ist der Verzehr fleischfressender Tiere mit Tabus belegt. Da sind sich die Schamanen mit Jahwe einig.

*

Indem ich mich eine Weile jagen ließ und mich zwanghaft und hypochondrisch mit dem Tod auseinandersetzte, konnte ich weder meine jahrzehntelange Raubtierkonditionierung rückgängig machen noch meine Doppelhelix entwirren. Ja, ich habe ererbte Erinnerungen an Augenschlitze, die knapp außerhalb des Feuerscheins aufblitzen, und Feuer an sich vermittelt mir Geborgenheit. Man kann sogar MP3s mit beruhigenden Geräuschen von knisterndem Feuer kaufen. Ich fühle mich wohler, wo es Bäume mit niedrigen Ästen gibt, die für mich erreichbar sind, aber nicht für Wölfe. Mir erscheint es bedeutsam – und nicht nur um der Unterhaltung willen –, den Kindern »Rotkäppchen« vorzulesen. Der Tod ist ein Schlund, manchmal mit wackelndem Gaumenzäpfchen. Ich habe ein Verlangen nach körperlicher Unversehrtheit und eine große Wissbegier bezüglich Amputationen, was sich nur mit einer unbewussten Angst vor dem Tod durch Zerfleischen erklären lässt.

Doch das sind nur Satzzeichen in meiner Geschichte, keine bestimmenden Adjektive. Die eigentliche Geschichte handelt davon, wie ich mit Fackel und Speer in den Händen vom Feuer wegschreite und die lauernden Augen davonstieben. Der Wolf unter Großmutters Haube ist ein Opfer. Stets klettere ich auf den niedrigen Ast und necke ihn von dort oben, bevor ich meinen Speer schleudere. Ich halte mich während meiner eigenen Eiszeit mit dem Fell erlegter Wölfe warm. Ich bin das oberste aller Raubtiere: Ich esse Steak, ohne zu Steak zu werden.

Nur die Kälte verwandelt mich in einen Hirsch. Wir sind gemeinsam in der Kälte aufgewachsen, irgendwann im Pleistozän.

*

Im Winter kommen die Hirsche aus den höheren Lagen herunter. Ich entdeckte sie hinter Inveroran, neben der Bahnstrecke durchs Rannoch Moor: die Köpfe gesenkt, sogar als ich näher kam; einige scharrten mit scharfen Hufen im Schnee, doch die meisten standen reglos da, teils im Windschatten der anderen. Ihr dichtes Fell konnte die eingesunkenen Flanken nicht verbergen. Schon seit mehreren kargen Monaten lag hier Schnee. Wenn man lang genug scharrte, fand man Gras: gefriergetrocknete Augustsonne. Doch ob es die Mühe lohnte, war ungewiss: Die Ausbeute fiel mager aus, was die Zögerlichkeit ihres Scharrens verriet. Bei solcher Zögerlichkeit ist der Tod niemals fern. Die Wildnis kooperiert nur mit denen, die umsichtig und zuversichtlich sind.

Ich nahm meinen Rucksack ab und krabbelte auf allen vieren auf sie zu. Dabei versuchte ich nicht, mich zu verstecken – ich war voll in ihrem Blickfeld. Ebenso wenig wollte ich vortäuschen, ein Vierbeiner zu sein. Nein, diese Fortbewegungsart war schlicht ein bisschen einfacher als der aufrechte Gang, denn dann sank ich bei jedem Schritt bis zur Hüfte ein. Halb schwimmend, halb grabend kam ich besser durch den Schnee voran. Ich war eher ein Maulwurf als ein Hirsch. Wie es die Hirsche schafften, nur bis zu den Knöcheln einzusinken und an das Gras zu gelangen, war mir schleierhaft. Ich entdeckte in meinem zweihundert Meter langen Graben nicht einen einzigen Grashalm. Dann stieg das Gelände an, die Schneedecke verschwand, und da wusste ich, dass die Hirsche auf einer Hochebene standen, wo der Wind für sie allen Schnee weggefegt hatte.

Was sie da kommen sahen, war ein unbewaffneter Torso, der unbeholfen mit seinen blutleeren Gliedmaßen ruderte. Sie hatten etwas stumpfsinnig Rinderhaftes an sich, was ich bei Hirschen noch nie bemerkt hatte – nicht einmal bei verfetteten, an Reizmangel leidenden Gehegetieren. Ich nahm ihre saure Ausdünstung wahr, und zwar mit dem Gaumen, nicht mit der Nase. In der Nase hatte ich einen anderen Geruch, den von bestimmten Lutschbonbons mit künstlichem Birnen- und Bananengeschmack – die Ketone des Hungers. Diese Hirsche verbrannten Muskelmasse und waren kurz vor dem Verhungern. Würde ein Pirschjäger Heu rings um sie ausstreuen, sie würden dastehen, zusehen, sich hinlegen – und sich fressen lassen. Hat man erst einmal diesen Punkt erreicht, ist das weitere Schicksal gnädig. Man dämmert weg und entschläft, und was von einem übrig bleibt, friert auf dem Boden fest und wird dann auf schwarzen Schwingen zu den Felsen hinaufgetragen.

Stundenlang kauerte ich bei ihnen. Am Ende hörten sie auf zu scharren. Sie erstarrten in vollkommener Reglosigkeit, wie ihre eigenen Denkmäler. Als ich mich zum Weg zurückbuddelte, wandten sie kaum die Köpfe nach mir um.

Ich hatte eine Dummheit begangen. Mittlerweile war ich völlig durchnässt. Meine Verbundenheit mit den Hirschen hatte mich gewärmt, aber jetzt drohte Gefahr. Das Tageslicht schwand. Ich hatte mich ein ganzes Stück von der Straße nach Glencoe hinaufgekämpft, und nun klebten Schneeflocken auf meinem Gesicht. Aus dem Loch Linnhe erhob sich eine schwarze Gestalt. Sie richtete sich über Kinlochleven auf, beugte sich dann über Glencoe und öffnete ihr Maul, aus dem ein Schneesturm hervorbrach wie ein fetter flatternder Vogel, der knapp über das Kingshouse Hotel hinwegflog, über Rannoch die Flügel ausbreitete und mit ausgefahrenen Klauen landete. Die Klauen erwischten mich zwar nicht, aber die Flügel streiften mein Gesicht, raubten mir die Sicht und zwangen mich auf die Knie.

Ich stand auf und sank nieder, stand auf und sank nieder, ein ums andere Mal. Und nach einer Weile störte es mich nicht mehr. Der Schnee schlug auf mich ein, die Kälte raubte mir Kraft. Es war höchst interessant. Dann wurde ich zu müde und verlor jegliches Interesse. Ich wollte nur noch schlafen, vor allem weil Schlafen Decken und Behaglichkeit bedeutete. Ich wollte mich unter etwas verkriechen, und wenn es Schnee war, sollte mir das auch recht sein. Mit einer Decke über dem Kopf würde der Lärm, dieses Knurren vom Meer her, verebben.

Plötzlich sagte eine dünne, klare, pedantisch-asketische Stimme, die ich als die meine erkannte, etwas wie: »Du solltest dir besser einen windgeschützten Platz suchen.« Und ich fragte: »Damit das Knurren aufhört und mir warm wird?« Worauf ich entgegnete: »Na ja, wenn du es so sehen willst.« Und weil ich das Gefühl hatte, dass gute Argumente gefragt waren, fügte ich hinzu: »Weißt du, andernfalls bekommst du nie mehr Toast mit Bohnen.« – »Nie mehr«, wiederholte ich um der Dramatik willen in der darauf entstehenden Pause.

Und so fand ich – oder fanden wir beide – ein bisschen Holz und ein bisschen Schutzwand, holten noch einen Pullover, eine andere Mütze und einen dieser großen Notfallschlafsäcke aus dickem Kunststoff heraus, die man sonst nie benutzt, quälten uns mit wackelnden Fingern und Zehen durch die Nacht und addierten und dividierten sämtliche Telefonnummern, an die wir uns erinnern konnten, bis endlich eine Art Morgen graute und das Knurren verstummt war. Und links und rechts von uns standen an der Wand Rothirsche, die nicht nach künstlichen Lutschbonbons rochen und uns ansahen wie freundliche alte Hunde.

*

Hirschkost eignete sich nicht für mich. Wo auch immer Hirsche leben, besteht ihre Nahrung mindestens zur Hälfte aus Gras, dazu kommen (jedenfalls im Exmoor) Heidekrautgewächse und Kräuter, dann Blätter von Laubbäumen; all das wird gern mit Flechten, Moos und gelegentlichem Grün von Nadelbäumen garniert.

Allerdings waren mir die bei Hirschen so beliebten Pflanzen bestens bekannt. Ich hatte sie ausführlich beschnuppert, püriert, zu Suppe verarbeitet, mit den Zähnen abgerupft und zerkaut, geschluckt und dann hochzuwürgen versucht, um den Geschmack von Wiedergekäutem kennenzulernen (eine erfolglose und ungeliebte Tätigkeit). Ja, ich versuchte sogar, öfter zu rülpsen, damit ich meine Speisen länger auskosten konnte, und so schmeckte ich mehrfach, bis in den Abend hinein, den Fischstäbchen und Pommes frites nach, die ich zu Mittag gegessen hatte.

In einem Heftchen legte ich eine Liste mit Adjektiven für zerkaute Brombeerblätter, Efeu, Nesseln, Sauerampfer und viele Grasarten des Moorlands an. Ähnliche Adjektivlisten führte ich für andere Dinge der Hirschwelt, die ich nachahmte: wie es ist, im Nordwind zu koten, was man empfindet, wenn man von einem Häher geweckt wird, oder wie ein totes Kalb in der Sonne oder bei Regen riecht.

Ich ließ mir die Haare wachsen und beschmierte sie mit Erde. Ich untersuchte, wie lange sich der Geruch meines Urins auf Torf, auf Stein und in Laubwäldern bei unterschiedlichen klimatischen Bedingungen hielt. Außerdem stellte ich Mutmaßungen darüber an, warum Rothirsche eine Abneigung gegen Nadelwälder haben, weshalb Hirschkühe nachts mehr Zeit in laubwechselnden Wäldern verbringen als tagsüber, und warum das bei ihren männlichen Pendants umgekehrt ist, und ich ahmte den Lebensrhythmus des einen wie des anderen Geschlechts mehrere Tage und Nächte lang und zu verschiedenen Jahreszeiten nach.

Ich zog Parallelen zwischen Athletenfuß und Fußfäule und schnitt mir monatelang nicht die Zehennägel, um das Gefühl überlanger Hufe kennenzulernen. Ich sagte mir: Ich kann meine olfaktorischen Reize scannen, so wie ein CT-Scanner Objekte in Scheiben unterteilt und jede Scheibe auf bestimmte Spuren hin untersucht; es besteht keine Notwendigkeit, den Geruch des Tals als Ganzes wahrzunehmen. Man sagt ja auch nicht zu einem Ober: »Ich hätte gern sämtliche Gerichte von der Karte.« Für menschliche Nasen wäre das jedoch typisch. Nur ganz langsam entwickelte ich eine À-la-carte-Nase.

Man könnte es als vernünftig erachten, wenn ich nun darlegen würde, was bei all diesen Spielereien denn herausgekommen ist. Aber das werde ich nicht tun. Weil es mir mittlerweile als sinnlos erscheint.

*

Die Begegnung mit den Hirschen in der Kälte – als wir beide an der Schwelle zur Auslöschung standen – ist eine Sache für sich. Damals waren wir nicht wirklich wir selbst. Was immer sich dort begegnete, war so ausgemergelt und erschöpft, dass es nicht die Gestalt eines aufrecht gehenden Menschen oder eines springenden Hirsches hatte. Die Hirsche an jenem Wintertag waren eigentlich keine Hirsche, sondern Gespenster. Es stimmt nicht, dass sich unser wahrer Charakter in Extremsituationen offenbart. Vielmehr offenbart er sich dann, wenn wir aus dem Vollen schöpfen können. Worauf es ankommt – was uns ausmacht –, ist, wie wir mit Überfluss umgehen.

Hirsche warten mehr oder weniger geduldig ab, wann sie aus dem Vollen schöpfen können. Das heißt im Sommer. Sofern man sie überhaupt kennenlernen kann, ist dies die richtige Zeit dafür – zugleich ist es in dieser Zeit schwieriger denn je.

Bei Hitze ziehen sich die Exmoor-Hirsche oft tief in die Täler zurück, mit Wald ringsum und über ihnen, während Ameisenkolonnen an ihren Augsprossen entlangmarschieren und summende Fliegenschwärme um ihren Kot schwirren. Still liegen die Hirsche da, lauschen eher darauf, ob Gras geteilt und zertreten wird, als ob sich Halme bewegen, sie zerschneiden Düfte, ordnen sie nach ihrer Bedeutung und reagieren entsprechend der Wichtigkeit darauf.

Mitte Juli kletterte ich einmal kurz nach Tagesanbruch den steilen Hang eines alten Eichenwalds hinunter und rutschte mit meinen Stöcken bis zum Grund des Tals, wo mir einige Meter Gestrüpp eine Auszeit von der Hegemonie der Neigungswinkel gönnten.

Von oben und von ferne sieht der Wald aus wie Moos. Ist man mittendrin, sieht er aus wie Moos aus der Perspektive eines Rüsselkäfers. Zuweilen kann man erahnen, dass sich irgendwo, weit weg, ein Zweig entgegen der Windrichtung bewegt hat. Aber es ist nie mehr als ein Raunen. Im hochsommerlichen Wald bleiben Rothirsche stets nur Geraune.

Sie sind hier gewesen. Dadurch erscheinen sie aber noch unerreichbarer als ohne die markanten Hufspuren in den Waldwicken. Die Spuren stehen für Abwesenheit, so wie die Habseligkeiten eines verstorbenen Angehörigen auf dessen Abwesenheit verweisen. Wäre nichts zurückgelassen worden, gäbe es stets noch die Möglichkeit, dass die betreffende Person wieder auftaucht. Den Artefakten ist es geschuldet, dass wir den Verlust nicht leugnen können.

Hier unten gibt es einen Tümpel in der Form eines schiefen Mundes. Sein Ufer ist von Farngestrüpp überwachsen, über dem weiteres Farngestrüpp wuchert – außer an der Stelle, wo ein Rothirsch hindurchgetrampelt ist und dabei ein Gewirr abgerissener Farnwedel in seinem Geweih mitgenommen hat. Dieser grüne Kopfputz, jetzt im Tümpel, konserviert den Hirschduft. Zwar verwirbelt die vom Moor absteigende Luft den Geruch ein wenig, zerstreut ihn aber nicht. Auf der Wasseroberfläche liegen dicke Hirschhaare kreuz und quer. Der

Tümpel erinnert an ein zerbrochenes Fenster oder an einen psychotischen Traum mit zehntausend Fadenkreuzen von Gewehrvisieren.

Ich zog mich aus und glitt ins Wasser. Als ich aber bis zu den Oberschenkeln im Schlamm versank, wich ich erschrocken zurück, zog meine Beine Zentimeter für Zentimeter aus dem Matsch und lag dann keuchend auf dem Rücken, wobei ich versuchte, mit dem Körper unter Wasser und damit außer Reichweite der blutgierigen Bremsen zu bleiben.

Der Tümpel war eine Kinderstube. Larven schaukelten, zappelten und verloren ihren Halt auf den straff gespannten Drahtseilen der Wasseroberfläche, sodass sie im Schlamm landeten, der aus den Körpern anderer Lebewesen bestand. Das Gewässer wimmelte von sterbenden Tieren, die noch nicht geboren worden waren. Filzig klebten sie auf meiner Haut. Wenn ein Hirsch aus dem Tümpel steigt, lässt die Sonne all diese Wesen auf seinem Fell vertrocknen. Hat man ihn als Jäger im Visier, sieht man sein rotes Haarkleid durch eine makellose Linse toter Wirbelloser.

Ich blieb liegen, bis die Alarmrufe in den Bäumen in normale territoriumstypische Geschäftigkeit übergingen, und bis dahin hatte sich auch der Schlamm auf meiner Brust abgesetzt. Dann erhob ich mich, ein Urzeitwesen mit Gliedmaßen, die so nützlich waren wie die Flossen eines Quastenflossers, kauerte mich nackt in den Farn und versuchte, anstelle von Interesse und Begeisterung über all diese Buntheit Gefühle wie Furcht und Bedrohtheit in mir heraufzubeschwören.

Es gelang mir nicht. Zumindest aber konnte ich wachsam sein, so wie die Hirsche, wenn sie sich fürchten und bedroht fühlen. Ich konnte die Territorien der Vögel lokalisieren und so die Metastasen des Alarms erkennen.

Ich konnte den Wind prüfen und ihm den Rücken zukehren, um mit den Augen das Terrain abzusuchen, das meiner Nase verborgen blieb. Ich konnte meine visuelle Wahrnehmung auf

Bewegung kalibrieren, sodass ich erstarrte, wenn ein Zweig anders als sonst hin- und herschwang. Und wie ein tüchtiger Tiermedizinstudent konnte ich mich damit vertraut machen, was das Normale ist, um Anomalien zu erkennen. Also prägte ich mir den Horizont ein, erstellte ein fotografisches Abbild davon in meinem Gedächtnis, schloss dann die Augen und versuchte, mich an jedes Hügelchen zu erinnern. Ich lernte die Stimmen und die Gemüter der Farmhunde über und hinter mir zu unterscheiden.

Nur zu gern hätte ich mich wieder angezogen. Meine Schicht aus Schlamm und Chitin war hilfreich, doch die Mücken gierig. Ich schirmte meinen Hodensack mit den Händen ab wie ein Fußballer in Erwartung eines brutal getretenen Balls. Aber schon zu oft hatte ich mich mit rationalen Erklärungen herausgeredet, um meine Hosen wieder anzuziehen. Also weichte ich all meine Klamotten im Tümpelwasser ein, damit die Versuchung nicht zu groß wurde, und machte mich auf, den Wald zu erkunden.

Dabei genügte mein normaler aufrechter Gang. Ein ausgewachsener Hirsch hat eine Widerristhöhe von etwa 1,30 Meter, und bis zur Höhe seiner Augen kann man durchaus noch einen halben Meter oder mehr dazurechnen. Jedenfalls hatten sie auf *meiner* Augenhöhe sporadisch an Farn geknabbert (den sie nicht sonderlich schätzen), als sie hier durchgezogen waren. Sie hatten gesehen, was auch ich sah, wenngleich eingeschränkt durch ihre Rot-Grün-Blindheit (die den sommerlichen Wald konturloser und blasser macht), jedoch bereichert durch ihre Sensibilität für UV-Licht (gegen das unsere Augen starke Filter haben) – für Hirsche muss der eintönige blaue Himmel, sofern er durch die Eichenkronen sichtbar ist, ein einziges Wirbeln und Tosen sein wie auf einem furiosen Turner-Gemälde.

Die Herausforderung bestand darin, den Wald nicht aus der Sinnessprache der Hirsche in die der Menschen zu übersetzen, sondern aus der Menschzeit in die Hirschzeit. Da gibt es zum einen die Geschwindigkeit der wachsenden, sich im Wind wiegenden, kriechenden Geschöpfe, andererseits den emporschnellenden Sprung, um in der Zeitspanne eines Knurrens von null auf sechzig Stundenkilometer zu beschleunigen. Kopf und Rumpf müssen sich fühlen, als erlitten sie zwei verschiedene Verkehrsunfälle gleichzeitig. Das Gewicht des Geweihs reißt den Kopf heftig zurück, sodass Kopf und Körper mit unterschiedlicher Beschleunigung aus dem Ginster davonpreschen.

Gemächlich schwelgte ich in Licht, Tau und Morast und versuchte, es dem langsamen Pulsieren des Waldes und nicht meinem flimmernden Herzen zu überlassen, meiner Vorstellungskraft frisches Blut zuzuführen. Ich hob den Kopf mit der Geschwindigkeit der Sonnenbewegung. Ich rief mir in Erinnerung, dass ein Sonnentag die elementare Zeiteinheit ist und jede kleinere Einheit so künstlich wie Diät-Cola.

Sechs Stunden lang beobachtete ich nur die Bewegungen eines einzelnen Labkrautstängels. Drum herum rührte sich nichts. Keine Wühlmaus grub darunter ihren Gang, kein Vogel flatterte darüber hinweg. Unerschütterlich schwankte der Stängel hin und her. Die anderen Stängel hingegen blieben ebenso unerschütterlich reglos. Plötzlich erstarrte er. Von einem Moment auf den anderen. Es war kein allmähliches Abflauen. Die Sonne ließ den Vogelgesang verstummen.

Ich ging zu einem Büschel Sauerampfer. Die Fliegen mochten ihn weniger. Von hier aus sah ich acht Stunden lang zu, wie eine Spinne die Kluft zwischen einem Buchenschössling und einem Eichenschössling überbrückte. Als sich Abendtau bildete, stellte ich fest, dass ich fast ihr ganzes Netz übersehen hatte. Eine Ameise versuchte, in meine Harnröhre zu kriechen. Ich fasste es als Kompliment auf.

Zu einer bestimmten Zeit, unmittelbar nach Einbruch der Dämmerung, klammert sich der Wald förmlich an die letzten Sonnenstrahlen, er scheint sich über sie zu wölben, damit sie nicht davonlaufen können; gleichzeitig verströmt er etwas von der Sonnenwärme, die er tagsüber in sich aufgesogen hat. Für einen nackten Menschen, der glücklich auf Sonne gebettet und mit Sonne überschüttet wird, ist das die wärmste Zeit.

Aber die Sterne kennen kein Erbarmen. Ich schlüpfte in meine nassen Klamotten und ging zum Haus zurück.

*

Später in diesem Sommer lag ich inmitten eines von Ginster umfriedeten Fleckens auf der Kuppe unseres Berges. Die Blumen waren so gelb, dass es in den Augen wehtat und alle anderen Farben verblassten. Unpassenderweise roch es nach Kokosnuss.

»Gebt mir fünf Minuten«, sagte ich zu den Kindern. »Dann geht mich suchen und tötet mich.«

»Machen wir«, antworteten sie.

Innerhalb der nächsten zehn Minuten machten sie die vorhersehbaren Fehler: Sie suchten dort, wo es offensichtlich war, weil es nicht *zu* offensichtlich war; anschließend dort, wo es offensichtlich war, *gerade weil* es offensichtlich war. Dann gerieten sie ins Grübeln.

»Er versucht, ein Hirsch zu sein«, hörte ich eines der Kinder sagen. »Bestimmt ist er zum Wasser gegangen.« Also suchten sie den Bachlauf ab.

»Er versteckt sich unter Bäumen«, meinte Tom. »Ich habe gehört, wie er mal gesagt hat, dass Hirsche eigentlich Waldtiere sind.« Und so suchten sie mich unter den Bäumen. Dann wurde ihnen langweilig, und sie gingen nach Hause, um irgendetwas kaputt zu machen.

Auf den Stechginster kamen sie nicht, weil sie nicht bedachten, dass ich physischen Schutz brauchte. Heutzutage ist so etwas für Hirschwild auch nicht mehr nötig. Der Vorteil von Stechginster gegenüber Farn ist, dass ein Wolf nur an wenigen, gut überschaubaren Stellen hindurchschlüpfen und angreifen kann.

Aber Wölfe gibt es in England nicht mehr. Seit dem vierzehnten Jahrhundert sind sie hier ausgestorben, weshalb dann die Moderne begann.

Die Rothirsche verbringen einen Großteil ihres Lebens in Geisterwäldern, deren Bäume vor langer Zeit für den Schiffbau und der Schafzucht zuliebe gefällt worden sind. Für sie sind diese Geister durchaus vorhanden: Sie ducken sich, um sich nicht mit dem Geweih in Ästen zu verfangen, die vor der Schlacht von Azincourt abgehackt wurden; sie äsen im Schatten von Eichen, die seit der Bronzezeit keinen Schatten mehr geworfen haben. Sie können das Land nie aus ihrem Gedächtnis vertreiben. Andernfalls würden sie sich selbst vertreiben.

Wenigstens in dieser Hinsicht kann ich es ihnen gleichtun. Tatsächlich habe ich gar keine andere Wahl. Und alle anderen Menschen ebenso wenig, auch wenn die meisten modernen Menschen – durch ihre neurologische Beschaffenheit brutal aus der Gegenwart verbannt, so wie Rothirsche aus der ihren – eher in einer illusionären Zukunft als in der Vergangenheit leben. Aber für mich ist ein Spaziergang durch den Wald oder durch ein Einkaufszentrum wie eine spiritistische Sitzung. An einem guten Tag verbringe ich etwa eine Stunde damit, voll und ganz dort zu sein, wo ich bin. Diese eine Stunde erfordert entweder höchste Aufmerksamkeit (wenn ich mir selbst mit wenig Überzeugung in der Stimme zurufe: »Ich bin *hier!* Das ist das *Hier und Jetzt!*«) oder die Anwesenheit der Kinder. In der übrigen Zeit schaue ich auf einen Bauernhof, rieche brodelnden Färberwaid, höre Schwerter klirren und sehe Grauwölfe Rothirsche jagen.

*

In seinem sehr gefühlsbetonten Werk »Red Deer« schrieb Richard Jefferies über Exmoor: »Auf dem Haddon Hill wandert der Blick ... sodass das Auge dort die ganze Weite Englands schaut.«

Rothirsche haben gute Augen. Es gibt keinen Grund, warum sie nicht die Weite Englands schauen sollten. Also würde es in meiner Untersuchung um große Gebiete gehen, um Zusammenhänge und wie ein Tier regional verwurzelt und somit repräsentativ für die Gegend sein konnte. Ich würde kilometerweit munter durchs Moor ausschreiten, den Blick seemännisch auf den diesigen blauen Horizont richten, in Gräben schlafen und Quellwasser von Parracombe bis Dulverton trinken, dabei den Dialekten vieler Hecken lauschen, über Geologie schreiben und die ganze Makroökonomie hinter mir lassen. Es würde großartig werden.

Aber die Peilsenderdaten machten mir einen Strich durch die Rechnung. Niemals lagen zwei Ortungspunkte für ein und dasselbe Tier weiter voneinander entfernt als 9,2 Kilometer bei männlichem Rotwild beziehungsweise 6,8 Kilometer bei Hirschkühen. »Das durchschnittliche Bewegungsspektrum innerhalb eines Monats oder einer Jahreszeit«, so die entmutigende Feststellung des Zoologen Jochen Langbein, »lässt darauf schließen, dass sich Rotwild (im Exmoor) die meiste Zeit in recht kleinen Territorien von weniger als vier Kilometer Durchmesser aufhält.« Eine ausgewachsene Hirschkuh durchstreift ein Gebiet von etwa vier Quadratkilometern. Wanderfreudiger zeigen sich die Hirschböcke: Sie haben (so wie ich damals auch) zwei voneinander getrennte Reviere – das eine vor allem für die Brunftzeit, das andere für das restliche Jahr –, und ihr gesamtes Territorium umfasst knapp zehn Quadratkilometer. Während der Brunft legen sie größere Entfernungen zurück – wie ich es ebenso tat. Doch ihre beiden Reviere liegen nur zwei bis sechs Kilometer auseinander: eine frappierend ähnliche Distanz wie zwischen meinen Revieren, wenn ich an all die Taxifahrten zwischen Bethnal Green und Fulham zurückdenke. In meiner Spezies und in ihrer sind die männlichen Tiere tendenziell mehr unterwegs.

Es ist nicht so, dass die Hirsche in Südwestengland sonderlich lokalpatriotisch wären. Die Reviere der Hirschkühe in den schottischen Highlands sind vier bis zehn Quadratkilometer groß, die ihrer männlichen Pendants zehn bis dreißig – damit sind sie zwar größer als die im Exmoor, aber nur unwesentlich und auch einzig und allein dem knapperen Futterangebot in den kargen Bergen geschuldet. Im übrigen Europa halten sich die jahreszeitlichen Revierverlagerungen ebenfalls in Grenzen – selten weiter als zehn Kilometer – und beschränken sich oft auf winterliches Abwandern in tiefere, weniger kalte Lagen.

Letztlich sind sie also keine Tiere einer Region; das große Ganze konnte ich also vergessen. Auch meine Rothirschstudie würde so lokal begrenzt sein wie die bisherigen und sich um örtliche Gegebenheiten drehen. Dabei wäre ich liebend gern lange gewandert, weil mir das Dableiben und Begreifen zu anstrengend war. Wenn sich jemand auf seiner Website als »Reisender« bezeichnet, so wie ich, kann man davon ausgehen, dass der Betreffende vor irgendetwas davonläuft, und man sollte ihn fragen, wovor. In meinem Fall werde ich es aber nicht verraten.

Rothirsche entspringen ihrer Heimaterde. Möglicherweise macht es ihnen dieser Umstand leichter, dorthin zurückzukehren. Für sie ist sie ein Zuhause, wie sie es für mich nie sein kann. Die menschliche Ortsverbundenheit gilt einer Gebärmutter, keinem geografischen Punkt. Menschen können nicht wirklich heimisch sein, wenn der Uterus, in dem sie herangewachsen sind und zu dem sie eine Beziehung entwickelt haben, verbrannt oder verschlungen wird.

*

Nachdem mir also das große Ganze abhandengekommen war, dachte ich, ich könnte den Verlust durch Intensität wettmachen. Fünf Quadratkilometer waren für mich eine überschaubare Größe. Auf der Karte sah es nach einem Kinderspiel aus.

Das Rotwild im Exmoor zieht sich ins Hochmoor zurück – in den Exmoor Forest, der kein Wald ist –, da es dank hoher Preise für Wildbret aus den lieblicheren, bewaldeten Talkesseln und gut zugänglichen Waldrandgebieten vertrieben wird. Für Hochlagen ist es allerdings nicht geschaffen. Die Moore von Exmoor sind eigentlich ein Bergrücken, der sich, wie es der Zufall wollte, in sanften Wellen kilometerweit erstreckt, sodass es wie Moorland aussieht.

Rothirsche tragen keine Fetthöcker auf dem Rücken und haben nicht das Naturell für Wüsten. Hier haben sie Torf unter den Hufen. Sie gehen also auf dem realen Brei aus Baumstämmen nicht mehr realer Bäume, zwischen denen sie sich noch immer hindurchschlängeln. Vor Wilderern sind sie hier vielleicht sicherer, dafür aber leichtere Beute für die Hunde. Die Jäger sehen sie bereits aus großer Entfernung, und wenn ein gehetzter Hirsch im großen Bogen läuft, können die Hunde die Abkürzung nehmen.

Von der Hütte aus ist es nur ein Katzensprung – über Brendon Common hinauf zur Straße, über die Brücke, wo Wassermolche und Trolle hausen, dann abbiegen zum Hoar Oak Water und weiter, bis man den Parkplatz mit seinen innovativen Gebräuen und quietschenden und wackelnden Bumsbussen aus Wolverhampton erreicht.

Im Frühjahr saß ich im Moorland, wartete auf das Gras und wurde unruhig, als es nicht kommen wollte.

Im Sommer lag ich mit den Kindern im Wald und zwischen Farn und sah zu, wie Blattläuse ihre Stechrüssel in Pflanzenadern mit zuckerhaltigem Saft bohrten. Meine eigenen anarchischen Beine stemmten sich sprungbereit in den Boden, wenn zielstrebige Wanderer vorbeimarschierten.

Im Herbst begleitete ich zu Fuß, auf allen vieren und mit leerem Magen die ebenfalls hungernden Hirsche, freute mich aber insgeheim, als ich miterlebte, wie eine eigensinnige Hirschkuh genug von der lautstark röhrenden Besonnenheit des Leithirschs hatte und ins Tal ausbüxte, um mit dem mickrigen Hirschjüngelchen von nebenan die genetischen Karten neu zu mischen.

Den Winter brachte ich sitzend, liegend und wandernd zu. Weil mir der Boden, der nur aus toter Materie bestand, verhasst war, hockte ich oft auf den Ästen der Bäume, unter denen ich im Sommer gesessen hatte. Die Hirsche harrten aus, und wieder einmal kam ich zu dem Schluss, dass ich ihnen nur dort begegnen konnte, wo wir gemeinsam unter unwirtlichen Umständen ausharrten.

Und das machte ich dann immer und immer wieder.

Und ich wurde es leid. Wenn ich in die Hütte zurückgekehrt war, ging ich verzweifelt und angewidert meine Notizen durch. Sie verrieten mir nichts über die Welt des Rotwilds, doch zu viel über mich selbst, wovor ich davonzulaufen versuchte. Ich steckte tief in den kränklichen Sümpfen vermenschlichender Schrulligkeiten und sank rasch immer tiefer.

Es gab *ein* Argument, das übermächtig war. Mag ihr Geweih noch so gewaltig sein, ihr Schritt noch so majestätisch, ihr Hals noch so kräftig – Rothirsche sind Opfer. Ihre Landschaft ist die von Opfern, sichtbar nur für das Auge anderer Opfer. Abgesehen von den paar Minuten, als ich vor Monty davonlief, den paar Stunden, die ich zitternd bei den Hirschen in Glencoe verbrachte, und einigen poetischen Augenblicken eingebildeter Solidarität mit frierenden Hirschkühen im Hoar Oak Valley gelang es mir nicht, Opfer zu sein. Fantasie und Scharfsinn konnten mir dabei helfen, alles Mögliche in mir aufzuspüren und widergespiegelt zu sehen, nicht aber eine permanente, wesensbestimmende Verletzlichkeit.

Dieses Unvermögen machte meine ganze Unternehmung zunichte. Es hatte keinen Zweck, die Zehennägel nicht zu schneiden, wenn ich nicht seit Anbeginn der Zeit ein Fluchttier war. Ich würde auf ewig im Speisewagen des Caledonian Sleeper sitzen bleiben, neben mir mein Gewehr, ringsum meine Ziele.

Weder im Exmoor noch in Schottland kam ich wirklich an den Rothirsch heran. Ich wäre ihm näher gewesen, wenn ich in einem Karton vor einem Ladeneingang gehaust hätte.

Da höre ich ein Klatschen, der Sophokles-Leser spendet mir Beifall; aber ich bin mir jetzt nicht sicher, ob es ironisch gemeint ist.

LUFT
MAUERSEGLER

Gewisse Leute meinen, sie könnten über Mauersegler, Hunde und Termiten schreiben. Hier einige der Gründe, die sie möglicherweise zu dieser Annahme bewogen haben, und ein paar Fakten:

1. Manche Hunde wissen, wann ihr Herrchen oder Frauchen nach Hause kommt, selbst wenn der oder die Betreffende Hunderte von Kilometern entfernt ist und entgegen der ursprünglichen Planung zu einer ganz unverhofften Zeit zurückkehrt.

2. Zuweilen besitzen auch Menschen diese Fähigkeit. Die Buschleute der Kalahari-Wüste wissen, wann ihre Jäger erfolgreich waren, was genau sie erlegt haben und wann genau sie zurück sein werden – und das auf eine Distanz von achtzig Kilometern. Ursprünglich dachten sie, die Telegrafie des weißen Mannes basiere auf Telepathie.

3. Ein ähnliches Phänomen ist in Norwegen unter dem Namen *vardøger* bekannt. Jemand hört Schritte oder Autoreifen auf knirschendem Kies oder wie eine Tür geöffnet und Schnee von Stiefeln geklopft wird. Es ist aber niemand da. Die solcherart wahrgenommene Person trifft erst ein paar Minuten später ein. Eine nützliche Gabe. Man kann dann schon mal Tee kochen oder in den schicken Morgenmantel schlüpfen.

4. Viele Menschen spüren es, wenn sie beobachtet werden.
5. Termiten sind blind. Sie kommunizieren über Gerüche und Klopfzeichen. Auf diese Weise lassen sich nur sehr eingeschränkt Informationen übermitteln. Wird ein Termitenhügel beschädigt und eine geruchs- und schallhemmende Trennwand hineingeschoben, können die Termiten auf der einen Seite nicht mehr mit denen auf der anderen Seite kommunizieren. Trotzdem beginnen sie auf beiden Seiten ihren Bau so zu reparieren, dass sich die Teile perfekt zusammenfügen. Offenbar gibt es einen für alle Individuen zugänglichen Masterplan. Ähnliches lässt sich im Verhalten der meisten in Gemeinschaften lebenden Insekten feststellen.
6. Vogel- und Fischschwärme und Revuetänzerinnen bewegen sich als Teil einer Welle, die sich von einem Mitglied der Gruppe zum nächsten fortsetzt. Tatsächlich bewegt sich die Welle aber wesentlich schneller, als es die Reaktionszeit des Einzelnen eigentlich zulässt. Die Individuen werden Teil eines Superorganismus, vergleichbar mit Honigbienen.
7. Kuckucksjunge kennen ihre Eltern nicht. Die älteren Kuckucke treten ihre Reise von Europa nach Afrika schon etwa vier Wochen früher an, als die jüngere Generation abflugbereit ist. Dennoch finden die jungen Kuckucke ohne Hilfe und ohne Begleitung zu ihren angestammten Winterquartieren in Afrika.
8. Monarchfalter schlüpfen in der Region der Großen Seen in den USA und ziehen zum Überwintern nach Süden ins mexikanische Hochland. Im Frühjahr fliegen sie wieder in den Norden. Doch die erste Generation der wandernden Falter legt ihre Eier in den südlicher gelegenen Gefilden, auf der Höhe von Texas und Florida. Erst deren Nachkommen schaffen es zurück bis zu den Großen Seen, wo dann die Eiablage für mehrere darauffolgende Generationen stattfindet. Die Generation, die im Herbst gen Süden nach Mexiko zieht, ist drei bis fünf Generationen jünger als die letzten Schmet-

terlinge, die vor ihnen die Reise in den Süden angetreten haben.

9. Frisch geschlüpfte Küken gehen oft eine Bindung mit dem ersten Wesen ein, das sie sehen. Falls es sich dabei um einen Roboter handelt, betrachten sie ihn als ihre Mutter. In einer berühmten Experimentreihe wurden die Bewegungen des Roboters von einem Zufallsgenerator bestimmt. Die Küken, die den Roboter für ihre Mutter hielten, wollten ihn in ihrer Nähe haben. Als man sie durch eine Barriere von ihm trennte, konnten sie ihn trotzdem näher heranholen. Die Zufallsprogrammierung wurde psychokinetisch beeinflusst. Eine Kontrollgruppe von Küken ohne Mutter-Kind-Bindung zum Roboter brachte das nicht zustande.

10. Wird eine neue chemische Verbindung geschaffen (was häufig geschieht), ist es oft sehr schwierig, sie zum Kristallisieren zu bringen. Mitunter dauert der Prozess Jahre. Ist dies jedoch einem Wissenschaftlerteam in – sagen wir – Cambridge gelungen, schafft es ein Team in Melbourne oftmals in der Woche darauf. Dieser Effekt ist gut dokumentiert. Skeptiker erklären das damit, dass Moleküle des neuen Kristalls vielleicht irgendwie in das andere Labor transportiert worden seien (zum Beispiel in den Barthaaren der Chemiker) und dort den Kristallisationsvorgang angestoßen haben könnten. Für gewöhnlich lässt sich ein solcher Zusammenhang aber nicht nachweisen.

11. Vergleichbare Effekte zeigen sich im Verhalten von Tieren. Wenn die Forschergruppe X in Oxford nach jahrelanger Arbeit ihren Versuchsratten einen bestimmen Trick beigebracht hat, erzielt die Gruppe Y in Sydney plötzlich ebenfalls diesen Durchbruch, obwohl es keinerlei Kontakt zur Oxford-Gruppe gegeben hat.

12. Wenn man eine der beiden Zellen eines zweizelligen Seeigelembryos abtötet, entwickelt sich trotzdem ein vollständiger (kein halber) Seeigel. Wenn man die Zellen zweier

Seeigelembryos miteinander verschmilzt, entsteht ein Riesenseeigel.

13. Eine Hand, die aus Millionen einzelner Zellen vieler verschiedener Arten besteht, wächst so weit, wie es nötig ist, und bildet dabei die erforderliche Form aus. Aber sie wird nicht größer als notwendig und nimmt auch nicht eine x-beliebige Gestalt an.

14. Manche Menschen mag ich. Andere nicht, auch wenn ich nicht erklären kann, was so grundlegend verkehrt an ihnen ist. Es gibt freundliche, großzügige, hingebungsvolle und unterhaltsame Menschen, in deren Gegenwart wir uns einfach nicht wohlfühlen.

15. An einigen Orten geht es uns gut, und wir sind glücklich, an anderen nicht, obwohl sie sich scheinbar nicht voneinander unterscheiden.

16. Liebe.

17. Das Einstein-Podolsky-Rosen-Paradoxon: Aus einer gemeinsamen Quelle stammende Partikel (etwa zwei von ein und demselben Atom ausgesandte Lichtteilchen) sind miteinander »verschränkt«, sodass sich der Zustand des einen Teilchens gleichzeitig im anderen widerspiegelt.

18. Geschlechtliche Fortpflanzung: Sie ist orthodoxen Neodarwinisten ein Dorn im Auge, weil dabei genetisches Material, das von der natürlichen Selektion geprüft und für gut und vorteilhaft befunden worden ist, verwässert und in den Hintergrund gedrängt wird, anstatt es in den Mittelpunkt zu stellen.

19. Auch wenn bestimmte Krankheiten und Traumata das Erinnerungsvermögen beeinträchtigen können, ist es bis heute nicht möglich, dies einem anatomischen Teil des Gehirns zuzuordnen.

20. Altruismus.

21. Gemeinschaft.

Das sind Fakten über Mauersegler, weil es Fakten über die Welt sind und weil Mauersegler ein Teil dieser Welt sind, so wie ich. Aus den Fakten geht hervor, dass für das Schreiben über Mauersegler keine weitere Qualifikation erforderlich ist, als ein Mitbewohner der gemeinsamen Welt zu sein. Das empfinde ich als große Erleichterung, denn Mauersegler sind das ultimativ Andere. Ich kann nur über sie schreiben, weil ich auch so andersartig bin oder weil (abhängig von meiner Stimmung) nichts andersartig ist.

*

Manchmal sind sie gar nicht so weit weg. Gerade eben ist, nur wenige Meter von meinem Kopf entfernt, ein Mauersegler senkrecht ins Dach geschossen – schnurgerade wie ein Lot, ohne abzubremsen oder zu verzögern; schnell wie ein Gedanke, aber kühner. Wenn etwas nur gedankenschnell ist, können die Gedanken vielleicht mithalten. Doch sie können nicht das Blau der Höhe erhaschen oder erkennen, dass das Leben jedes Mauerseglers ein einziges Luftschnappen ist.

Dieser Mauersegler, der einen mit Speichel verklebten Klumpen aus fünfhundert Insekten zu seinen noch nackten Nestlingen in eine Belüftungsöffnung in der Dachtraufe bringt, fegt auf Höhe meines Arbeitszimmers im Obergeschoss mit schrillen Schreien durch unsere Straße. Er schaut herein, wenn Bücher oder Menschen oder Tee gemacht werden; er sieht geblümte Bettdecken, hundertjährigen Stuck, pseudoaristokratische Vertäfelungen, Schriftenreihen über Glanz und Gloria des Quattrocento, Bären, Schädel, tibetanische Masken, aberwitzige Puppen und eine Menge dezenter Verzweiflung. Er kreischt grundlos die Straße rauf und runter, einfach nur aus Spaß am Kreischen und weil ihm gerade danach ist. Er ist nicht auf Blattläuse, fliegende Käfer oder Sex aus.

In dieses sinnfreie Kreischen stimme ich gerne ein.

Dieser Mauersegler schlüpfte vor vier Jahren in Oxford. Sechs Wochen lang schwoll er an wie eine Eiterbeule. Dann purzelte er aus dem Nest und auf unsere Mülltonnen zu, entdeckte seine Flügel, kurz bevor er auf dem Geländer aufprallte, verbrachte die Nacht schlafend in der Luft, ein paar Kilometer über Oxford, schlug gelegentlich mit den Flügeln im Wind, schraubte seine Kreise langsam immer höher und machte sich vier Wochen später auf nach Afrika.

Im darauffolgenden Sommer kehrte er zurück, schwirrte um unser Haus, allerdings ohne zu nisten, flog wieder und wieder und wieder nach Afrika, kehrte zurück nach Oxford und fand schließlich ein Loch im Haus und einen Platz, um seine Familie zu gründen. Bis er über meinem Kopf in unser Dach flog, hatte er vier Jahre lang keinen Boden, keinen Baum und kein Gebäude berührt, nur Insekten und Luft.

*

Für gewöhnlich werden Mauersegler mit zwei Eigenschaften assoziiert: ätherisch und ungestüm. Was kein Widerspruch ist. Ihr Ungestüm macht das Ätherische greifbar. Mauersegler legen uns den Himmel offen und machen ihn für uns zugänglich. Sie zerreißen seinen Schleier.

Aber was, wenn die Mauersegler nicht zurückkehrten?

Sie kamen dieses Jahr so spät, dass ich bereits in Panik geriet. Häufig stand ich morgens sehr früh auf, weil ich mir einbildete, ihren durchdringenden Ruf gehört zu haben, und eilte zum Fenster. Dort sah ich aber nichts außer Tauben, schwer und behäbig wie ich: Tauben, die auf Bäumen schlafen und im Dreck hocken.

Und dann, als ich einmal auf dem Rücken lag, tauchten sie plötzlich auf.

»Warum weinst du, Daddy?«, fragte Rachel und schaute in mein Gesicht statt in den Himmel.

»Weil alles gut ist«, sagte ich. »Weil die Welt noch im Lot ist.«

»Okay«, meinte sie.

Sie sind immer entweder plötzlich da oder plötzlich weg.

*

In der Luft wuselt und wimmelt es. Lebewesen wirbeln dort oben herum wie Plankton im Meer: Läuse, Spinnen, Käfer und andere kleine Insekten. Eine Blattlaus kann von einem Grashalm in einem englischen Wald losgerissen, durch einen Luftstrudel hochgesogen und über die Pyrenäen und die Meerenge von Gibraltar verweht werden, um in einer mauretanischen Oase im Kropf eines Cistensängers zu landen.

Ich habe versucht, die Wirbel aufzuzeichnen. Am besten steigt man dazu auf einen hohen, kahlen Baum mit vielen Ästen auf unterschiedlicher Höhe, die einem Halt geben. Es ist eine fröhliche, faszinierende Methode, den Tag herumzubringen.

Federleichte Distelwolle eignet sich ideal zur Markierung der Wirbel. Wahrscheinlich wiegt jeder dieser Samen nicht mehr als eine Blattlaus.

In Bodennähe ist die Distelwolle noch zögerlich. Sie bewegt sich mal hierhin, mal dorthin, als überlegte sie, für welchen Luftstrom sie sich entscheiden soll. In ein bis eineinhalb Meter Höhe weiß sie dann, wohin sie will, wenngleich ein anderes Büschelchen aus derselben Blüte vielleicht einen anderen Weg genommen hätte.

In einem Wald oder über einem Feld ergeben die Wirbel einen unsichtbaren Dschungel aus Schloten. Die Wände dieser Schlote sind ziemlich stabil, und ihrem Zug entgeht kaum etwas. Oft stehen sie sehr dicht beieinander, verlaufen aber selten parallel und überkreuzen sich mitunter sogar. In ihnen wirken starke zentripetale Kräfte, aber die Luft zieht nicht geradewegs nach oben, sondern wird durch Auf- und Abwinde und Strudel beeinflusst. Insekten und Pflanzensamen prallen gegeneinander und gegen die Wände, schleudern herum, purzeln durcheinander. Eine Laus, die es schon fast über das Blätterdach hinaus geschafft hat, kann vom pausbäckigen Sommerwind wieder nach unten gepustet werden und Artgenossen begegnen, die ihren Aufstieg aus dem Unterholz vor einer Stunde begonnen haben.

Über den Baumwipfeln bildet sich ein verworrenes Mündungsdelta. In den Schloten steigt der Druck an, und sie ergießen ihren Inhalt in eine flache Schüssel, die alles verrührt. Das lebende Treibgut nimmt Fahrt auf, denn die hier herrschenden Ströme sind stärker und komprimierter.

Die Mauersegler ernähren sich von diesen Strömen. Vielleicht gibt es noch ein Delta und eine Abflachung weiter oben. Aber zweifellos wird die Ausbeute ab einer Höhe von etwa einhundert Metern gering. Dennoch fliegen Mauersegler oftmals wesentlich höher, wo es unwahrscheinlich ist, dass sie etwas Fressbares finden.

Anders verhält es sich auf freiem Feld. Dort saugt die Sonne förmlich an der Erde. Der Wind fegt schwallweise übers Land, trifft auf eine Mauer, einen Graben oder eine Anhöhe und bauscht sich pilzförmig nach oben. Die Stiele dieser Windpilze schießen als mächtige, manchmal mehrere Hundert Meter breite Ströme aus winzigen Spinnen und Läusen von den Feldern in die Wolken empor. Hält man die Hand hinein, wird sie regelrecht abgeschmirgelt.

Für die Vögel ist der sommerliche Himmel normalerweise ein Sandwich mit klar voneinander abgegrenzten Schichten. Ganz oben tun sich die Mauersegler gütlich, in der Mitte halten sich die Mehlschwalben auf, und die Rauchschwalben lassen die Spitzen der Grashalme in ihrem Windschatten erzittern. Manchmal stibitzen die Mauersegler aber auch etwas vom Kuchen der Mehlschwalben, und ist der Himmel stark elektrostatisch aufgeladen, jagen sie noch tiefer, auf Höhe der Rauchschwalben, über Felder und Seen.

Mauersegler sind wählerisch bei ihrer Kost. Obwohl sie jeden Tag fünftausend Insekten oder noch mehr fangen und ihren Schnabel weit aufreißen können wie eine Schleppnetzöffnung, verschlingen sie in der Regel nicht alles, was sie erwischen. Ihre bevorzugte Beute sind große, stachellose Insekten. Man kann sie dabei beobachten, wie sie ihren Kurs wechseln, um diese zu fangen. Und dabei treffen sie sehr feine Differenzierungen. Wenn sie Bienen jagen, suchen sie sich nur die stachellosen Drohnen aus – versuchen Sie mal, bei einer Geschwindigkeit von fünfzig Stundenkilometern eine Drohne von einer Arbeiterin zu unterscheiden. Mauersegler lassen sich nicht von der Warntracht von Insekten täuschen, sie fressen auch etliche stachellose Bienen und Wespennachahmer. Wie sie den Unterschied erkennen können, wissen wir nicht, aber es muss eine visuelle Fähigkeit sein.

Sie sind Raubtiere – Windhunde der Lüfte, die zuschnappen wie Terrier. Zu diesem Zweck besitzen sie zwei Sehgruben: eine flache für das einäugige Sehen und eine tiefe, vergrößernde. Das ermöglicht ihnen vermutlich eine Art von zweiäugigem, räumlichem Sehen, mit dem sie die Entfernung schnell fliegender Insekten einschätzen können. Darin gleichen sie Geparden und Wanderfalken. Wenn ein Mauersegler ein potenzielles Beutetier entdeckt, ist er in Relation zur Größe des Tiers zunächst ähnlich weit davon entfernt wie ein Wanderfalke von einer Taube oder ein Gepard von einer Thomson-Gazelle oder ich von einem Rothirsch auf einem Berg. In all diesen Fällen müssen die gleichen visuell-räumlichen Probleme bewältigt werden. Wie der Wanderfalke senkt der Mauersegler beim Näherkommen den Kopf und schaltet dabei zwischen seinen beiden Sehmethoden – für den Gesamtüberblick und für das Detailbild – hin und her. Nur so kann er effektiv jagen, ohne in den Gaumen gestochen zu werden.

Auch wenn sie eher Trophäenjäger in den Lüften sind, haben die Mauersegler nichts gegen ein üppiges Schlemmerbüfett aus frisch Geschlüpftem einzuwenden, wenn die Schlote gerade so etwas auftischen.

Ich geriet einmal mitten in eine solche Fressorgie. Als ich gerade ein kleines Kind zur Kita schleppte, damit es dort einmal eine Weile unter Kontrolle war, spie der Himmel über einem Waldstück neben der Straße schwarze, kreischende Funken. Die Mauersegler machten sich über eine neue Brut her, die über die Baumkronen hinausgetragen wurde; ohne sich mit Haarnadelkurven aufzuhalten, pflügten sie einfach mittendurch und drehten den Kopf mit dem weit aufgerissenen Schnabel ruckartig von einer Seite zur anderen, um an den Stellen mit der größten Insektendichte zuzuschlagen.

Wir rannten über die Straße. Ich befahl dem Dreijährigen, zwischen den Brennnesseln zu warten, während ich so hoch auf einen Baum kletterte, wie es nur ging. Und das war ziemlich hoch. Auf einer Astgabel knapp unter dem oberen Wipfelende streckte ich den Kopf in die Futterzone des Deltas.

Ich sah eine Zunge, gedrungen, grau und trocken. Ich sah mich selbst, verhärmt und mit tellergroßen Augen. Ein kühler, elektrisierender Flügelschlag fächelte meinem Gesicht gnädig Luft zu. Ich schnappte mir einen Mund voll Insektenpuppen und spie sie aufs Dach eines nagelneuen Mercedes, mit dem ein dreihundert Meter entfernt wohnendes Kind herkutschiert worden war.

So nah war ich ihnen noch nie gekommen.

Aber ein Mauersegler *werden?* Ebenso gut könnte ich versuchen, Gott zu sein.

*

Ich schnürte mich in ein Geschirr und ließ mich von einem Gleitschirm in den Himmel ziehen. Dabei lernte ich den Geschmack von Höhe kennen – aber ich schmeckte ihn mit einem Gaumen, der für eine Höhe von 1,80 Meter über der Erde geschaffen ist, nicht für tausendachthundert. Ich erfuhr etwas über das Rauschen des Windes, aber es war das Rauschen in flatternden Ohren, die an den Seiten eines großen, ungeschlachten Schädels hervorstanden und die man unter den kräftigen Strahl eines Wasserhahns zwang. Wie sich die Temperaturen während meines Aufstiegs veränderten, bekam ich hingegen gar nicht mit: Angst und finstere Gedanken trieben mir zu sehr die Röte ins Gesicht, als dass ich darauf geachtet hätte; und mein übriger Körper war in Wolle und Nylon eingepackt.

Mauersegler nehmen den Boden anhand der Duftformen wahr, die er verströmt. Sie schnuppern sich durch die Geruchssäulen. Ihre Jagdgründe sind ein Spiegelbild der Erde – ein Bild so kompakt und klebrig wie ein karamellisierter Apfel.

Als ich auf die Wälder und Felder hinabblickte, sah ich genau das: Wälder und Felder. Für einen Mauersegler sind es Pizzalieferdienste. Man geht nie selbst dorthin. Man ruft nur an, und am anderen Ende meldet sich eine geisterhafte Stimme. Eine konkrete Vorstellung von dem Laden dort hat man eigentlich nicht. Man hat sich auch nie groß Gedanken darüber gemacht. Wahrscheinlich weiß man ungefähr, wo er liegt. Zur Not könnte man ihn als Orientierungspunkt angeben, um irgendwo anders hinzugelangen (so wie Mauersegler vielleicht irdische Wegweiser zur Orientierung benutzen). Aber der Vogel hat kein Interesse an den Wegweisern an sich, ebenso wenig wie Sie sich für den Pizzaladen an sich interessieren. Und so bleibt auch der Mauersegler zu Hause in der Luft, und die Erde liefert.

Es ist kein Wunder, dass Dichter über Mauersegler ins Schwärmen geraten, sind sie doch buchstäblich ätherische Wesen.

Das Hauptproblem bei meiner Verwandlung in einen Mauersegler liegt jedoch nicht darin, dass er der Luft verbunden ist und ich der Erde. Es ist die Geschwindigkeit. Ich bin ein schrecklich langsames Tier. Allein schon bei der Wahrnehmung der Luftbeschaffenheit tun sich Abgründe zwischen uns auf, aber das ist nichts im Vergleich zu den unterschiedlichen Tempi unseres Lebens.

Was die Lebensspanne betrifft, sind Mauersegler mit vielen Menschen vergleichbar, die mit dem Eintritt ins Erwachsenenalter aufhören zu leben: Mauersegler können nachweislich bis zu einundzwanzig Jahre alt werden. Was aber den Unterschied ausmacht, ist die Intensität, die in jedem dieser Jahre steckt.

Ein bisschen Mathematik, weil Zahlen eine gewisse Wahrheit innewohnt:

Jeweils im Frühjahr und im Herbst legen Mauersegler die neuntausend Kilometer lange Strecke zwischen Oxford und dem Kongo zurück; das ergibt achtzehntausend Kilometer pro Jahr – wobei hier noch nicht berücksichtigt ist, wie viel sie ansonsten täglich fliegen. Diese achtzehntausend Kilometer verteilen sich auf sechsundsechzig Tage im Herbst (dreißig Reisetage, sechsunddreißig Rasttage bei Zwischenstopps) und sechsundzwanzig Tage im Frühling (einundzwanzig Reisetage und fünf Rasttage).* Für den Herbstzug ergeben sich also durchschnittlich dreihundert Kilometer pro Tag, für den Frühjahrszug vierhundertdreißig Kilometer. Nehmen wir an, dass sie bei den Zwischenstopps auf ihrer Reise fünfundsiebzig Kilometer täglich mit Nahrungssuche, Gleitflügen, Schlafen und Jubilieren zubringen. Gehen wir weiter davon aus, dass sie an allen übrigen Tagen ihres Lebens hundert Kilometer pro Tag schaffen.

---

* Geschätzt anhand von Daten über in Schweden brütende Mauersegler, für deren Migrationen folgende Zahlen angegeben werden: Der Herbstzug hat eine durchschnittliche Dauer von neunundsechzig Tagen (dreißig bis neunundneunzig Tage), davon dreißig Flugtage und neununddreißig Rasttage; der Frühjahrszug benötigt durchschnittlich neunundzwanzig Tage (achtzehn bis vierunddreißig Tage), davon einundzwanzig Flugtage und acht Rasttage.

Das ergibt folgende Aufstellung:

Frühjahrszug: 9000 km + 375 km bei Zwischenstopps
Herbstzug: 9000 km + 2700 km bei Zwischenstopps
Restliches Jahr: 273 Tage à 100 km = 27 300 km
Gesamtflugleistung pro Jahr: 48 375 km

In einundzwanzig Jahren summieren sich die geflogenen Kilometer auf 1 015 875 – das ist ungefähr ein Hundertfünfzigstel der Entfernung Erde – Sonne und das 2,6-Fache der Distanz zwischen Erde und Mond.

Mauersegler haben eine Länge von circa siebzehn Zentimeter. Ich bin 1,90 Meter – also etwa elfmal so groß. Würde ich zu Fuß in einundzwanzig Jahren eine Strecke proportional zu ihrer Körpergröße zurücklegen, müsste ich fast ein Dreizehntel der Strecke zur Sonne marschieren oder neunundzwanzigmal zum Mond und zurück. Um mit ihnen mitzuhalten, bis ich vierundachtzig bin – was ein realistisches Äquivalent für den langlebigen Mauersegler ist –, müsste ich ein Drittel des Wegs zur Sonne bewältigen und hundertsechzehnmal zum Mond wandern.

Doch das Leben der Mauersegler dreht sich nicht nur um Reisen und Fressen (aber man bedenke nur, aus wie vielen Millionen einzelnen, genau bemessenen und gezielten Kopfdrehungen und Schnappern es bestehen muss). Dieser Einundzwanzigjährige kann sich neunzehnmal fortgepflanzt haben. Die durchschnittliche Anzahl an Nestlingen pro Saison beträgt bis zu 1,7. Das ergibt insgesamt zweiunddreißig Nestlinge in seiner fortpflanzungsfähigen Lebenszeit. Der mit vier multiplizierte, auf mich hochgerechnete Wert wäre demnach hundertachtundzwanzig.

So verbringen die Mauersegler also ihre Zeit. Doch wie steht es um ihre Wahrnehmung dessen, was sie tun? Falls sie (was ich für fraglich halte) vor ihrem geistigen Auge einen Film von ihrem eigenen Leben ablaufen sehen, wie schnell läuft er ab? Und wie hektisch sind diese ruckartigen Kopfdrehungen?

Falls diese Fragen überhaupt von Belang sind, müssen sie irgendeinen – wenn auch noch so kruden – Bezug zur Wahrnehmungsgeschwindigkeit haben.

Schnecken bewegen sich sehr, sehr langsam. Nur wenn Ereignisse mehr als eine Viertelsekunde auseinanderliegen, nimmt eine Schnecke den Unterschied wahr. Wackelt man mehr als viermal pro Sekunde mit dem Zeigefinger vor einer Schnecke hin und her, sieht sie nur einen einzelnen, unbewegten Finger. Trägheit lässt Bewegung erstarren: Sie verwischt, vereinfacht, integriert und verliert beim Integrieren viel vom Gesamtbild. Sie verschleiert Unterscheidungsmerkmale, sofern diese auch von Zeit abhängig sind, und gaukelt uns vor, dass sie die Dinge sieht, wie sie wirklich sind. Sie saugt die Zeit aus unserem Sehvermögen. Zu viel Vereinfachung ist Betrug.

Hingegen kann uns Schnelligkeit, sofern wir ihr gewachsen sind, den Wert der Zeit offenbaren; sie kann uns mit einer angemessenen Einbeziehung der Zeitperspektive das eigene Tun vergegenwärtigen; sie kann es um Vielschichtigkeit und Nuancen bereichern. Wenn man, wie viele Vögel, Geräusche unterscheiden kann, die im Abstand von weniger als zwei millionstel Sekunden ertönen, weiß man um die barocke Komplexität von scheinbar nichtssagendem Vogelgesang. Wer ihn als Mensch so zu hören vermag, geht auf die Knie. Wunder funktionieren durch den Grad der Auflösung: beim Vogelgesang, in der Optik, in der Philosophie und in der Theologie. Nur wer blind für die samtig fließende Bewegung von Raupenbeinen und taub gegen das Ächzen des Krokusses ist, wenn er die Erde durchbricht, kennt keine Gottesverehrung; und oftmals kann man den Betroffenen keinen Vorwurf daraus machen.

Anders ausgedrückt, könnte man sagen, dass sehr schnelle Hard- und Software die Welt gewissermaßen verlangsamen kann. Was der feinhörige Vogel hört, könnte ich auch hören, wenn ich den Vogelgesang langsamer abspielen würde. Ich kann wahrscheinlich Geräusche unterscheiden, wenn sie zwei Hundertstelsekunden voneinander getrennt sind. Wollte ich hören, was ein Vogel in einer Sekunde an Input erhält, bräuchte ich dafür zwei Stunden und fünfundvierzig Minuten.

Wenn der Rest des Vogelbands mit ähnlicher Geschwindigkeit abläuft und der betreffende Vogel (sagen wir, ein Mauersegler) einundzwanzig Jahre alt wird, hat er, weil er in Relation zur Zeit zehntausendmal so intensiv lebt wie ich, eine tatsächliche Lebenserwartung von 210 000 Jahren – das entspricht der Zeitspanne, seit erstmals der *Homo sapiens* in Ostafrika in Erscheinung trat.

Versuchen wir das Ganze nun mit physischer Geschwindigkeit – wobei es natürlich viele verschiedene neurologische Modalitäten zu beachten gilt. Der Schnecke genügt ihr erbärmlich schlechtes visuelles Unterscheidungsvermögen, weil sie sich mit einer Geschwindigkeit von maximal einem Meter pro Stunde fortbewegt. Die höchste bei einem Vogelzug gemessene Langstreckengeschwindigkeit von Mauerseglern lag (auch dank günstigem Wind) bei sechshundertfünfzig Kilometern pro Tag. Die dabei mit Peilsendern errechnete Fluggeschwindigkeit betrug 10,6 Meter pro Sekunde, was, auf vierundzwanzig Stunden hochgerechnet, neunhundertsechzehn Kilometer pro Tag ergibt. Der schnellste Läufer, Usain Bolt, schaffte bei einem Hundertmeterlauf 12,4 Meter pro Sekunde. Dann blieb er keuchend stehen, wurde in eine Decke gewickelt, bekam einen Energiedrink in die Hand gedrückt und ließ sich auf Schultern durchs Stadion tragen. Die Mauersegler fliegen jeden Tag das Dreitausenddreihundertsechzigfache davon, und das den größten Teil jedes Monats, erjagen sich ihre Nahrung selbst und überqueren zudem Wüsten, Meere und Gebirge. Dagegen sind wir bestenfalls Schnecken.

Natürlich lässt sich gegen solche nerdigen Zahlenspielereien einiges einwenden. Was ich beim Tippen sogar selbst getan habe. Und mit Recht. Aber selbst wenn die Vergleiche allesamt unbrauchbar sind, lohnt es sich, ihre Unbrauchbarkeit zu beweisen, um freie Bahn für etwas anderes zu schaffen.

Die Zahlen könnten die Grammatik der Mauersegler sein. Grammatik ist wichtig, sie reicht allerdings nicht für Poesie.

Ich habe versucht, prosaisch zu sein, denn wenn es um Mauersegler geht, versagt alle Poesie.

*

Ich kann den Mauerseglern nicht in die Lüfte folgen. Dort oben bin ich ihnen unähnlicher, als wenn ich auf dem Boden bleibe. Flugzeuge haben mit Luft natürlich überhaupt nichts zu tun. In einer rasenden Röhre voll von Darmwinden ist man den Mauerseglern ferner denn je. Der Blick wird körperlos, kartografisch.

Für mich ist Luft zwangsläufig mit Gurten und hodenquetschenden Geschirren verbunden. Ich schlingere, taumle, werde herumgewirbelt. Im besten Fall bin ich ein riesiges Insekt – ein dahintreibendes Stück Mauerseglerfutter. Auf dem Boden kann ich nach einer Landerolle wenigstens ein paar Sekunden lang verweilen, und auf einem stürmischen Berggipfel darf ich mich sicher fühlen, solange der Wind um mich herum mit derselben Geschwindigkeit weht, wie der Mauersegler über meinem Kopf kreist. Als ich oben auf unserem Moorhügel die Kleider auszog, sandten mir meine gezausten Körperhaare Signale ähnlich jenem Kitzeln, das Mauersegler an den Berührungsrezeptoren ihrer Fadenfedern spüren müssen: winzigen haarartigen Federn, die seitlich der Konturfedern liegen, sich mit ihnen bewegen und der Leitzentrale mitteilen, wo sich jede der großen Federn im Raum befindet.

Wasser ist wesentlich besser geeignet, denke ich, wenngleich immer noch zu mittelbar. Doch in diesem Element kann ich mich treiben lassen wie der Mauersegler, wenn er in drei Kilometer Höhe über dem Meer schläft. Meine Beine haben die gleiche Funktion wie sein gegabelter Schwanz. Ich kann die Arme ausbreiten wie er seine Säbelschwingen und so nach oben oder unten manövrieren. Allerdings nimmt das Wasser fast genauso viel vom Mauerseglerdasein, wie es gibt. Es raubt Geschwindigkeit und somit Mauerseglerzeit. Womöglich ist ein langsamer Mauersegler sogar noch weniger Mauersegler als ein toter.

Mauersegler zu sein fällt mir am leichtesten, wenn ich auf der Erde bin. Dann kann ich zumindest die Quellen der Luftströme sehen und riechen, in denen die Vögel jagen, kann neben meinem Ohr das Summen der Wespe hören, die dreihundert Meter weiter oben zermalmt wird, und eine Fliege auf meinem Arm mit mehr oder weniger der identischen Geschwindigkeit erschlagen, mit der der Mauersegler seinen kurzen Hals dreht und den Schnabel über ihr schließt.

*

Während ich in meinem Garten in Oxford auf einer Bank saß, folgte ich den Mauerseglern mit den Augen und geriet in Verzweiflung, als sie immer höher stiegen, zu ihrem Schlafplatz in den Lüften, den Blicken entzogen, jenseits von allen Sinnen und allem Sinn und allen Worten.

Als sie fortzogen, war mir das unerträglich. Ich reiste ihnen nach, über den Ärmelkanal, quer durch Frankreich, und notierte beflissen – wie ein hinterbliebener Jünger auf der Suche nach Reliquien oder Heiligtümern –, was die Mauersegler gesehen, gerochen oder gehört haben mochten, als sie hier vorbeikamen. Es schien mir bedeutsam, den Geruch eines Lagerfeuers in der Picardie exakt festzuhalten – die Vögel könnten ja Käfer gefressen haben, die das Feuer in Schwärmen in die Höhe getragen hatte. Auch war das Geplauder in einem Café in den Pyrenäen durchaus von Belang: Die gleichen Redewendungen waren vermutlich auch zwei Wochen zuvor verwendet worden, in ähnlicher Lautstärke und an denselben Tischen, sodass sie von denselben fleckigen, kalkgetünchten Mauern in denselben Winkeln widerhallten, bis in den Himmel über dem Berg hinauf, wo sie ihren Teil zum Summen und Pochen beitrugen, den die Mauersegler kannten, und ein vorbeischwirrendes Insekt ruckartig zusammenzucken ließen, sodass der Kopf eines Mauerseglers herumfuhr. Der Wein in jener Nacht in einem andalusischen Innenhof musste präzise beschrieben werden, weil Nitrat aus Mauerseglerdung den Weg in seine Trauben gefunden haben könnte und weil Insekten, die sich von Trauben ernähren, vielleicht in einer Duftwolke aus Zitronen und vergammelten Shrimps emporgewirbelt und vertilgt worden waren von ... na, Sie wissen schon, wovon. Oder von *wem*.

Die Welt war ein Netz, fein wie Gaze, gesponnen aus Ursachen – und jede Ursache hing mit anderen zusammen und war letztlich, wenn man sie nur genau genug betrachtete, auf Mauersegler zurückzuführen. Ich schätze, ich segelte haarscharf an einer Psychose vorbei.

Das war nicht gut. Die Mauersegler wurden zu meinem Alpha und Omega, wodurch ich das restliche Alphabet entwertete und mein Wortschatz rapide schrumpfte. Mit dieser Obsession lebte ich jahrelang. Manchmal war es ein heiteres Spiel, das ich in schwülstigeren Augenblicken zu einem Gedankenexperiment verklärte. »Wie stellen Mauersegler einen Zusammenhang zwischen meinem Tennisellbogen und dem Zusammenbruch einer isländischen Bank her?«, fragte ich mich dann. In den wenigen gesegneten Momenten der Selbstironie erinnerte ich mich an eine Geschichte über eine fundamentalistische Sonntagsschule:

Lehrer: Caleb, was ist klein, frisst gern Nüsse, hat ein Fell und einen langen buschigen Schwanz und springt von Ast zu Ast?

Caleb: Na ja, ich weiß, dass die Antwort »Jesus« lauten muss, weil das immer die Antwort ist, aber es klingt schon sehr nach einem Eichhörnchen.

In meinem Fall lautete die Antwort am Ende immer: »Mauersegler.«

Dann wurde diese primäre Pathologie durch eine Absonderlichkeit der zweiten Generation überlagert und konsolidiert. So wie Pilger andächtig auf den Pfaden der Jünger wandeln, die einst ebenso andächtig auf den Pfaden des Meisters wandelten, folgte ich den Spuren, die ich selbst bei meiner Mauersegler-verfolgung hinterlassen hatte. Im Frühjahr betrachtete ich die Meerenge von Gibraltar von derselben Bar und demselben Stuhl aus und trank den Sherry von damals, weil ich hier genauso gesessen und getrunken hatte, als *sie* das erste Mal das Land erreichten. Ich bat die Musiker, jene Stücke zu spielen, die sie einst hierhergelockt hatten. Zwischen Ende April und Anfang Mai hielt ich in Oxford den Blick stets gesenkt, bis ich am Ende der Straße anlangte, wo ich sie immer zum ersten Mal bemerkte – aus Angst, ich könnte sie vorher woanders sehen.

Das klingt (mindestens) nach schwerer Persönlichkeitsstörung oder Zwangsstörung. Mag sein. Aber ein freundlicherer Begriff dafür ist »Gewohnheit«.

Damit fühle ich mich wohler. Ja, ich bin geradezu begeistert davon. Denn Gewohnheit könnte mir den Zugang zu den Mauerseglern ebnen. Alle anderen Pforten scheinen ja verriegelt und verrammelt zu sein.

Auch wenn sie oft den gegenteiligen Eindruck erwecken, sind Mauersegler denselben Naturgesetzen unterworfen wie ich. Mögen sie noch so sehr Unsterblichkeit vortäuschen, schlägt doch auch ihnen die Stunde. Die Schwerkraft hat für sie weniger Bedeutung als für mich, aber sie sind nicht immun dagegen. Für uns gelten die gleichen Rechte und Gesetze, wir sind daher Landsleute. Wir können zusammen unter einem Dach leben und gemeinsam verreisen, wir haben bereits einige gemeinsame Gewohnheiten und können daran arbeiten, dass es noch mehr werden.

Nach Ansicht des Biologen Rupert Sheldrake, dem ich viele der zu Beginn des Kapitels erwähnten Fakten verdanke, sind Naturgesetze wie Gewohnheiten. Sie neigen dazu, wahr zu sein, weil sich das Universum daran gewöhnt hat, sich so zu verhalten. Natrium- und Chloratome gehen ganz natürlich eine Verbindung ein, bei der Salzkristalle entstehen, weil dies für sie so üblich ist; es ist schon unzählige Male zuvor geschehen; die Schablone ist vorhanden; die elektrostatischen Nuten sind ordentlich gefräst; alles fügt sich sauber ineinander, denn Übung macht den Meister; Gewohnheit ist der Weg des geringsten Widerstands; und Gewohnheiten haben sich entwickelt, weil sie funktionieren, und sie werden beibehalten, weil sie auch künftig funktionieren werden.

Wie jeder weiß, der gerade mit Joggen oder mit einer Diät angefangen hat, etablieren sich neue Gewohnheiten nur schwer. Das Universum hat eine harte Oberfläche, in die sich neue Muster nur mühsam eingravieren lassen. Hat man es aber einmal geschafft, fällt es einem beim nächsten Mal wesentlich leichter. Denken Sie nur an die Moleküle in den Barthaaren der Chemiker und die Ratten in Oxford und Sydney. Hat man es tausendmal gemacht, wird es sogar noch viel einfacher. Kein Wunder, dass die Evolutionsgeschichte oft in Schüben abzulaufen scheint: Viele Millionen Jahre lang tut sich gar nichts, und plötzlich geht es mit Riesenschritten voran.

Meine Finger haben aufgehört zu wachsen, weil sie die Grenze des erinnerten Musters erreicht haben. Das ist gewohnheitsmäßiges Verhalten. So funktioniert das Wachstum der Finger – es gehorcht einem Muster. Was die jungen Kuckucke nach Afrika zog, war eine Erinnerung an das, was Kuckucke gewohnheitsmäßig tun, vorgezeichnet durch das kollektive Unbewusste der Kuckucke. C. G. Jung hatte recht, was Kuckucke, Finger und Salzkristalle betrifft.

Das erfordert eine Menge mystischer Kommunikation. Natrium muss sich mit Chlor verständigen; Embryofinger müssen mit einer Art Idealfinger Rücksprache halten; junge Kuckucke müssen sich mit ihren toten Vorfahren austauschen. Das ganze Unternehmen der Vogelzüge wird zu einer gigantischen spiritistischen Sitzung. Es hat etwas Gespenstisches und zugleich Platonisches. In sechstausend Meter Höhe werden die Mauersegler von einem kaum merklichen Sog erfasst, den Millionen verstorbener Mauersegler erzeugt haben. Tote Himmelshirten lotsen sie über die Pyrenäen, das Mittelmeer und den Westrand der Sahara bis in den Kongo.

»Man braucht keine solche Geisterbeschwörung, um Vogelmigration zu erklären«, meinte ein bekannter Zoologe. »Dafür reicht die orthodoxe Biologie völlig aus. Die Vögel haben eine genetische Landkarte, die ihnen grobe Vorgaben liefert, wohin sie ziehen sollen. Dazu kommen noch diverse Mechanismen für die Feinabstimmung: eventuell Magneteisenerzkristalle in ihrem Kopf, innere Uhren, Sonnenstände; gegebenenfalls orientieren sie sich auch an wolkendurchdringendem UV-Licht.«

Tatsächlich? Ist es wirklich so einfach? Mehr als alles andere war es dieses Gespräch, das mich in Sheldrakes Arme trieb. Terence McKenna kam mir in den Sinn. »Die moderne Wissenschaft beruht auf dem Prinzip: Gesteht uns ein einziges Wunder zu, und von da an erklären wir den Rest«, sagte er im Zusammenhang mit dem Versuch, die Natur als Ganzes zu erklären. Er fuhr fort: »Dieses eine Wunder ist das Auftauchen sämtlicher Materie und Energie im Universum und der sie bestimmenden Naturgesetze, und zwar in einem einzigen Augenblick, aus dem Nichts heraus.« Ähnlich verhält es sich mit all den unbequemen Fakten zu Beginn dieses Kapitels. Gebt uns die Gesetze, aufgrund deren genetisch identische Zellen die Tendenz aufweisen, sich gemäß einer unsichtbaren Blaupause zu entwickeln, und aufgrund deren ein Mechanismus diese Tendenz verschlüsselt und so die Anpassung ermöglicht – und dann beschreiben wir die Vorgänge in wissenschaftlichen Arbeiten und behelfen uns mit Begriffen wie »prädeterminierte somatische Differenzierung«, um zu verschleiern, dass wir nicht die leiseste Ahnung haben, wie das alles funktioniert. Weckt in jungen Kuckucken das Bedürfnis, ganz auf sich gestellt eine mehrere Tausend Kilometer lange Reise zu jenen Orten in Afrika anzutreten, an denen sie ihren genetischen Vorfahren begegnen, und dann können wir uns ganz vernünftig darüber unterhalten, ob sie, nachdem sie die Strecke einmal geflogen sind, vielleicht mithilfe von Magneteisenerz ihren Rückflug detaillierter planen. Ist eine »genetische Landkarte« etwa weniger mysteriös als das kollektive Unbewusste? Ist eine genetische Landkarte nicht vielmehr eine kleine Manifestation des kollektiven Unbewussten? Wenngleich ohne Erklärungsgehalt.

Man mag am Erklärungsgehalt von Sheldrakes Hypothesen zweifeln oder sein empirisches Fundament hinterfragen, aber er betreibt Wissenschaft auf sehr viel glaubhaftere Weise als jemand, der in der Kuckucksmigration kein Problem sieht, das eine grundlegendere Antwort erfordert als den Verweis auf einen inneren Kompass.

Sheldrake verwendet den Begriff »morphisches Feld« für die Kräfte, die Mauersegler und Kuckucke zu ihren regelmäßigen Wanderungen veranlassen, die den Zellen der Finger vorgeben, bis wohin sie wachsen sollen, und die Atome gehorsam ihre gewohnten kristallinen Gitterstrukturen bilden lassen. Die Stärke eines Feldes, so seine Annahme, hängt unter anderem von der Ähnlichkeit ab. Theoretisch, denke ich, ist alles im Universum durch irgendeine Art Feld miteinander verbunden, aber Familienähnlichkeit erhöht die Feldstärke.

Tatsächlich reden wir hier auf andere Art über Gewohnheiten. Mauersegler teilen ihre Gewohnheiten mit anderen Mauerseglern. Durch Gewohnheiten etablieren sich weitere Gewohnheiten, die wiederum Gewohnheiten etablieren. Aber wir haben nicht nur dieselben Gewohnheiten wie andere Angehörige unserer Spezies, sondern wie all unsere Mitbewohner: Wir werden wie unsere Hunde und unsere Hunde wie wir. Wenn wir in einem Wald leben, färbt der Dialekt der Bäume auf uns ab.

Es sollte sich von selbst verstehen, dass wir nicht nur von Dingen lernen, die im biologischen Sinn leben – was immer das bedeutet. Alles von allem zu lernen ist eine Übung in Spiritismus. So verdanke ich meine Griechischkenntnisse einem lebenden Menschen, der sie von vielen toten Leuten erworben hat. Und mein Lehrer vermittelte sie mir mithilfe des genetischen Vermächtnisses von – soweit ich weiß – Goten und Berbern. Fraglos hat er auch, wie ich, einen Großteil seines genetischen Codes mit toten Krebstieren, Lemuren, Wühlmäusen und Fruchtfliegen gemeinsam.

*

All das erschien mir aufregend und verheißungsvoll, denn ich hatte einige Mauerseglergewohnheiten. Kostspielige, langjährige und tief verwurzelte, die mich zu Bahn-, Schiffs- und Flugreisen veranlassten, mich zu Pubs, in Gärten und auf die Sofas alter Schulfreundinnen führten, aber auch zu Leuchttürmen und Parkbänken, in spiegelglasverkleidete Versicherungshochhäuser in Tel Aviv, in eine Berliner Grundschule und in staubige Gänge unter vorstädtischen Dachtraufen voller Fledermauskacke und Glaswolle.

So manches von den Gewohnheiten und den Lebensräumen der Mauersegler hatte ich bereits mit ihnen gemeinsam. Und ich hatte das Bedürfnis, einer von ihnen zu werden. Guter Wille zählt doch bestimmt auch in der Mathematik der morphischen Resonanz?

*

In einer großen pulsierenden Stadt in Westafrika lebt ein schwuler libanesischer Friseur. Sein Salon ist ein Tempel, in dem er einer freundlich fordernden Göttin huldigt. Er selbst nennt sie Schönheit, andere nennen sie Kitsch, aber die irren sich. Hier hat er all das zusammengetragen, was er für das Beste der Länder hält, die er durchwandert hat. Aus Paris stammen Vorhänge, die so dünn sind, dass eine entschlossene Mücke sie mit einem Kopfstoß durchbohren könnte. Aus Italien hat er Mosaikbilder aus alterndem Kunststoff mitgebracht. Aber er hatte beschlossen, in Westafrika zu bleiben, und was er für das Beste aus dieser Region hielt, waren hochschwangere Muttergöttinnen, die unter seinem Jacaranda-Baum hockten: die Hände auf dem Bauch, mit Antilopenhörnern, die ihnen aus der Stirn sprossen, einem augenlosen Stirnrunzeln und irritierend asymmetrischen Brüsten.

Im Hof dieses Friseurs war ich mit meinem Kumpel Nigel zu Gast, der in Glasgow von seinem Marktkarren aus Iron-Maiden-T-Shirts verkauft. Flughunde von Katzengröße fächelten uns Luft zu, Zikaden zirpten zum Surren der Klimaanlage eine nahezu perfekte reine Quint, und unser Gastgeber schenkte uns Château Margaux ein.

Als wir bei der zweiten Flasche angelangt waren, fasste er Vertrauen zu uns.

»Kommt«, sagte er und bedeutete uns, ihm zu folgen.

Wir gingen geduckt durch einen Laubengang, den zwei ineinander verschränkte Kapokbäume bildeten, bis wir vor einem goldbemalten Schuppen standen. Der Friseur schloss mehrere Vorhängeschlösser auf, berührte eine am Türpfosten angeschraubte Mesusa, öffnete die Tür, zündete eine Sturmlaterne an und winkte uns herein.

Der Schuppen war mit einem Teppich aus frisch geschnittenen Blättern ausgelegt. Mit Ausnahme der hinteren Wand war der hellblau gestrichene Raum leer. Dort stand ein Steintisch, darauf ein Räuchergefäß und direkt darüber ein Foto, umrahmt mit roten und gelben Plastiknelken von einer Brahmanen-Hochzeit.

»Heilige Scheiße«, meinte Nigel.

Genau. Es war ein Mauersegler.

*

Das Foto, etwas unscharf und fleckig, war ein ganzes Stück flussaufwärts aufgenommen worden. Man sah darauf, ziemlich an den Rand des Bildes gerutscht, einen einzelnen Vogel, dahinter war nur Himmel und darunter offenbar ein Mangrovenhain.

Der Friseur beugte das Knie, zündete Räucherstäbchen an, beugte noch einmal das Knie und ging dann, mit uns im Schlepptau, hinaus. Wortlos hängte er die Schlösser wieder vor die Tür, scheuchte uns zurück in den Hof und füllte unsere Gläser nach.

Über den Mauersegler verloren wir kein Wort. Stattdessen wandten wir uns dem Problem der ungeklärten Abwässer in der Bucht zu.

Als wir spätabends nach Hause gingen, sagte Nigel: »Wir müssen dorthin, meinst du nicht? Flussaufwärts?«

»Das finde ich auch«, antwortete ich.

Also war es beschlossene Sache.

*

Nigel hatte nie bewusst einen Mauersegler gesehen, auch wenn das mit Satellitenschüsseln bestückte Dächermeer seines Glasgower Wohnviertels Lambhill so manches Mal unter ihrem Gekreische erzittert sein musste. Für Vögel hatte er sich immer nur in gebratener oder gebackener Form interessiert, mit Ausnahme vielleicht von Bordsteinschwalben. Aber jetzt war er ein Besessener.

»Wir könnten um halb vier aufbrechen«, schlug er vor. »Wenn es kühl ist.«

»Bis dahin ist es noch gar nicht kühl«, erwiderte ich. »Wir können uns ruhig bis sechs Zeit lassen. Erst dann lässt die Hitze nach.«

»Ich meinte, um halb vier *morgens*.« Dabei gackerte er wie ein Irrer.

»Es hat keine Eile«, entgegnete ich. »Wirklich nicht.«

Das sagte ich mit völliger Gewissheit. Woher ich diese Gewissheit nahm, wusste ich selbst nicht.

»Es sind massenhaft Mauersegler in der Gegend«, fügte ich hinzu.

Das stimmte, zumindest theoretisch. Es war Anfang September. Die Mauersegler aus Oxford müssten auf ihrer gemächlichen Reise ins tiefe Zentralafrika um diese Zeit hier durchziehen. Aber das war nicht der Grund, warum ich meinte, es sei nicht eilig.

Nigel duldete jedoch keine Widerrede. Also brachen wir frühmorgens um 3:30 Uhr auf, verkatert, unrasiert, ohne Frühstück und – zumindest was mich betraf – missmutig. So hatte ich mir das ganz und gar nicht vorgestellt.

Nigel raste wie ein Wahnsinniger durch die Dämmerung. Wir hielten nur an, als ein Hund lautstark unter unseren Vorderrädern verendete, dann noch einmal, damit ich mich unter einem Affenbrotbaum übergeben konnte, und ein weiteres Mal, als die Radachse brach.

Der Achsenbruch brachte die wahren Stärken und Schwächen des Mannes zum Vorschein. Er war tyrannisch und herrisch, unermüdlich und brutal. In meinem Gedächtnis hält sich hartnäckig die Erinnerung daran, wie er ein anderes Auto anhielt, dessen Achse ausbaute und eine neunköpfige Familie weinend am Straßenrand im Dschungel neben ihrem Autowrack zurückließ. So kann es nicht gewesen sein, aber es fühlte sich so an. Wie auch immer, schon bald (zu bald) saßen wir Bier trinkend neben Mangroven, Nigel suchte mit einem riesigen Marinefernglas den Himmel ab, und ich erkundigte mich nach den Abfahrtszeiten der Busse zurück zur Küste.

Es gab keine. Ich musste bei ihm bleiben und ihm zusehen, wie er in den Himmel guckte. Außerdem lauschte er angestrengt auf die Schreie der Mauersegler, von denen er gelesen hatte, bis ich ihm sagte, dass die Mauersegler in Afrika stumm sind. Das half: Bis dahin war er jedes Mal aufgesprungen, wenn irgendwo eine Tür quietschte oder jemand einer Katze auf den Schwanz trat.

Meist schritt er, den Kopf im Nacken, am Fluss auf und ab und blinzelte in die Sonne, als erwartete er, dass die Mauersegler daraus hervorbrachen. Kaum wurde es hell, stand er auf (obwohl Mauersegler eher Langschläfer sind), trank schwarzen Kaffee, damit seine Reflexe auf Zack blieben, und veränderte ab und zu seine Position für den Fall, dass sich die Mauersegler hinter einem Baum versteckten; manchmal versteckte er sich auch selbst und sprang dann hervor, denn womöglich spielten sie ja Katz und Maus mit ihm. Wenn die Sonne unterging, hielt er ein trauriges Glas zollfreien Johnnie Walker in der Hand, blickte Nachtschwalben hinterher und fühlte sich betrogen.

Es gab keinen Grund zur Eile. Sie brauchten einfach noch ein bisschen. Es blieb genug Zeit, um wahrzunehmen, wie sich die Ansichtskarten wellten, der Baum mit den fingerartigen Ästen eine Faust ballte und eine vorzeitige Patina des Verfalls das Strohdach überzog. Alles an diesem Ort wartete auf ein Gewitter, und zwar seit es das letzte Mal ein Gewitter gegeben hatte. Warten war alles, was hier geschah.

Überall stieß man auf Holzmasken mit Schlitzaugen, und ich glaube nicht, dass sie nur noch säkularen Zwecken dienten. Obwohl wir uns mehrere Hundert Kilometer landeinwärts befanden, lag der Tidenhub hier bei rund eineinhalb Meter. Es sah nicht danach aus, als würden Meer und Land miteinander verhandeln. Das Meer hatte es nicht nötig, Zugeständnisse zu machen. Graukopfmöwen stritten sich um den fleischlosen Beinknochen eines Guinea-Pavians wie meine Kinder, wenn es scharfe Chicken Wings gibt. Der Oberschenkelkopf glänzte wie Perlmutt. Große bärtige Urwesen trieben zwischen den Wurzelgewölben der Mangroven umher und wurden manchmal herausgezerrt und erschlagen, ohne dass sie großen Widerstand leisteten, dann zerkochte man sie, um die Würmer abzutöten, die sich in ihren Gedärmen tummelten.

»Wir gehen nicht, bevor wir sie gesehen haben, hörst du?«, beschwor mich Nigel, nachdem wir auf diese Art einige angespannte Tage zugebracht hatten.

»Natürlich nicht«, antwortete ich.

Am nächsten Tag fuhren wir in den vor Leben strotzenden Busch, fort von schlüpfrigem Schlamm und Gefahr. Hier sprang kleines braunes Getier auf und entfleuchte ins Blaue oder in dunkle Dornengänge. Die einzigen toten Tiere waren weiß und trocken. Die schlimmsten Gefahren sind immer feucht, daher war dies ein freundlicherer Ort als der Fluss, gerade weil er uns nicht mit schwitzigen ausgebreiteten Armen willkommen hieß.

Ich hatte es satt, Nigel beim Beobachten zu beobachten. Also zog ich die Jacke aus, machte es mir an einem Baumstamm bequem, zählte Ameisen und schlief ein.

Als ich vielleicht eine halbe Stunde geschlafen hatte, kippte ich zur Seite weg. Und plötzlich war ich hellwach, sprang auf und schrie: »Sie sind da, sie sind da!«

Auch Nigel war in tiefen Schlaf gesunken. Ich weckte ihn mit einem Fußtritt und deutete in den Himmel. Im ersten Moment sah man dort nichts als Wolkenfetzen. Aber dann waren sie da, sie waren gekommen, wie ich es schon immer gewusst hatte, zu siebt, tonlos schreiend, direkt aus Oxford, und vom Thron des Himmels jagten sie erst hoch, dann niedriger im Wind, rasten durch eine Thermalströmung, die dort oben in dreihundert Meter Höhe wahrscheinlich rauschte wie das Gebläse eines alten Busses, und durchpflügten ein ganzes Wettersystem, weil sie eben Vögel der ganzen Welt sind.

»Heilige Scheiße«, meinte Nigel.

Genau.

*

Ein von einem Mauersegler über den Pyrenäen gefangener Käfer könnte über Gambia noch immer leben und im Kehlsack herumzappeln, bis sein Chitinpanzer vielleicht in einem Kotpartikel über einem Soldatentrupp in der Demokratischen Republik Kongo landet. Vielleicht lenkt der Panzer eine auf den Kopf eines Gegners abgefeuerte Kugel ab. Man kann nie wissen. Aber eigentlich braucht man keine fantastischen Geschichten über gnädige Ursache-Wirkungs-Zusammenhänge, um die Bedeutung der Mauersegler zu ermessen.

Ich kann auf der gleichen Route reisen wie die Mauersegler, wenn auch nicht mit solcher Rauschhaftigkeit und solcher Wirkungsmacht. Ich habe es versucht. Mit ihren jahreszeitlichen Wanderungen, bei denen sie den Äquator mal in der einen, mal in der anderen Richtung überqueren, nähen sie die Welt zusammen, so wie die pendelnden Dachse Ober- und Unterwelt miteinander verbinden. Sie verhindern, dass die beiden Hälften auseinanderfallen. Es ist angewandtes, chirurgisches *Tikkun Olam*. Wenn wir das Ungestüm der Mauersegler mit Wörtern beschreiben, sprechen wir von Skalpellen und Nadeln. Als ich an jenem Tag vor Rachel in Tränen ausbrach, weil die Mauersegler zurückgekehrt waren, geschah es aus Erleichterung darüber, dass die Welt ein weiteres Jahr zusammengehalten wurde.

Die andere Art von Wörtern, mit denen wir Mauersegler beschreiben – luftig, ätherisch –, bezeichnet eigentlich etwas Hohepriesterliches. Die Mauersegler tun etwas zu unserem Wohl. Ihre Bewegung ist Erlösung. Sie sind pausenlos in Bewegung, damit wir es nicht sein müssen. Dass der Dachs so ortsgebunden in einem Loch in einem Waliser Hügel leben kann, verdankt er den beweglichen Geschöpfen – buchstäblich zuoberst den Mauerseglern –, die für die nötige Bewegung sorgen. Sie sind das pochende Herz und die sich hebende und senkende Brust. Weil sie den Blasebalg der Welt bedienen, gestatten sie den langsameren Wesen zu schlafen, ohne zu sterben. Sie lassen Sauerstoff in stehende Gewässer blubbern, damit andere atmen können. Stillstand heißt sterben. Doch nur durch das sich Bewegende kann es überhaupt Stillstand geben: Der überschwängliche Internationalist ermöglicht und legitimiert das Provinzielle.

Bewegung ist ein integraler Bestandteil aller nachhaltigen Systeme. Dass Gott das sich Bewegende mehr liebt als das Sesshafte, liegt auf der Hand. Der umherziehende Viehhirte wird bevorzugt gegenüber dem seiner Scholle verhafteten Bauern, und der Bauer, von Neid zerfressen wegen des höheren Standes seines Bruders, gibt sich in jeder Generation wieder alle Mühe, ihn umzubringen. Bei den Mauerseglern hat Kain es bereits ziemlich weit gebracht. Ihre Populationen schrumpfen, weil spießige Hausbesitzer ihre Dachgeschosse isoliert haben wollen, damit sie es wärmer, sicherer und behaglicher haben – auch wenn die Mauersegler dann weniger Nistplätze finden. Doch verschwinden die Mauersegler, verschwinden auch wir.

Gerade die Menschen, die wirklich in ihrer Bewegungsfähigkeit eingeschränkt sind, wissen, wie sehr wir die Mauersegler brauchen. In der Literatur über Mauersegler ist der ikonische Mensch ein MS-Patient in einem motorisierten Rollstuhl, der zu den kreisenden Mauerseglern aufsieht, während sie platonische Ideen in den Sommerhimmel malen, und sagt: »Ja, weil sie sich bewegen können *und weil ich ein Teil von ihnen bin,* kann auch ich mich bewegen.«

Was mich am Fuß dieses Baums im westafrikanischen Busch weckte, waren stumme Mauersegler, die zu diesem Zeitpunkt noch etliche Kilometer entfernt waren. Zwischen ihnen und mir herrschte eine größere Intimität, als ich sie je mit einer anderen Spezies empfunden hatte, vielleicht gerade weil ich wusste, dass ich ihnen durch Rutschen, Springen oder Gleiten kein bisschen näherkommen konnte.

Durch völlige Kapitulation werden neue Kräfte freigesetzt. Womöglich konnte ich nur deshalb mit den Mauerseglern fliegen, weil ich mich auf andere Weise gar nicht mit ihnen oder mich vielleicht sogar *an sich* nicht bewegen konnte. Immerhin hatten die Mauersegler Nigel dazu gebracht, sich zu bewegen. Am Ende werden sie ihn zu einem frustrierten Stillstand fliegen. Bis dahin wird er ihre Gewohnheiten angenommen haben: Er wird den sichelgeflügelten Menschenfischern ins Netz gehen, von den klebrigen Tentakeln eines umfassenden Bewusstseins umschlungen und glückselig im morphischen Feld untergepflügt werden. Dann kann er wirklich anfangen zu wachsen.

*

Ich darf es nicht so klingen lassen, als wäre es einfach. Man muss sich richtig anstrengen.

Vor Kurzem saß ich in einem heißen Tipi, während uns eine ausgesprochen hübsche Schamanin in einem Trägerhemd erzählte, wie wir unserem Totemtier begegnen können.

»Entspann dich«, sagte sie. »Schließ die Augen. Jetzt stell dir ein Loch vor. Es könnte vielleicht der Eingang eines Kaninchen- oder Fuchsbaus sein. Alles ist möglich, aber am besten wählst du etwas, das direkt in die Erde führt. Nun stell dir vor, dass du dich dort hineinbewegst. Mal es dir in aller Deutlichkeit aus. Sieh die Baumwurzeln. Schlängel dich drum herum. Riech das modrige Laub. Geh immer weiter, immer tiefer. Du begegnest einem Tier. Begrüß es. Es freut sich, dich zu sehen. Es ist da, um dir zu helfen. Dies ist sein Reich, also sei höflich zu ihm – du bist der Gast. Es wird dich weiterführen, in die Tiefe hinab. Bleib stets bei ihm. Du wirst Abenteuer erleben. Und wenn es dir schwerfällt, so ein Loch zu visualisieren, folge einfach dem Wasser aus deinem Abfluss in der Küche. Es führt dich zum gleichen Ort.«

Sie fing an, eine Trommel zu schlagen, in sehr schnellem Rhythmus, wie der Puls eines Hamsters. Draußen ließen Leute Gongschauer über sich ergehen, auf dass ihr Qi wundervoll neu ausgerichtet werde, und meine Kinder schlugen mit Zelthämmern aufeinander ein. Wir tauchten alle in unsere Löcher ab. Ich kam fünfzehn Zentimeter weit, dann blieb mein Kopf stecken. Dort verharrte ich schwitzend, während die anderen, wie sich herausstellte, eine Menge Spaß daran hatten, schwebend, galoppierend und trabend andere Welten zu erkunden.

»Ich habe einen Wolf getroffen«, berichtete einer atemlos, als wir ins Land der holistischen Massage und des Brudermords zurückkehrten. »Es war ein mächtiger grauer Wolf mit weißen Flecken auf dem Nacken und großen blauen Augen mit goldenen Pupillen. Erst wollte ich nicht mit ihm gehen, aber da stupste er mich mit der Nase an, und es fühlte sich so warm an, dass ich meine Scheu verlor. Er ließ mich auf seinem Rücken sitzen. Ich sank in sein Fell, und dann spürte ich Tannenzapfen unter den Füßen – unter *seinen* Füßen!«

Zuvorkommend schnappten wir nach Luft und lächelten.

»Wir … ich … ging steil bergauf. Zu meiner Rechten konnte ich Wild riechen, aber ich war nicht hungrig. Ich hatte zwischen den Bäumen eine Höhle entdeckt, und darin waren einige seltsame Knochen im Boden vergraben. Ich begann, sie mit den Vorderpfoten auszubuddeln. Dann hörte ich die Trommel, die mich zurückrief.«

Es sei, so bestätigte er, eine viel intensivere Erfahrung gewesen als im letzten Jahr.

Tja, tut mir leid, aber ich glaube nichts davon. Womit ich nicht behaupten will, dass er nicht erlebt hat, was er geschildert hat. Er klang vollkommen aufrichtig und ernsthaft. Aber das war kein schamanisches Erlebnis, wie es einem nach beschwerlicher und leidvoller Lehrzeit zuteil wird, nach Erschöpfung,

Fasten und Fliegenpilz in hohen Dosen. Es war nicht das, was sie hatten finden wollen, wofür sie kilometerweit durchs Dunkel einer Felsspalte gekrochen waren. Dies war keine Welt auf der anderen Seite eines Schleiers, sondern eine in einem Kopf mit Dreadlocks. So einfach ist es eben nicht: Man muss sich die Lebensweise der Tiere angewöhnen, muss ihre Beinarbeit oder ihre Flügelarbeit verrichten. Mit gelenkter Imagination oder gutem Willen allein ist es nicht getan.

Das jüdische Gebet, das nach dem Aufwachen gesprochen wird, erklärt: »Gute Einsicht haben alle, die Seine Gebote befolgen.« Man beginnt nicht mit der Einsicht, nicht mit der Idee. Am Anfang steht die Tat. In einer materiellen Welt – einer Welt aus Erde, Luft, Feuer und Wasser, in der magische Alchemie funktioniert – kann man Abstraktionen oder Geister nicht direkt anfassen, wie das die Leute in dem Tipi versucht haben. Zu leicht entwinden sie sich, sind zu substanzlos, zu sehr angewiesen auf wunderbare Gegenständlichkeit. Man muss sich in der Erde dreckig machen, in der Luft frieren und Ängste durchstehen, sich von Feuer versengen lassen und im Wasser seekrank werden. Man muss mit den gleichen Pfotenbewegungen oder Flügelschlägen unermüdlich an der Welt kratzen wie die Tiere, die man kennenlernen möchte.

Mauersegler sind es gewohnt zu fliegen. Man muss sich die Gewohnheiten des Mauerseglers zu eigen machen, um fliegen zu können.

EPILOG

»Also: Worum geht's in diesem Buch?«

Ich saß auf einer Insel, zusammen mit einem berühmten griechischen Dichter, der Rotwein vom Peloponnes trank und zwischen den Gläsern missbilligend in seinen Bart brummelte.

Ich erzählte ihm, wovon das Buch meiner Meinung nach handelte.

»Unmöglich.« Er meinte *absurd,* war aber zu liebenswürdig, um es so krass auszudrücken. »Das ist, als würde man versuchen, in einer fünften Dimension zu leben. Man kann es mathematisch beschreiben, aber keine Aussage darüber treffen, wie es wäre, darin zu leben.«

»Nein«, entgegnete ich, »so ist das nicht. Oder falls doch, dann zweifle ich daran, ob ich echte Beziehungen zu Menschen habe. Ich lebe in denselben drei Raumdimensionen wie ein Fuchs, und die vierte Dimension, die Zeit, ist für Menschen genauso geheimnisvoll und unberechenbar wie für Füchse. Klar, Füchse kriegen bei einem kurzen Schnuppern vielleicht Informationen, die mehrere Jahre umfassen – also komprimierte Zeit. Aber das ist nicht so unvorstellbar anders, als wenn ich schnell mal ein Album mit Familienfotos durchblättere.«

Der Dichter hob die Augenbrauen und sah mich mitleidig wissend an.

Ich fuhr fort, obwohl ich nicht so recht wusste, warum. »Du hast eine Nase. Sie ist so viel anspruchsvoller als der Durchschnitt – und auf jeden Fall feinsinniger als meine, weshalb du ja sogar deinen eigenen Wein in diese ausgesprochen nette Taverne mitgebracht hast. Trotzdem kann ich eine Vorstellung davon haben, was du mit ›Wein‹ und auch mit ›gutem Wein‹ meinst, und sogar etliche der Adjektive, mit denen du guten Wein beschreibst, sagen mir etwas. Und selbst wenn ich es bislang noch nicht könnte, hätte ich die Möglichkeit, es zu lernen. Ich könnte meine Nase erwecken.«

»Aber ich werde nie die leiseste Vorstellung davon haben, wie es ist, in einer Gemeinde Südlicher Baptisten in Alabama zu leben«, gab er zurück. »Man kann seine Psyche nicht so umerziehen, dass sie alles über so etwas wüsste.«

Darin stimmte ich ihm zu. Das ist tatsächlich eine Welt in der fünften oder sechsten oder siebten Dimension. Aber aus diesem Vergleich schöpfte ich Hoffnung.

»Ganz recht«, nickte ich. »Ich habe viel mehr Gemeinsamkeiten mit Füchsen als mit Fundamentalisten. Ich habe mit Füchsen in einer körperhaften, sinnlichen Welt aus Wald und Erde und Knochen und Samen und Kälte gelebt und tue das noch immer. Wir sind uns an realen Orten begegnet und begegnen uns auch weiterhin dort, wo ich angefangen habe, die Worte ›Ich und du!‹ zu gebrauchen. Das ›Ich‹ ist durch unsere Begegnungen gewachsen, das kann ich dir versichern. Und wenn das ›Ich‹ gewachsen ist, warum dann nicht auch das ›Du‹? Wenn wir auf demselben Boden wachsen und in dem Licht, das der jeweils andere ausstrahlt, haben wir dann nicht eine Art Wissen um den anderen?«

Er verdrehte die Augen, nahm einen weiteren Schluck von dem unfassbar guten Wein und wechselte das Thema, indem er über die Dialekte der Kreter und Thraker sprach.

Die Taverne ging auf einen Olivenhain hinaus, auf dem in glücklicheren, weiseren Tagen der paarhufige Pan die jungen

Frauen von Kythera mit seiner Flöte bezirzt und geschwängert hatte. Wie jede anständige oder unanständige Mänade trank ich den Wein, der aus den Trauben gemacht war, die gleich hier neben der Straße wuchsen, und irgendwann erschien mir die Prämisse dieses Buchs gar nicht mehr so lächerlich. Ich fand es fair, ja sogar ermutigend, dass es nach seinen Früchten beurteilt werden sollte.

*

Ich wuchs am Rand auf. Am Rand einer Gemeinschaft (wir gehörten nie wirklich irgendwohin) und am Stadtrand, dort, wo die Stadt in Wildnis übergeht. Abends spazierte ich ein paar gepflegte Straßen entlang, und an der Stelle, wo das Neonlicht klein beigab, sah ich auf die Stadt hinunter: einen Fuß auf dem Asphalt, den anderen in der Heide; einen Fuß im Licht, den anderen im Schatten.

Diese nächtlichen Spaziergänge prägten mich. Ich wurde zu einem Grenzgänger. Der nur in Grenzgebieten existieren konnte. Ich konnte weder nur auf dem Asphalt noch nur in der Heide überleben. Ich fragte mich, ob andere Menschen auch so waren. Das frage ich mich noch heute. Und gebe mich der egoistischen Hoffnung hin, dass es so ist, denn ich würde sie gern kennenlernen.

Und so wuchs ich einerseits mit einer Skepsis gegenüber Grenzen und andererseits in völliger Abhängigkeit von ihnen auf. Nachdem ich dann ein wenig von der Welt gesehen und erlesen hatte, fragte ich mich, ob Menschen die Grenzen überschreiten konnten, die sie von anderen Spezies trennten. Denn diese Grenzen schienen mir ziemlich künstlich zu sein – gezogen von den zur jeweiligen Zeit gültigen Konventionen der Taxonomie. Und nach allem, was man so hörte, wurden diese Grenzen in den meisten Kulturen regelmäßig verletzt (wie es die jüdisch-christliche Tradition mit ihrem Hang zur klaren Trennung ausdrücken würde) oder begeistert und bereichernd penetriert (wie es zottelige Flötenspieler, die scheinbar sehr viel Spaß hatten, nennen würden).

Ich hätte den strengen, heiteren, grünen Pfad des Schamanen einschlagen können, aber ich hatte zu viel Angst. Stattdessen widmete ich mich der Vogelbeobachtung und philosophischer Abstraktion.

Was die Abstraktion betrifft, bin ich an drei Fragen interessiert. Auch wenn es nicht gleich aufgefallen sein mag, habe ich mich in diesem Buch eingehend mit ihnen beschäftigt.

Die erste ergibt sich unmittelbar aus Heide, Asphalt und Schamanismus: Ist unsere Fähigkeit, eine Wahl zu treffen, begrenzt?

Dass wir zumindest eine gewisse Autonomie besitzen, ist eine atemberaubende und Ehrfurcht gebietende Tatsache. Für gewöhnlich denken wir, unsere Autonomie stünde vor allem in seltenen, meist dramatischen Situationen auf dem Prüfstand – etwa wenn es um das Recht auf Sterbehilfe geht. Aber die beängstigendsten und folgenreichsten Entscheidungen sind die des Alltags. So kann man sich morgens entscheiden, ob man früh aufsteht, draußen eine Runde läuft, ein kaltes Bad nimmt und danach »Middlemarch« liest. Oder man kann im Bett bleiben und Homeshopping-TV gucken. Das ist doch erstaunlich. Es macht mich immer wieder sprachlos. Eine solche Wahl zwischen Leben und Tod! Bei der ich mich fürs Leben entscheide.

Wir pflegen – zumindest uns selbst – zu sagen: »Es gibt nichts, was ich nicht tun oder sein könnte, wenn ich es wirklich wollte.« Aber stimmt das?

Machen wir die Probe aufs Exempel: Wenn ich ein Dachs werden kann, gibt es gute Gründe zu der Annahme, dass es um unsere Wahlfreiheit im Allgemeinen nicht schlecht bestellt ist.

Die zweite Frage hängt mit Identität und Authentizität zusammen.

Oft plagt mich der Gedanke, dass ich letztlich nichts bin. Oder falls ich doch etwas bin, dass dieses Etwas höchst unbeständig ist. Ich hätte gern die Gewissheit, dass es einen unzerstörbaren Kern von Charles-Foster-Typischem gibt.

Eine Möglichkeit, dies zu testen, besteht darin, ein Fuchs zu werden und zu prüfen, ob der Fuchs trotzdem anders riecht als ich.

Die dritte Frage betrifft das Anderssein.

Es beunruhigt mich, dass ich in der Welt womöglich ganz allein bin: dass das Andere völlig unzugänglich ist. Dass ich gar keine Beziehungen habe, obwohl ich sie zu haben glaube. Dass alle Gespräche nichts weiter als Aneinander-vorbei-Gerede sind. Dass weder ich jemanden verstehe noch jemand mich versteht.

Es gibt eine Methode, wie dem möglicherweise beizukommen ist. Wenn ich eine Beziehung zu einem nichtmenschlichen Wesen aufbauen kann, besteht Grund zum Optimismus hinsichtlich meiner Beziehungen zu Menschen. Kann ich eine Bindung mit einem Mauersegler eingehen, dann bin ich vielleicht auch bei meinen Kindern dazu in der Lage. Ich könnte zwar nicht mit euklidischer Strenge beweisen, dass ich tatsächlich eine Beziehung zu einem Mauersegler unterhalte, das stimmt. Aber die Beziehung zwischen Mensch und Tier wäre eine unkompliziertere als die zwischen zwei Menschen, da kaum von Gefühlswirrwarr überlagert. Das heißt: Vielleicht ist es einfacher, sich zu versichern, dass eine Mensch-Tier-Beziehung existiert. Falls das zutrifft und falls sie sich genauso anfühlt wie eine zwischenmenschliche Beziehung, könnte ich meine Kinder mit weniger Zweifel im Herzen lieben.

Daran arbeitete ich auf Bergen, im Moorland, im Wasser und im Himmel.

Und ich habe, glaube ich, ein paar Fortschritte gemacht.

Durch unsere Anatomie und Physiologie werden uns einige Beschränkungen auferlegt. Und falls wir (entgegen allem Anschein) sterblich sind, dann auch durch unsere Sterblichkeit. Ich kann nicht fliegen. Und die Zeit reicht nicht aus, um all die

Wörter zu lernen, die notwendig wären, das Fehlen von Flügeln poetisch auszugleichen. Aber unsere Gabe zur Nachempfindung ist grenzenlos. Fühlt man sich intensiv genug in einen Mauersegler ein, wird man entweder selbst einer, oder (was möglicherweise dasselbe ist) man vermag sich dermaßen an dem kreischenden Flug um den Kirchturm zu erfreuen, dass es einen nicht mehr stört, keiner zu sein.

Egal, was ich tat, Charles Foster roch weiterhin nach sich selbst, wenn er kroch, hieb und tauchte. Ja, er roch sogar *mehr* nach sich als sonst. Und das meiner Meinung nach nicht, weil das ganze Unterfangen der Transformation ein Fehlschlag gewesen wäre. Es illustrierte eher das allgemeingültige Prinzip, dass man umso mehr zurückbekommt, je mehr man gibt. Jedenfalls empfand ich es als beruhigend. Es gibt da etwas in mir, was für mich charakteristisch ist und das es wert ist, weiter zu funktionieren.

Ich habe einige animalische Andere gesehen und kennengelernt. Die Wälder sind voll von schleichenden »Du«s. In einem Hinterhof im Londoner East End wurde ich von den gebieterischen vertikalen Pupillen einer frechen Füchsin in Bann gehalten. Und in überfüllten Bars habe ich genug einladende und drohende Blicke geerntet, um Reziprozität beziehungsweise deren Abwesenheit auf Anhieb zu erfassen.

Das alles ist ungeheuer aufregend. Ich habe Aussicht darauf, zu erkennen und erkannt zu werden!

*

Es gab noch eine vierte, weniger abstrakte Frage. Leben Tiere in derselben Welt wie ich? Schwimmen sie im selben Wasser, durchwühlen sie dieselben Mülltonnen, graben sie in derselben Erde, schauen sie über denselben diesigen Kanal nach Wales, und riechen sie dieselbe steigende Fäulnisflut im Golf von Guinea wie ich?

Ich habe diese Frage bis zum Schluss offengelassen, denn meine Überlegungen dazu ändern sich alle halbe Stunde, und eine Weile hoffte ich, es würde sich eine Antwort herauskristallisieren.

Das ist nicht geschehen, und letztendlich bin ich sehr froh darüber.

*

Ich kann nicht immer in der Wildnis sein. Manchmal muss ich mich an Orte begeben, die nach Angst, Abgasen und Ehrgeiz stinken. Wenn ich dort bin, hilft es mir sehr zu wissen, dass in einem walisischen Berg Dachse schlafen, ein Otter in einer der Rockford-Gumpen Steine umdreht und eine Füchsin in dieselbe Sonne blinzelt, die mich in meinem Tweedmantel schwitzen lässt; oder dass zwischen Geisterbäumen bei einem Steinkreis in der Nähe von Hoar Oak ein Rothirsch wiederkäut und es einen Mauersegler gibt, der in Oxford über meinem Arbeitszimmer geschlüpft ist und nun, beinahe schon außerhalb menschlicher Sichtweite, im hohen, heißen Blau über dem Kongo-Fluss Insekten jagt.

Seltsam, dass mir diese Dinge als tröstlich erscheinen. Denn eigentlich sollten sie mich verhöhnen statt trösten. »Und du bist nicht hier«, sollten sie rufen, »hahaha!«

Warum passiert das nicht?

Ich stelle fest, dass ich ein ähnlich tröstliches Gefühl nur dann empfinde, wenn ich mich der fortdauernden Existenz von etwas – insbesondere von Menschen – versichern kann, das beziehungsweise die ich liebe (was immer Liebe sein mag).

Vielleicht liebe ich also (was immer lieben heißen mag) diese Geschöpfe. Mich schaudert bei der Vorstellung. Da bin ich die vergangenen gut zweihundertsiebzig Seiten vor jeglichem Anthropomorphismus zurückgeschreckt, und dann mache ich mich hier seiner offensichtlich allerschlimmsten Sorte schuldig.

Aber es kommt noch schlimmer. Denn die Art Liebe, von der ich spreche (was immer sie ist), beruht notwendigerweise auf Gegenseitigkeit. Ich kann X nicht wirklich lieben, wenn X mich nicht liebt.

Na, das ist doch mal ein Gedanke.

DANKSAGUNG

Normalerweise sind Bibliografie und Danksagung in einem Buch voneinander getrennt, aber das finde ich eigenartig. Es gibt keine klare Trennlinie zwischen einer Person und den Büchern, die sie gelesen hat. Wenn ich jemanden nach einer Meinung frage oder um eine Information bitte, ist in der Antwort jede Menge Literatur enthalten. Daher sind hier Menschen und Quellen gleichberechtigt nebeneinander aufgeführt.

Es handelt sich nicht um eine vollständige Liste aller, die mir geholfen haben. Denn dann müsste jeder und jede genannt sein, den oder die ich jemals getroffen, gesehen oder gehört habe, und auch alle, die diese wiederum getroffen, gesehen und gehört haben – eine Endlosschleife.

Manche Namen habe ich geändert.

Die Bibliografie ist sehr selektiv. Sie enthält nur die grundlegenden Texte, die jemandem nützlich sein können, der mehr dazu lesen möchte. Als ich für dieses Buch recherchierte, las ich Hunderte wissenschaftlicher Arbeiten. Lediglich fünf davon habe ich hier aufgeführt (über die von Wölfen gerissenen Dachse, denn viele Menschen glauben diese Zahlen nicht; über das Mitgefühl bei Tieren, denn das Thema ist heftig umstritten, und diese Arbeit gibt einen Überblick über alle wesentlichen Studien; eine Untersuchung über Territoriumsgrößen der Rothirsche, aus der ich viele Fakten übernommen habe; eine Arbeit über die physiologische Reaktion von gejagten Rothirschen, weil über das Thema viel diskutiert wird und der zitierte Artikel den Bateson Report und die Joint Universities Study ergänzt, die hier beide noch einmal getrennt aufgeführt werden; sowie eine Studie über die Mauerseglermigration, weil ich in dem Kapitel über Mauersegler viele Daten daraus verwendet habe).

Menschen – allgemein

Mein Dank gilt meinen wunderbaren Freunden Jay Griffiths und Iain McGilchrist, die an dieses Buch glaubten, als es überhaupt noch keinen Grund dafür gab. Ich habe die ersten Sätze in Iains Haus auf Skye geschrieben, während ich mit ansah, wie sich über Uist ein Gewitter zusammenbraute, und Iain fürs Abendessen Austern aus der Schale löste. Und meine Abschlusssätze überlegte ich mir, als ich mit Jay den Brendon Common durchs Exmoor wanderte, nachdem wir gerade von Bluthunden gejagt worden waren.

Meiner erstaunlichen Agentin Jessica Woollard; meinen hervorragenden Lektoren Mike Jones und Rebecca Gray bei Profile und Riva Hocherman bei Metropolitan; Juliana Froggatt für ihre erschreckend exakte Redaktion und dem freundlichen, klugen George Lucas bei Inkwell Management.

Colin Roberts für all die heitere, formgebende Anarchie im Peak District und Derek Whiteley und Andy Powell dafür, dass sie mich mit ihrer Leidenschaft für Naturgeschichte angesteckt haben, wovon ich mich nie wieder erholen werde.

Mark und Sue West von der Indicknowle Farm in Combe Martin, weil sie mir meine Identität als Dachsmann bestätigt haben.

Nigel und Janet Phillips: Etwas Besseres als die beiden habe ich noch nie an einem Strand aufgelesen.

Für alles Mögliche: Paul Kingsnorth, Andy Letcher, Hugh Warwick, James Crowden, Arita Baaijens, David Bostock, Geoff und Mandy Johnson, Katherine Stathatos, Gus Greenlees,

Annabel Foulger, Magnus Boyd, Marnie Buchanan und Karl Segnoe, der *Dark-Mountain*-Clique und den Redakteuren der *Shooting Times* (UK).

Meiner leidgeprüften Frau Mary.

Und natürlich den Jungen/Welpen/Kälbchen/Nestlingen: Lizzie, Sally, Tom, Jamie, Rachel und Jonny, die mit großem Abstand meine wichtigsten Lehrer waren.

BIBLIOGRAFIE

Zum Tier werden

David Abram: »Im Bann der sinnlichen Natur. Die Kunst der Wahrnehmung und die mehr-als-menschliche Welt«, Vorwort von Andreas Weber, Übersetzung: Matthias Fersterer und Jochen Schilk, Klein Jasedow 2012

David Abram: »Becoming Animal: An Earthly Cosmology«, New York 2010

J. A. Baker: »Der Wanderfalke«, Übersetzung: Andreas Jandl und Frank Sievers, Berlin 2014

»BB« (Denys Watkins-Pitchford): »Im Schatten der Eule«, Übersetzung: Annemarie Böll, München 1982

Jack Bradbury und Sandra L. Vehrencamp: »Principles of Animal Communication«, Sunderland, Massachusetts, 2011

John Downer: »Die Supersinne der Tiere«, Übersetzung: Dieter Kaiser, Hamburg 1990

Jonathan Safran Foer: »Tiere essen«, Übersetzung: Isabel Bogdan, Ingo Herzke und Brigitte Jakobeit, Köln 2010

Jay Griffiths: »Wild: An Elemental Journey«, London 2007

Geoffrey Household: »Der Gehetzte«, Übersetzung: Ilanga von Mettenheim, Nürnberg 1950

Bradley G. Klein: »Cunningham's Textbook of Veterinary Physiology«, Amsterdam 2012

David Lewis-Williams und David Pearce: »Inside the Neolithic Mind: Consciousness, Cosmos and the Realm of the Gods«, London 2009

Iain McGilchrist: »The Master and His Emissary: The Divided Brain and the Making of the Western World«, New Haven, Connecticut, 2012

George Monbiot: »Feral: Rewilding the Land, Sea and Human Life«, London 2014

Virginia Morell: »Animal Wise: The Thoughts and Emotions of Our Fellow Creatures«, Brecon 2013

George Page: »Inside the Animal Mind«, New York 2001

David Rothenberg: »Survival of the Beautiful: Art, Science and Evolution«, London 2011

Dachs

Menschen

Burt und Meg natürlich

Dr. Chris Newman, WildCRU, University of Oxford

Derek Gow, Upcott Grange Farm

Hugh Warwick

Mark West, Indicknowle Farm

Viele der Freiwilligen in den Wytham Woods, Oxford

Bücher

Patrick Barkham: »Badgerlands: The Twilight World of Britain's Most Enigmatic Animal«, London 2013

Michael Clark: »Badgers«, Stowmarket, Suffolk, 2010

Cynan Jones: »The Dig«, London 2014

Daniel Heath Justice: »Badger«, London 2015

Ernest Neal: »Der Dachs«, Übersetzung: Elisabeth Goethe, mit e. Erg. von Friedrich Goethe: »Der Dachs in Deutschland«, München 1975

Tim Roper: »Badger«, London 2010

Artikel

V. E. Sidorovich, I. I. Rotenko und D. A. Krasko: »Badger *(Meles meles)*. Spatial Structure and Diet in an Area of Low Earthworm Biomass and High Predator Risk«, *Annales Zoologici Fennici*, Bd. 48, 2011, S. 1–16

Otter

Menschen

Nigel Phillips, Somerset Wildlife Trust

Ione Willcock, Exmoor-Nationalpark-Verwaltung

Daphne Neville

Simon, James, Richard und Wendy Wyburn, Staghunters' Inn, Brendon, Exmoor

Bücher

Daniel Allen: »Otter«, London 2010

Paul Chanin und Guy Troughton: »Otters«, Stowmarket, Suffolk, 2013

Miriam Darlington: »Otter Country: In Search of the Wild Otter«, London 2012

Hans Kruuk: »Otters: Ecology, Behaviour and Conservation«, Oxford 2006

Gavin Maxwell: »Im Spiel der hellen Wasser. Allein mit meinen Tieren an Schottlands Küste«, Übersetzung: Helga Hummerich und Hildegard Weber, Berlin/Frankfurt am Main/Wien 1962

Gavin Maxwell: »Heim zu meinen Ottern«, Übersetzung: Sigrid Bauschinger, Helga Hummerich und Hildegard Weber, Berlin/Frankfurt am Main/Wien 1964

Gavin Maxwell: »Raven Seek Thy Brother«, London 1969

James Williams: »The Otter«, London 2010

Henry Williamson: »Tarka, der Otter. Sein lustiges Leben im Wasser und sein Tod im Lande der zwei Flüsse«, Übersetzung: E. McCalman, Berlin 1929

Fuchs

Menschen

Professor David Macdonald, WildCRU, University of Oxford

Die damaligen Joint Masters der Coniston Foxhounds, der Blencathra Foxhounds, der Lunesdale Foxhounds, der Melbreak Foxhounds, der Pennine Foxhounds, der Dumfriesshire Foxhounds, der South Shropshire Foxhounds und (obwohl sie keine Füchse jagen) die Ecclesfield Beagles, die Shropshire Beagles und die Trinity Foot Beagles

Mehrere Schafzüchter in High Peak, Derbyshire
Roger und Doreen Westmoreland
Malcolm und Pip Chisholm
Mike Smith
Mervyn Vickery

Bücher

»BB« (Denys Watkins-Pitchford): »Wild Lone: The Story of a
  Pytchley Fox«, London 1938
Stephen Harris: »Urban Foxes«, Stowmarket, Suffolk 2001
J. David Henry: »Red Fox: The Cat-like Canine«, Washington,
  D. C., 1996
H. G. Lloyd: »The Red Fox«, London 1980
David Macdonald: »Unter Füchsen. Eine Verhaltensstudie«, Über-
  setzung: Veronika Straass, München 1993
Martin Wallen: »Fox«, London 2006

Rothirsch

Menschen

Jeder, der hier genannt ist, hasst den fiesen Jagdhüttenchauvinis-
  mus der Highlands, der in diesem Kapitel geschildert wird, und
  keiner von ihnen ist daran schuld:
Dr. John Fletcher, Reedie Hill Deer Farm, Auchtermuchty
Richard Eales, Exmoor-Nationalpark-Verwaltung
David Greenwood, Joint Master der Devon and Somerset Stag-
  hounds
Die damaligen Joint Masters der Devon and Somerset Staghounds,
  der Quantock Staghounds und der Tiverton Staghounds
Viele Jäger und Jagdführer in den schottischen Highlands
Duff und Phylla Hart-Davies
David Lyon
Katy Stewart-Smith
Dr. Chris Thouless von Save the Elephants
Dr. Murray Corke, Institut für klinische Veterinärmedizin, Uni-
  versity of Cambridge
Professor Peter Clegg, Fakultät für Tierheilkunde, University of
  Liverpool

Professor Roger Smith, Royal Veterinary College
Professor Christine Nicol, Fakultät für Tierheilkunde, University of Bristol
Dr. Liz Paul, Fakultät für Tierheilkunde, University of Bristol
Dr. Jo Edgar, Fakultät für Tierheilkunde, University of Bristol
Matthew Price
Die Farlap Bloodhounds

Bücher, Kapitel, Berichte

P. Bateson: »The Behavioural and Physiological Effects of Culling Red Deer«, Bericht für den National Trust, London 1997

Patrick Chalmers: »Mine Eyes to the Hills: An Anthology of the Highland Forest«, London 1931

John Fletcher: »Deer«, London 2013

J. W. Fortescue: »The Story of a Red Deer«, London 1897

R. C. Harris, T. R. Helliwell, W. Shingleton, N. Stickland und J. R. J. Naylor: »The Physiological Response of Red Deer (Cervus elaphus) to Prolonged Exercise Undertaken During Hunting«, Newmarket 1999

Duff Hart-Davies: »Monarchs of the Glen: A History of Deer Stalking in the Scottish Highlands«, London 1978

Duff Hart-Davies: »Among the Deer«, Wykey, Shropshire 2011

Richard Jefferies: »Red Deer«, London 1884

Jochen Langbein und Rory Putman: »Studies of English Red Deer Populations Subject to Hunting-to-Hounds«, in: Victoria J. Taylor und Nigel Dunstone (Hg.): *The Exploitation of Mammal Populations,* London 1996

Richard Prior: »Deer Watch«, Wykey, Shropshire 2007

Henry Williamson: »Stumberleap«, in: *The Old Stag*, London 1926

Artikel

J. L. Edgar, C. J. Nicol, C. C. A. Clark und E. S. Paul: »Measuring Empathic Responses in Animals«, *Applied Animal Behaviour Science*, Bd. 138 (2012), S. 182–193

Jochen Langbein: »The Ranging Behaviour, Habitat-Use and Impact of Deer in Oak Woods and Heather Moors on Exmoor«, *Deer*, Bd. 10 (1997), S. 516–521

L. H. Thomas und W. R. Allen: »A Veterinary Opinion on Hunting with Hounds«, www.vet-wildlifemanagement.org.uk/images/stories/item-images/pdf/VetOpinion.pdf

Mauersegler

Menschen

Professor Tim Birkhead, University of Sheffield
Professor Susanne Akesson, Universität Lund
Dr. Andrew Gosler, Edward Grey Institute, University of Oxford
Professor Yossi Leshem, Universität Tel Aviv
Amnonn Hahn
Shira Twersky-Cassell
Alle Teilnehmer des International-Common-Swift-Seminars, ganz besonders Ulrich Tigges, Chris Mason und Gillian Westray

Bücher

Phil Chantler und Gerald Driessens: »Swifts: A Guide to the Swifts and Tree-Swifts of the World«, Robertsbridge, East Sussex 2000
Alan Garner: »Boneland«, London 2012
David Lack: »Swifts in a Tower«, London 1956
Rupert Sheldrake: »Das Gedächtnis der Natur. Das Geheimnis der Entstehung der Formen in der Natur«, Übersetzung: Jochen Eggert, Bern/München/Wien 1990
Rupert Sheldrake: »Der siebte Sinn der Tiere. Warum eine Katze weiß, wann Sie nach Hause kommen, und andere bisher unerklärte Fähigkeiten der Tiere«, Übersetzung: Michael Schmidt, Bern/München/Wien 1999

Artikel

S. Åkesson, R. Klaassen, J. Holmgren, J. W. Fox und A. Hedenström: »Migration Routes and Strategies in a Highly Aerial Migrant, the Common Swift, Apus apus, Revealed by Light-Level Geolocators«, PLoS ONE, Bd. 7, Nr. 7 (2012), S. e41195